住房城乡建设部土建类学科专业"十三五"规划教材
全国住房和城乡建设职业教育教学指导委员会规划推荐教材

# 建筑电气控制技术与 PLC

（建筑智能化工程技术专业适用）

（第二版）

主　编　邱育群　温　雯
副主编　吕丽荣
主　审　黄　河

中国建筑工业出版社

图书在版编目（CIP）数据

建筑电气控制技术与 PLC / 邱育群，温雯主编. — 2 版. — 北京：中国建筑工业出版社，2021.8
住房城乡建设部土建类学科专业"十三五"规划教材 全国住房和城乡建设职业教育教学指导委员会规划推荐教材. 建筑智能化工程技术专业适用
ISBN 978-7-112-26404-9

Ⅰ.①建… Ⅱ.①邱… ②温… Ⅲ.①PLC 技术—应用—房屋建筑设备—电气控制—高等职业教育—教材 Ⅳ.①TU85

中国版本图书馆 CIP 数据核字(2021)第 148803 号

《建筑电气控制技术与 PLC》（第二版）是建筑智能化工程技术专业系列教材之一，为了适应 21 世纪对建筑智能化工程技术应用型人才的培养需要，全书从建筑电气控制与 PLC 的实际应用出发，结合职业教育的特点，突出学生实际应用 PLC 能力的培养和训练。

本书按电气控制与 PLC 的学习递进层次分为上、下两篇。上篇分 4 个情境，分别介绍了常用的低压电器、电气控制技术、电气控制的典型电气控制电路、常用建筑电气设备控制电路分析。下篇分 8 个情境，分别介绍了 PLC 概述、PLC 的技术性能指标及编程软器件、PLC 的基本指令及应用、顺控指令及应用、PLC 功能指令及应用、S7-200PLC 以太网通信、STEP7-Micro/WIN4.0 编程软件、高层建筑恒压供水系统等。

本书可作为全国高职高专建筑智能化工程技术、电气控制应用技术类专业教学、培训用书，"CEAC 电气智能技术应用工程师"认证培训教材，也可供相关工程技术人员参考。

教师课件及配套资源下载方法：见封底，关于本书更多讨论请加 QQ 群：1004703471。

\* \* \*

责任编辑：张　健
文字编辑：胡欣蕊
责任校对：李美娜

住房城乡建设部土建类学科专业"十三五"规划教材
全国住房和城乡建设职业教育教学指导委员会规划推荐教材

### 建筑电气控制技术与 PLC
（建筑智能化工程技术专业适用）
（第二版）

主　编　邱育群　温　雯
副主编　吕丽荣
主　审　黄　河

\*

中国建筑工业出版社出版、发行（北京海淀三里河路 9 号）
各地新华书店、建筑书店经销
北京红光制版公司制版
北京建筑工业印刷厂印刷

\*

开本：787 毫米×1092 毫米　1/16　印张：16¾　字数：418 千字
2022 年 1 月第二版　2022 年 1 月第一次印刷
定价：**49.00** 元（赠教师课件）
ISBN 978-7-112-26404-9
(37764)

**版权所有　翻印必究**
如有印装质量问题，可寄本社图书出版中心退换
（邮政编码 100037）

# 前　　言

本书自第1版出版以来，得到了广大读者的关心和支持。为适应建筑电气控制新技术的发展，特别是PLC应用技术快速发展的需要，编者结合二十多年的教学与工程实践经验和读者的建议，对原书内容进行了修订。修订中坚持结合生产实际、突出工程应用，本着"工学结合、项目引导、教学做一体化"的原则。本书以情境模块为单元，以应用为主线，通过设计不同的工程项目和实例，引导读者由理论到实践，将理论知识融入每一个实践操作中。本书包括12个学习情境和37个任务，充分体现了"教、学、做"一体化的项目化教学改革模式。

在我国，继电器—接触器控制系统仍然是机械设备较常用的电气控制方式之一，而且低压电器正在向小型化、智能化发展，使继电器—接触器控制系统性能不断提高，因此它在今后的电气控制技术中仍然占有一定的地位。另外，PLC是计算机技术与继电器—接触器控制技术相结合的产物，而且PLC的I/O与低压电器密切相关，因此掌握继电器—接触器控制技术也是学习和掌握PLC应用技术所必需的基础。本书融合传统的电气控制技术与PLC技术于一体，讲授的主要内容仍以电动机或其他执行电器为控制对象，介绍继电器—接触器控制系统的工作原理、典型建筑设备的电气控制线路及PLC控制系统的设计方法。

全书分为上、下篇，即电气控制篇和可编程控制器篇，每个任务从工程实际出发，将传统教材中的系统性知识融汇在每一个学习情景中，并遵循职业教育的教学规律，将知识和能力培养由易到难、由浅入深地进行，将知识掌握和技能训练有效的结合在一起，通俗易懂，便于学生课后复习和自学。

本书由广东建设职业技术学院邱育群（下篇8单元）、温雯（下篇11单元、下篇9单元9.2）、高歌（下篇12单元），内蒙古建筑职业技术学院吕丽蓉（下篇5、6、7单元）、李秀成（下篇10单元）、河南建筑职业技术学院祝学昌（上篇4单元，下篇9单元9.1）、湖南城市建设职业技术学院李文（上篇1、2、3单元）编写，全书由广东建设职业技术学院邱育群统稿。

由于作者水平有限，不妥之处在所难免，希望广大读者批评指正。

# 第 一 版 前 言

随着PLC技术的不断发展，它与计算机技术、自动控制技术和通信技术逐渐融为一体。PLC已从原先小规模的单机开关量控制，发展到包括过程控制、运动控制、智能控制、机器人控制等几乎所有控制领域，结合网络通信能组成工业自动化的PLC综合控制系统，成为现代工业控制三大支柱之一。因此，电气控制与PLC技术成为一门实用性很强的专业技术。但是，根据我国当前的情况，继电器—接触器控制系统仍然是机械设备最常用的电气控制方式之一，而且低压电器正在向小型化、智能化发展，使继电器—接触器控制系统性能不断提高，因此它在今后的电气控制技术中仍然占有一定的地位。另外，PLC是计算机技术与继电器—接触器控制技术相结合的产物，而且PLC的I/O与低压电器密切相关，因此掌握继电器—接触器控制技术也是学习和掌握PLC应用技术所必需的基础。于是，本书融合传统的电气控制技术与PLC技术于一体，讲授的主要内容仍以电动机或其他执行电器为控制对象，介绍继电器—接触器控制系统和PLC控制系统的工作原理、典型机械的电气控制线路及PLC控制系统的设计方法。

本着"工学结合、项目引导、教学做一体化"的原则，本书以情境模块为单元，以应用为主线，通过设计不同的工程项目和实例，引导读者由理论到实践，将理论知识融入每一个实践操作中。本书包括14个学习情境和43个任务，充分体现了"教、学、做"一体化的教学改革模式。全书分为上、下篇，即电气控制篇和可编程控制器篇，每个任务从工程实际出发，将传统教材中的系统性知识融汇在每一个学习情境中，并遵循职业教育的教学规律，将知识和能力培养由易到难、由浅入深地进行，将知识掌握和技能训练有效地结合在一起，通俗易懂，便于学生课后复习和自学。

本书由内蒙古建筑职业技术学院温雯（下篇12单元、下篇9单元9.2）、吕丽荣（下篇5、6、7、8单元）、高歌（下篇13单元）、李秀成（下篇11单元、14单元14.2），河南建筑职业技术学院祝学昌（上篇4单元，下篇9（9.1）、10单元、14单元14.1）、湖南城市建设职业技术学院李文（上篇1、2、3单元）编写、全书由温雯统稿。

由于作者水平有限，不妥之处在所难免，希望广大读者批评指正。

# 目 录

## 上篇 电气控制部分

**学习情境 1　常用的低压电器** · 3
学习导航 · 3
任务 1.1　电器的基本知识 · 3
　1.1.1　低压电器的定义、作用及分类 · 3
　1.1.2　电磁式电器的工作原理及结构特点 · 4
任务 1.2　开关电器 · 7
　1.2.1　刀开关 · 7
　1.2.2　组合开关 · 9
　1.2.3　低压断路器 · 10
任务 1.3　熔断器 · 14
　1.3.1　熔断器的用途、结构及工作原理 · 14
　1.3.2　熔断器的类型及技术参数 · 15
　1.3.3　熔断器的选择 · 20
任务 1.4　主令电器 · 20
　1.4.1　控制按钮 · 20
　1.4.2　位置开关 · 22
　1.4.3　万能转换开关 · 24
　1.4.4　主令控制器 · 25
任务 1.5　接触器 · 27
　1.5.1　接触器的作用、结构及工作原理 · 27
　1.5.2　接触器的主要技术参数及类型 · 27
　1.5.3　交流接触器 · 30
　1.5.4　直流接触器 · 32
任务 1.6　继电器 · 32
　1.6.1　电磁式继电器 · 33
　1.6.2　时间继电器 · 37
　1.6.3　热继电器 · 41
　1.6.4　速度继电器 · 44
　1.6.5　固态继电器 · 46
单元小结 · 49
能力训练 · 50

习题与思考题 ································································································· 52
**学习情境2　电气控制技术** ························································································ 53
　**学习导航** ··························································································································· 53
　　任务2.1　建筑电气图的基本知识 ································································· 53
　　　2.1.1　建筑电气图及电气控制系统图的基本概念 ····································· 53
　　　2.1.2　电气控制系统图中的图形符号和文字符号 ····································· 54
　　任务2.2　电气原理图的绘制原则、阅读及分析方法 ····································· 58
　　　2.2.1　电气原理图的绘制原则 ······································································ 58
　　　2.2.2　电气原理图的阅读及分析方法 ·························································· 61
　　任务2.3　电气控制电路的保护环节 ································································· 61
　　　2.3.1　电流型保护 ·························································································· 61
　　　2.3.2　电压型保护 ·························································································· 63
　　　2.3.3　位置保护与其他保护 ·········································································· 64
　　单元小结 ································································································································· 65
　　能力训练 ································································································································· 65
　　习题与思考题 ································································································································· 66
**学习情境3　电气控制的典型电气控制电路** ················································· 67
　**学习导航** ··························································································································· 67
　　任务3.1　电动机的基本控制电路 ····································································· 67
　　　3.1.1　电动机的点动控制电路及连续运行控制电路 ·································· 67
　　　3.1.2　电动机可逆运行控制电路 ···································································· 69
　　　3.1.3　电动机可逆"自动停止""自动往返"控制电路 ·································· 71
　　　3.1.4　电动机的顺序控制与多地控制电路 ···················································· 73
　　任务3.2　三相交流异步电动机降压启动控制电路 ········································· 74
　　　3.2.1　定子绕组串电阻（电抗器）降压启动控制电路 ································ 74
　　　3.2.2　自耦变压器降压启动控制电路 ···························································· 75
　　　3.2.3　星形－三角形降压启动控制电路 ························································ 76
　　　3.2.4　软启动减压启动 ···················································································· 78
　　任务3.3　笼型交流异步电动机控制电路 ··························································· 79
　　　3.3.1　三相异步电动机的制动控制 ······························································ 79
　　　3.3.2　三相异步电动机的调速控制 ······························································ 84
　　单元小结 ································································································································· 91
　　能力训练 ································································································································· 92
　　习题与思考题 ································································································································· 102
**学习情境4　常用建筑电气设备控制电路分析** ··············································· 103
　**学习导航** ··························································································································· 103
　　任务4.1　生活给水泵的电气控制 ····································································· 103
　　　4.1.1　干簧管水位控制器介绍 ······································································ 103
　　　4.1.2　主电路分析 ·························································································· 104

4.1.3　控制电路分析 ································································· 104
任务 4.2　排水泵的电气控制 ································································· 106
　4.2.1　主电路分析 ································································· 106
　4.2.2　控制电路分析 ································································· 106
任务 4.3　消防泵的电气控制 ································································· 109
　4.3.1　主电路分析 ································································· 109
　4.3.2　控制电路分析 ································································· 109
任务 4.4　排烟风机的电气控制 ································································· 112
　4.4.1　排烟防火阀介绍 ································································· 112
　4.4.2　主电路分析 ································································· 112
　4.4.3　控制电路分析 ································································· 114
单元小结 ································································· 115
能力训练 ································································· 115
习题与思考题 ································································· 117

## 下篇　可编程控制器部分

**学习情境 5　PLC 概述** ································································· 121
学习导航 ································································· 121
任务 5.1　PLC 的发展简史及定义 ································································· 121
　5.1.1　PLC 的发展 ································································· 121
　5.1.2　PLC 的定义 ································································· 122
任务 5.2　PLC 的特点、分类及应用 ································································· 122
　5.2.1　PLC 的特点 ································································· 122
　5.2.2　PLC 的分类 ································································· 123
　5.2.3　PLC 的应用 ································································· 124
任务 5.3　PLC 的基本组成及工作原理 ································································· 125
　5.3.1　PLC 的基本组成 ································································· 125
　5.3.2　PLC 的工作原理 ································································· 129
　5.3.3　PLC 的编程语言 ································································· 130
单元小结 ································································· 133
能力训练 ································································· 133
习题与思考题 ································································· 133

**学习情境 6　PLC 的技术性能指标及编程软器件** ································································· 134
学习导航 ································································· 134
任务 6.1　S7-200 系列小型 PLC 概述 ································································· 134
　6.1.1　S7 系列 PLC 家族概况 ································································· 134
　6.1.2　S7-200 系列 PLC 介绍 ································································· 134
任务 6.2　PLC 的主要技术性能指标 ································································· 136
任务 6.3　PLC 的编程软器件 ································································· 137

6.3.1　S7 系列 PLC 编程软器件 ⋯⋯⋯⋯⋯⋯⋯⋯⋯⋯⋯⋯⋯⋯⋯⋯⋯⋯⋯⋯⋯⋯⋯ 137

6.3.2　寻址方式 ⋯⋯⋯⋯⋯⋯⋯⋯⋯⋯⋯⋯⋯⋯⋯⋯⋯⋯⋯⋯⋯⋯⋯⋯⋯⋯⋯⋯⋯⋯ 139

单元小结 ⋯⋯⋯⋯⋯⋯⋯⋯⋯⋯⋯⋯⋯⋯⋯⋯⋯⋯⋯⋯⋯⋯⋯⋯⋯⋯⋯⋯⋯⋯⋯⋯⋯⋯⋯⋯ 142

能力训练 ⋯⋯⋯⋯⋯⋯⋯⋯⋯⋯⋯⋯⋯⋯⋯⋯⋯⋯⋯⋯⋯⋯⋯⋯⋯⋯⋯⋯⋯⋯⋯⋯⋯⋯⋯⋯ 142

习题与思考题 ⋯⋯⋯⋯⋯⋯⋯⋯⋯⋯⋯⋯⋯⋯⋯⋯⋯⋯⋯⋯⋯⋯⋯⋯⋯⋯⋯⋯⋯⋯⋯⋯⋯⋯ 142

## 学习情境 7　PLC 的基本指令及应用 ⋯⋯⋯⋯⋯⋯⋯⋯⋯⋯⋯⋯⋯⋯⋯⋯⋯⋯⋯⋯⋯⋯⋯ 144

学习导航 ⋯⋯⋯⋯⋯⋯⋯⋯⋯⋯⋯⋯⋯⋯⋯⋯⋯⋯⋯⋯⋯⋯⋯⋯⋯⋯⋯⋯⋯⋯⋯⋯⋯⋯⋯⋯ 144

任务 7.1　PLC 基本指令 ⋯⋯⋯⋯⋯⋯⋯⋯⋯⋯⋯⋯⋯⋯⋯⋯⋯⋯⋯⋯⋯⋯⋯⋯⋯⋯⋯⋯⋯ 144

7.1.1　逻辑取及线圈输出指令 LD、LDN、= ⋯⋯⋯⋯⋯⋯⋯⋯⋯⋯⋯⋯⋯⋯⋯⋯ 144

7.1.2　触点串联指令 ⋯⋯⋯⋯⋯⋯⋯⋯⋯⋯⋯⋯⋯⋯⋯⋯⋯⋯⋯⋯⋯⋯⋯⋯⋯⋯⋯ 145

7.1.3　触点并联指令 ⋯⋯⋯⋯⋯⋯⋯⋯⋯⋯⋯⋯⋯⋯⋯⋯⋯⋯⋯⋯⋯⋯⋯⋯⋯⋯⋯ 146

7.1.4　块或指令 OLD ⋯⋯⋯⋯⋯⋯⋯⋯⋯⋯⋯⋯⋯⋯⋯⋯⋯⋯⋯⋯⋯⋯⋯⋯⋯⋯⋯ 147

7.1.5　块与指令 ALD ⋯⋯⋯⋯⋯⋯⋯⋯⋯⋯⋯⋯⋯⋯⋯⋯⋯⋯⋯⋯⋯⋯⋯⋯⋯⋯⋯ 147

7.1.6　置位与复位指令 Set Reset ⋯⋯⋯⋯⋯⋯⋯⋯⋯⋯⋯⋯⋯⋯⋯⋯⋯⋯⋯⋯⋯⋯ 148

7.1.7　边沿脉冲指令 ⋯⋯⋯⋯⋯⋯⋯⋯⋯⋯⋯⋯⋯⋯⋯⋯⋯⋯⋯⋯⋯⋯⋯⋯⋯⋯⋯ 148

7.1.8　取反指令 NOT ⋯⋯⋯⋯⋯⋯⋯⋯⋯⋯⋯⋯⋯⋯⋯⋯⋯⋯⋯⋯⋯⋯⋯⋯⋯⋯⋯ 149

7.1.9　立即指令 ⋯⋯⋯⋯⋯⋯⋯⋯⋯⋯⋯⋯⋯⋯⋯⋯⋯⋯⋯⋯⋯⋯⋯⋯⋯⋯⋯⋯⋯ 150

7.1.10　逻辑堆栈操作指令 LPS LRD LPP ⋯⋯⋯⋯⋯⋯⋯⋯⋯⋯⋯⋯⋯⋯⋯⋯⋯ 151

7.1.11　定时器 ⋯⋯⋯⋯⋯⋯⋯⋯⋯⋯⋯⋯⋯⋯⋯⋯⋯⋯⋯⋯⋯⋯⋯⋯⋯⋯⋯⋯⋯ 154

7.1.12　计数器 ⋯⋯⋯⋯⋯⋯⋯⋯⋯⋯⋯⋯⋯⋯⋯⋯⋯⋯⋯⋯⋯⋯⋯⋯⋯⋯⋯⋯⋯ 157

任务 7.2　PLC 指令的编程与应用 ⋯⋯⋯⋯⋯⋯⋯⋯⋯⋯⋯⋯⋯⋯⋯⋯⋯⋯⋯⋯⋯⋯⋯⋯ 159

7.2.1　梯形图的编程规则 ⋯⋯⋯⋯⋯⋯⋯⋯⋯⋯⋯⋯⋯⋯⋯⋯⋯⋯⋯⋯⋯⋯⋯⋯⋯ 159

7.2.2　基本指令应用 ⋯⋯⋯⋯⋯⋯⋯⋯⋯⋯⋯⋯⋯⋯⋯⋯⋯⋯⋯⋯⋯⋯⋯⋯⋯⋯⋯ 160

单元小结 ⋯⋯⋯⋯⋯⋯⋯⋯⋯⋯⋯⋯⋯⋯⋯⋯⋯⋯⋯⋯⋯⋯⋯⋯⋯⋯⋯⋯⋯⋯⋯⋯⋯⋯⋯⋯ 164

能力训练 ⋯⋯⋯⋯⋯⋯⋯⋯⋯⋯⋯⋯⋯⋯⋯⋯⋯⋯⋯⋯⋯⋯⋯⋯⋯⋯⋯⋯⋯⋯⋯⋯⋯⋯⋯⋯ 164

习题与思考题 ⋯⋯⋯⋯⋯⋯⋯⋯⋯⋯⋯⋯⋯⋯⋯⋯⋯⋯⋯⋯⋯⋯⋯⋯⋯⋯⋯⋯⋯⋯⋯⋯⋯⋯ 165

## 学习情境 8　顺控指令及应用 ⋯⋯⋯⋯⋯⋯⋯⋯⋯⋯⋯⋯⋯⋯⋯⋯⋯⋯⋯⋯⋯⋯⋯⋯⋯⋯ 167

学习导航 ⋯⋯⋯⋯⋯⋯⋯⋯⋯⋯⋯⋯⋯⋯⋯⋯⋯⋯⋯⋯⋯⋯⋯⋯⋯⋯⋯⋯⋯⋯⋯⋯⋯⋯⋯⋯ 167

任务 8.1　功能图、步进顺控指令及其应用 ⋯⋯⋯⋯⋯⋯⋯⋯⋯⋯⋯⋯⋯⋯⋯⋯⋯⋯⋯⋯ 167

8.1.1　功能图 ⋯⋯⋯⋯⋯⋯⋯⋯⋯⋯⋯⋯⋯⋯⋯⋯⋯⋯⋯⋯⋯⋯⋯⋯⋯⋯⋯⋯⋯⋯ 167

8.1.2　顺控指令及其应用 ⋯⋯⋯⋯⋯⋯⋯⋯⋯⋯⋯⋯⋯⋯⋯⋯⋯⋯⋯⋯⋯⋯⋯⋯⋯ 168

任务 8.2　多分支功能图 ⋯⋯⋯⋯⋯⋯⋯⋯⋯⋯⋯⋯⋯⋯⋯⋯⋯⋯⋯⋯⋯⋯⋯⋯⋯⋯⋯⋯⋯ 170

8.2.1　可选择的分支与汇合 ⋯⋯⋯⋯⋯⋯⋯⋯⋯⋯⋯⋯⋯⋯⋯⋯⋯⋯⋯⋯⋯⋯⋯⋯ 170

8.2.2　并行性分支与汇合 ⋯⋯⋯⋯⋯⋯⋯⋯⋯⋯⋯⋯⋯⋯⋯⋯⋯⋯⋯⋯⋯⋯⋯⋯⋯ 171

任务 8.3　功能图及顺序控制指令的应用举例 ⋯⋯⋯⋯⋯⋯⋯⋯⋯⋯⋯⋯⋯⋯⋯⋯⋯⋯⋯ 172

8.3.1　简单机械手的 PLC 自动控制 ⋯⋯⋯⋯⋯⋯⋯⋯⋯⋯⋯⋯⋯⋯⋯⋯⋯⋯⋯⋯ 172

8.3.2　十字路口交通信号灯的 PLC 控制 ⋯⋯⋯⋯⋯⋯⋯⋯⋯⋯⋯⋯⋯⋯⋯⋯⋯⋯ 176

单元小结 ⋯⋯⋯⋯⋯⋯⋯⋯⋯⋯⋯⋯⋯⋯⋯⋯⋯⋯⋯⋯⋯⋯⋯⋯⋯⋯⋯⋯⋯⋯⋯⋯⋯⋯⋯⋯ 181

能力训练 ⋯⋯⋯⋯⋯⋯⋯⋯⋯⋯⋯⋯⋯⋯⋯⋯⋯⋯⋯⋯⋯⋯⋯⋯⋯⋯⋯⋯⋯⋯⋯⋯⋯⋯⋯⋯ 181

习题与思考题………………………………………………………………………… 182

## 学习情境9　PLC 功能指令及应用……………………………………………… 183
### 学习导航……………………………………………………………………………… 183
### 任务9.1　功能指令概述……………………………………………………………… 183
#### 9.1.1　功能指令的表示形式及操作说明…………………………………………… 183
#### 9.1.2　功能指令的分类及操作注意事项…………………………………………… 183
### 任务9.2　功能指令及应用…………………………………………………………… 184
#### 9.2.1　数据传送指令及应用………………………………………………………… 184
#### 9.2.2　比较指令及应用……………………………………………………………… 187
#### 9.2.3　逻辑运算指令及应用………………………………………………………… 189
#### 9.2.4　数学运算指令及应用………………………………………………………… 190
#### 9.2.5　移位指令及应用……………………………………………………………… 197
#### 9.2.6　程序控制指令及应用………………………………………………………… 199
### 单元小结……………………………………………………………………………… 204
### 能力训练……………………………………………………………………………… 205
### 习题与思考题………………………………………………………………………… 207

## 学习情境10　S7-200 PLC 以太网通信…………………………………………… 208
### 学习导航……………………………………………………………………………… 208
### 任务10.1　建立 S7-200 PLC 之间通信网络………………………………………… 208
### 任务10.2　S7-200 PLC 间网络通信以太网络配置………………………………… 209
### 任务10.3　编制 S7-200 PLC 以太网络数据通信程序……………………………… 216
#### 10.3.1　数据通信程序编写………………………………………………………… 216
#### 10.3.2　数据传输编程……………………………………………………………… 217
### 单元小结……………………………………………………………………………… 218
### 能力训练……………………………………………………………………………… 218
### 习题与思考题………………………………………………………………………… 219

## 学习情境11　STEP7-Micro/WIN4.0 编程软件…………………………………… 220
### 学习导航……………………………………………………………………………… 220
### 任务11.1　认识 STEP7-Micro/WIN4.0 软件………………………………………… 220
### 任务11.2　创建一个项目程序………………………………………………………… 222
#### 11.2.1　建立项目…………………………………………………………………… 222
#### 11.2.2　建立程序网络……………………………………………………………… 222
#### 11.2.3　编译程序…………………………………………………………………… 224
#### 11.2.4　程序下载…………………………………………………………………… 225
#### 11.2.5　程序调试…………………………………………………………………… 225
### 单元小结……………………………………………………………………………… 226
### 能力训练……………………………………………………………………………… 226
### 习题与思考题………………………………………………………………………… 229

**学习情境 12　高层建筑恒压供水系统** ··················································· 231
　学习导航 ·········································································································· 231
　任务 12.1　高层建筑供水控制系统组成及控制方案 ······················· 231
　　12.1.1　高层建筑控制供水系统组成 ············································· 231
　　12.1.2　高层建筑控制供水控制方案 ············································· 231
　　12.1.3　高层建筑控制供水控制方案的实现 ································· 234
　任务 12.2　高层建筑供水控制系统电气控制电路设计 ··················· 237
　　12.2.1　电气控制主电路图设计 ····················································· 237
　　12.2.2　电气控制原理图设计 ························································· 238
　　12.2.3　PLC 接线图 ········································································ 238
　任务 12.3　高层建筑供水控制系统控制程序设计 ··························· 242
　单元小结 ········································································································· 255
　能力训练 ········································································································· 255
　习题与思考题 ································································································· 256
**参考文献** ············································································································· 258

# 上篇 电气控制部分

# 学习情境 1　常用的低压电器

**学习导航**

| 学习任务 | 任务 1.1　电器的基本知识<br>任务 1.2　开关电器<br>任务 1.3　熔断器<br>任务 1.4　主令电器<br>任务 1.5　接触器<br>任务 1.6　继电器 |
|---|---|
| 能力目标 | 1. 了解低压电器的定义、作用及分类。<br>2. 熟悉交、直流电器开关触点的灭弧装置结构与灭弧方法。<br>3. 掌握常用低压电器的结构、原理、图形符号的画法和文字符号的标识。<br>4. 熟悉常用低压电器的选择和使用方法。 |

## 任务 1.1　电器的基本知识

### 1.1.1　低压电器的定义、作用及分类

**1. 低压电器的定义**

凡是能根据外界施加的信号和要求，自动或手动地断开或接通电路，断续或连续地改变电路参数，以实现对电路或非电对象的切换、控制、保护、检测、变换和调节目的的电气设备统称为电器。电器可分为高压电器和低压电器两大类，我国现行标准是将工作在交流 1200V（50Hz）以下、直流 1500V 以下的电气设备称为低压电器。

**2. 低压电器的作用**

（1）控制作用：如电梯轿厢的上下移动，快、慢速自动切换与自动平层等。

（2）保护作用：能根据设备的特点，对设备、环境以及人身实行自动保护，如电动机的过热保护、电网的短路保护、漏电保护等。

（3）测量作用：利用仪表及与之相适应的电器，对设备或其他非电参数进行测量，如电流、电压、功率、频率、转速、温度、湿度等。

（4）调节作用：低压电器可对一些电量和非电量进行调整，以满足用户的要求，如柴油机油门的调整、房间温湿度的调节、照度的自动调节等。

（5）指示作用：利用低压电器的控制、保护等功能，检测出设备运行状况与电气电路工作情况，如绝缘监测、工作状态指示等。

（6）转换作用：在用电设备之间转换或对低压电器、控制电路，分时投入运行，以实现功能切换，如励磁装置手动与自动的转换、供电的市电与自备电的切换等。

当然，低压电器的作用远不止这些，随着科学技术的发展，新功能、新设备会不断

出现。

3. 电器的分类

电器的用途广泛，功能多样，种类繁多，结构各异。下面是几种常用的电器分类。

（1）按工作电压等级分类

1）高压电器：用于交流1200V及以上、直流1500V及以上电路中的电器。例如高压断路器、高压隔离开关、高压熔断器等。

2）低压电器：用于交流1200V（50Hz）以下、直流1500V以下电路中的电器。例如接触器、继电器等。

（2）按动作原理分类

1）手动电器：用手或依靠机械力进行操作的电器。例如刀开关、按钮、行程开关等。

2）自动电器：借助于电磁力或某个物理量的变化自动进行操作的电器。例如接触器、继电器等。

（3）按工作原理分类

1）电磁式电器：依据电磁感应原理来工作的电器。如交直流接触器、各种电磁式继电器等。

2）非电量控制电器：电器的工作是靠外力或某种非电物理量的变化而动作的电器。如刀开关、速度继电器、压力继电器、温度继电器等。

（4）按用途分类

1）控制电器：用于各种控制电路和控制系统的电器。例如接触器、继电器、启动器等。

2）主令电器：用于自动控制系统中发送控制指令的电器。如按钮、行程开关、万能转换开关等。

3）保护电器：用于保护电路及用电设备的电器。如熔断器、热继电器、各种保护继电器、避雷器等。

4）配电电器：用于电能输送和分配的电器。如低压断路器、刀开关等。

5）执行电器：用于完成某种动作或传动功能的电器。如电磁铁、电磁离合器等。

6）指示电器：用于工作状态指示或者其他指示用途的电器。如指示灯、文字指示灯箱、显示屏等。

### 1.1.2 电磁式电器的工作原理及结构特点

电磁式电器是低压电器中最典型、应用最广泛的一种电器。控制系统中的接触器和继电器是两种最常用的电磁式电器。虽然电磁式电器的类型很多，但它的工作原理和构造基本相同，主要由三部分组成：电磁机构、触头系统和灭弧装置。

1. 电磁机构

电磁机构主要由线圈、静铁芯和衔铁（动铁芯）三部分组成。其主要作用是利用电磁感应原理将电磁能转换成机械能。当电磁线圈通电或断电时，使衔铁和静铁芯吸合或释放，从而带动动触点与静触点闭合或分断，实现接通或断开电路的目的。按通过线圈的电流种类分有交流电磁机构和直流电磁机构；按电磁机构的形状分有E形和U形两种；按衔铁的运动形式分有拍合式和直动式两大类。图1-1(a)为衔铁沿棱角转动的拍合式铁芯，广泛应用于直流电器中；图1-1(b)为衔铁沿轴转动的拍合式铁芯，多应用于触头容量大的交流电器中；图1-1(c)为衔铁直线运动的双E形直动式铁芯，多用于交流接触器、继电器中。

## 任务1.1 电器的基本知识

线圈的作用是将电能转化为磁场能。按通入电流种类不同可分为直流型线圈和交流型线圈。按线圈的接线形式分为电压线圈和电流线圈。在使用时电压线圈与电源并联,电流线圈与电源串联。电流线圈主要用于电流检测类电磁式电器中。

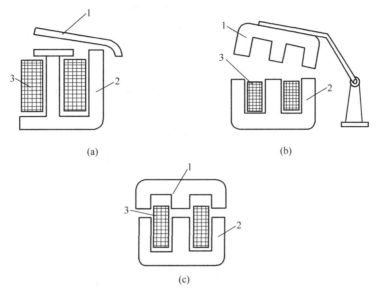

图1-1 常用的电磁机构
(a)衔铁沿棱角转动;(b)衔铁沿轴转动;(c)衔铁直线运动
1—衔铁;2—铁芯;3—线圈

2. 触头系统

触头是有触点电器的执行部分,通过触头的动作控制电路的通、断。触头通常由动、静触点组合而成。

(1)触点的接触形式:触点的接触形式有点接触、面接触和线接触3种,如图1-2所示。3种接触形式中,点接触形式的触点只用于小电流的电器中,如接触器的辅助触点和继电器的触点;线接触形式的触点用于中等容量的触点;面接触形式的触点允许通过较大的电流,多用于中等容量的触点,如接触器的主触点。

(2)触头的结构形式:在常用的继电器和接触器中,触头的结构形式主要有单断点指形触头和双断点桥式触头两种。

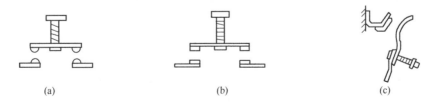

图1-2 触头的结构形式
(a)点接触桥式触头;(b)面接触桥式触头;(c)线接触指形触头

(3)触头按控制的电路分为主触头和辅助触头:主触头用于接通或断开主电路,允许通过较大的电流。辅助触头用于接通或断开控制电路,只允许通过较小的电流。

(4)触头按原始状态分为常开触头和常闭触头：当线圈不带电时，动、静触头是分开的称为常开触头；当线圈不带电时，动、静触头是闭合的称为常闭触头。

3. 灭弧装置

当触头分断电流时，由于电场的存在，触头间会产生电弧。电弧的存在既烧蚀触头的金属表面，降低电器使用寿命，又延长了切断电路的时间，还容易形成飞弧造成电源短路事故，所以必须迅速将电弧熄灭。常用的灭弧方法有以下几种：

（1）双断口电动力灭弧：双断口结构的电动力灭弧装置如图1-3（a）所示。这种灭弧方法是将整个电弧分割成两段，同时利用触点回路本身的电动力 $F$ 把电弧向两侧拉长，使电弧热量在拉长的过程中散发、冷却而熄灭。

（2）纵缝灭弧：纵缝灭弧装置如图1-3（b）所示。由耐弧陶土、石棉水泥等材料制成的灭弧罩内每相有一个或多个纵缝，缝的下部较宽以便放置触点；缝的上部较窄，以便压缩电弧，使电弧与灭弧室壁有很好的接触。当触点分断时，电弧被外磁场或电动力吹入缝内，其热量传递给灭弧室壁，电弧被迅速冷却熄灭。

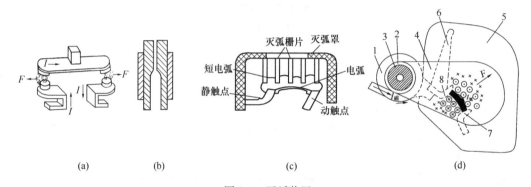

图 1-3 灭弧装置

(a) 双断口电动力灭弧；(b) 纵缝灭弧；(c) 栅片灭弧；(d) 磁吹式灭弧

1—扁铜条；2—绝缘套筒；3—铁芯；4—铁夹板；5—灭弧罩；
6—灭弧角；7—动触点；8—静触点

（3）栅片灭弧：栅片灭弧装置的结构及工作原理如图1-3（c）所示。金属栅片由镀铜或镀锌铁片制成，形状一般为人字形，栅片插在灭弧罩内，各片之间相互绝缘。当动触点与静触点分断时，在触点间产生电弧，栅片将电弧分割成若干个串联的短电弧。栅片间的电弧电压都低于燃弧电压，同时栅片将电弧的热量吸收散发，使电弧迅速冷却，促使电弧尽快熄灭。

（4）磁吹式灭弧：灭弧装置的结构如图1-3（d）所示。磁吹式灭弧装置由磁吹线圈、灭弧罩、灭弧角等组成。磁吹线圈由扁铜条1弯成，里层装有铁芯3，中间隔有绝缘套筒2，铁芯两端装有两片铁夹板4，夹在灭弧罩的两边，接触器的触点就处在灭弧罩内、铁夹板之间。灭弧角6与静触点8相连接，其作用是引导电弧向上运动。电弧由下而上运动，迅速拉长，与空气发生相对运动，其温度迅速降低而熄灭；同时，电弧上拉时，其热量传递给灭弧罩散发，也使电弧温度迅速下降，促使熄灭。

综上所述，这种灭弧方式是靠磁吹力的作用将电弧拉长，在空气中迅速冷却，使电弧迅速熄灭，因此称它为磁吹式灭弧。

## 任务1.2 开 关 电 器

低压开关电器主要用作电源的隔离、线路的保护与控制。常用的低压开关电器有：刀开关、低压断路器等。

### 1.2.1 刀开关

刀开关又称闸刀开关，是一种结构最简单、应用最广泛的手动电器。在低压电路中，作为不频繁接通和分断电路用，或用来将电路与电源隔离。

图1-4所示为刀开关的典型结构。它由操作手柄、触刀、静插座和绝缘底板组成。推动手柄来实现触刀插入插座与脱离插座的控制，以达到接通电路和分断电路的要求。

刀开关的种类很多，按刀的极数可分为单极、双极和三极，其图形表示符号见图1-5。按刀的转换方向可分为单掷和双掷；按灭弧情况可分为带灭弧罩和不带灭弧罩；按操作方式可分为直接手柄操作式、杠杆操作机构式和电动操作机构式；按接线方式可分为板前接线式和板后接线式。刀开关主要有开启式负荷开关、封闭式负荷开关、熔断器式刀开关、板形刀开关、组合开关5种。

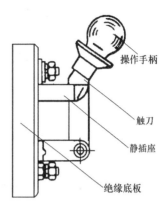

图1-4 刀开关的典型结构

图1-5 刀开关的符号
(a) 单极；(b) 双极；(c) 三极

#### 1. 开启式负荷开关

开启式负荷开关又称为瓷底胶盖刀开关。生产中常用的是HK系列开启式负荷开关，适用于照明和小容量电动机控制线路中，供手动不频繁接通和分断电路，并起短路保护作用。常用的开启式负荷开关型号有HK1、HK2两种。

HK系列负荷开关由刀开关和熔断器组合而成，结构如图1-6所示。开关的瓷底座上装有进线座、静触点、熔体、出线座和带瓷质手柄的刀式动触点，上面盖有胶盖，以防止操作时触及带电体或分断时产生的电弧飞出伤人。

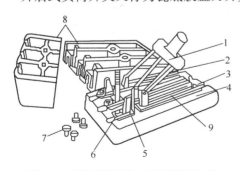

图1-6 HK系列开启式负荷开关结构
1—瓷质手柄；2—刀式动触点；3—出线座；4—瓷底座；5—静触点；6—进线座；7—胶盖紧固螺母；8—胶盖；9—熔体

开启式负荷开关型号含义如下：

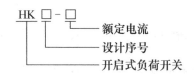

#### 2. 封闭式负荷开关

封闭式负荷开关又叫铁壳开关，是在开启式负荷开关的基础上改进设计的一种开关。可用于手动不频繁地接通和断开带负载的电路以及作为线路末端的短路保护，也可用于控制 15kW 以下的交流电动机不频繁地直接启动和停止。

常用的封闭式负荷开关有 HH3、HH4 系列。其中 HH4 系列为全国统一设计产品，它的结构如图 1-7 所示。它主要由触头灭弧系统、熔断器及操作机构等 3 部分组成。三把闸刀固定在一根绝缘方轴上，由手柄完成分、合闸的操作。封闭式负荷开关的操作机构有两个特点：一是采用了储能式操作机构，既改善开关的灭弧性能，又能防止触点停滞在中间位置，提高开关的通断能力；二是操作机构上装有机械联锁，它可以保证开关合闸时不能打开防护铁盖，而当打开防护铁盖时，不能将开关合闸。

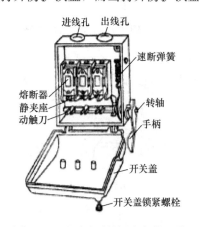

图 1-7  HH4 系列封闭式负荷开关

#### 3. 熔断器式刀开关

熔断器式刀开关即熔断器式隔离开关，是以熔断体或带有熔断体的载熔件作为动触点的一种隔离开关，如图 1-8 所示。主要用于额定电压交流 380V 和 660V（45～62Hz），额定发热电流至 630A 的具有高短路电流的配电电路和电动机电路中作为电源开关、隔离开关、应急开关，并作为电路保护用，但一般不作为直接控制单台电动机之用。常用的熔断器式刀开关的型号有 HR3、HR5、HR15 系列。

熔断器式刀开关型号含义如下：

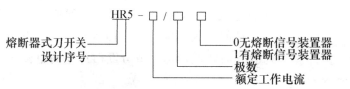

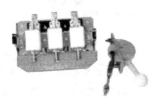

图 1-8  HR3 系列熔断器式刀开关

4. 板形刀开关

板形刀开关如图 1-9 所示，主要用于交流 380V、50Hz 电力网中作电源隔离或电路转换，是电力网中必不可少的电器元件，常用于各种低压配电柜、配电箱、照明箱中。当电源进入，首先接的是刀开关，再接熔断器、断路器、接触器等其他电器元件，以满足各种配电柜、配电箱的功能要求。

图 1-9 板形刀开关

当电器元件或电路中出现故障，切断、隔离电源就靠它来实现，以便对设备、电器元件的修理更换。HS 系列板形刀开关，主要用于转换电源，即当一路电源不能供电，需要另一路电源供电时就由它来进行转换，当转换开关处于中间位置时，可以起到隔离作用。常用的板形刀开关的型号有 HD11、HD14、HD17、HS13 系列。

板形刀开关型号含义如下：

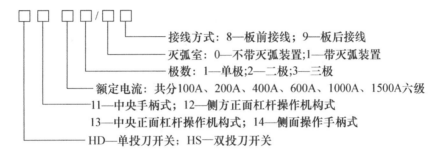

### 1.2.2 组合开关

组合开关又称转换开关，一般用于电气设备中不频繁接通和断开电路、换接电源和负载使用。组合开关实质上是一种刀开关，一般刀开关的操作手柄是在垂直于安装面的平面内向上或向下转动，而组合开关的操作手柄则是在平行于安装面的平面内向左或向右转动。组合开关的结构紧凑，这种开关本身不带熔体，需要做短路保护时须另设熔断器。

组合开关的常用产品有：HZ6、HZ10、HZ15 系列。一般在电气控制线路中普遍采用的是 HZ10 系列的组合开关，这种开关具有寿命长、使用可靠、结构简单等优点，适用于交流 50Hz、380V 和直流 220V 及以下的电气线路中，作为电源引入，5kW 以下小容量电动机的直接启动，电动机的正反转控制及机床照明控制电路中。HZ10-10/3 型组合开关的外形、内部结构及图形符号如图 1-10 所示。

图 1-10 中所示开关有三层静触头，分别装在三层绝缘垫板上，并附有接线端子伸出盒外，以便与电源和用电设备连接。三个动触头是由两个磷铜片或硬紫铜片和消弧性能良好的绝缘板铆合而成的，与绝缘垫板一起套在附有手柄的绝缘杆上。手柄每次转动 90°，带动三个动触片分别与三个静触片接通或断开。顶盖部分由凸轮、弹簧及手柄等零件构成操作机构。这个机构由于采取了弹簧储能措施，保证了触头的快速接通和断开。还有能使电动机正反转的倒顺组合开关，在正转和反转位置中间还有一个停止位置。

## 学习情境1 常用的低压电器

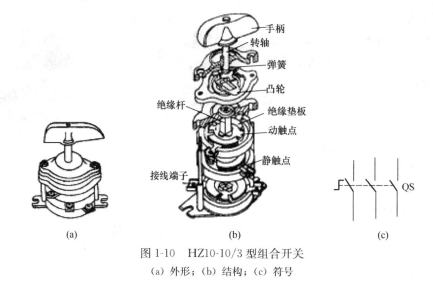

图1-10 HZ10-10/3型组合开关
(a) 外形；(b) 结构；(c) 符号

组合开关型号含义如下：

### 1.2.3 低压断路器

低压断路器即低压自动空气开关，又称自动空气断路器。它既能带负荷通断电路，又能在失压、短路和过负荷时自动跳闸，保护线路和电气设备，是低压配电网络和电力拖动系统中常用的重要保护电器之一。低压断路器的分类及用途见表1-1。

低压断路器的分类及用途　　　　　　　　　　　　　　　　　表1-1

| 序号 | 分类方法 | 种类 | 主要用途 |
|---|---|---|---|
| 1 | 按用途分 | 保护配电电路低压断路器 | 做电源点开关和各支路开关 |
| | | 保护电动机低压断路器 | 可装在近电源端，保护电动机 |
| | | 保护照明电路低压断路器 | 用于民用建筑内电气设备和信号二次电路 |
| | | 漏电保护低压断路器 | 防止因漏电造成的火灾和人身伤害 |
| 2 | 按结构分 | 框架式低压断路器 | 开断电流大，保护种类齐全 |
| | | 塑料外壳低压断路器 | 开断电流相对较小，结构简单 |
| 3 | 按极数分 | 单极低压断路器 | 用于照明电路 |
| | | 两极低压断路器 | 用于照明回路或直流回路 |
| | | 三极低压断路器 | 用于电动机控制保护 |
| | | 四极低压断路器 | 用于三相四线制电路控制 |
| 4 | 按限流性能分 | 一般型不限流低压断路器 | 用于一般场合 |
| | | 快速型限流低压断路器 | 用于需要限流的场合 |
| 5 | 按操作方式分 | 直接手柄操作低压断路器 | 用于一般场合 |
| | | 杠杆操作低压断路器 | 用于大电流分断 |
| | | 电磁铁操作低压断路器 | 用于自动化程度较高的电路控制 |
| | | 电动机操作低压断路器 | 用于自动化程度较高的电路控制 |

## 任务1.2 开 关 电 器

低压断路器主要分类方法以结构形式分类,即塑壳式(又称装置式)、框架式(又称万能式)两大类。塑料外壳式低压断路器所有的部件都装在一个塑料外壳里,多数只有过电流脱扣器,由于体积限制,失电压脱扣和分励脱扣只能两者居一。塑料外壳式低压断路器短路开断能力较低,额定工作电压在660V以下,额定电流也多在600A以下。从操作方式上看,塑料外壳式低压断路器的变化小,多为手动,只有少数带传动机构可进行电动操作。其尺寸较小,动热稳定性较低,维修不便;但价格便宜,故宜于用作支路开关。在电气控制线路中,主要采用的是DZ5系列和DZ10系列低压断路器。框架式低压断路器所有部件装在一个绝缘衬垫的金属框架内,可以具有过电流脱扣器、欠电压脱扣器、分励脱扣器、闭锁脱扣器等,与塑料外壳式断路器相比,它的短路开断能力较强,额定工作电压可达1140V,额定电流为200～4000A,甚至超过5000A,操作方式较多,有手动操作、杠杆操作、电动操作、储能方式操作等。由于其动热稳定性好,故适用于开关柜中,维修比较方便,但价格高,体积大。主要用作配电网络的保护开关。

1. 低压断路器的结构及工作原理

如图1-11所示为DZ5-20型低压断路器的外形和结构。断路器主要由动触点、静触点、灭弧装置、操作机构、热脱扣器、电磁脱扣器及外壳等部分组成。其结构采用立体布置,操作机构在中间,上面是由加热元件和双金属片等构成的热脱扣器,用于过载保护。热脱扣器还配有电流调节装置,可以调节整定电流。下面是由线圈和铁芯等组成的电磁脱扣器,作短路保护,它也有一个电流调节装置,调节瞬时脱扣整定电流。主触点在操作机构后面,由动触点和静触点组成,配有栅片灭弧装置,用以接通和分断主回路的大电流。另外还有动合辅助触点、动断辅助触点各一对。动合触点、动断触点指的是在电器没有外力作用、没有带电时触点的自然状态。当电器未工作或线圈未通电时处于断开状态的触点称为动合触点(有时称常开触头),处于接通状态的触点称为动断触点(有时称常闭触头)。辅助触点可作为信号指示或控制电路用。主触点、辅助触点的接线柱均伸出壳外,以便于接线。在外壳顶部还伸出接通(绿色)和分断(红色)按钮,通过储能弹簧和杠杆机构实现断路器的手动接通和分断操作。

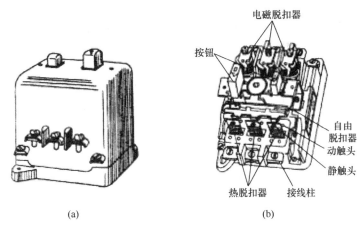

图1-11 DZ5-20型低压断路器
(a) 外形;(b) 结构

低压断路器的工作原理如图 1-12 所示。使用时断路器的三副主触点串联在被控制的三相电路中，按下接通按钮时，外力使锁扣克服反作用弹簧的反力，将固定在锁扣上面的动触点与静触点闭合，并由锁扣锁住搭钩使动、静触点保持闭合，开关处于接通状态。

当线路发生过载时，过载电流流过热元件产生一定的热量，使双金属片受热向上弯曲，通过杠杆推动搭钩与锁扣脱开，在反作用弹簧的推动下，动、静触点分开，从而切断电路，使用电设备不致因过载而烧毁。

当线路发生短路故障时，短路电流超过电磁脱扣器的瞬时脱扣整定电流，电磁脱扣器产生足够大的吸力将衔铁吸合，通过杠杆推动搭钩与锁扣分开，从而切断电路，实现短路保护。低压断路器出厂时，电磁脱扣器的瞬时脱扣整定电流一般整定为 $10I_N$（$I_N$ 为断路器的额定电流）。

欠压脱扣器的动作过程，与电磁脱扣器恰好相反。需手动分断电路时，按下分断按钮即可。

2. 低压断路器的外形与符号

低压断路器的外形、符号如图 1-13 所示。

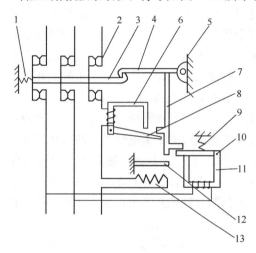

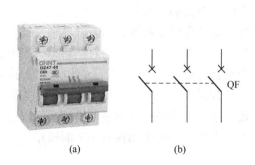

图 1-12 低压断路器工作原理示意图

1—弹簧；2—主触点；3—传动杆；4—锁扣；5—轴；
6—电磁脱扣器；7—杠杆；8—衔铁；9—弹簧；
10—衔铁；11—欠压脱扣器；12—双金属片；
13—发热元件

图 1-13 低压断路器的外形、符号

（a）外形；（b）符号

3. 低压断路器的型号意义

低压断路器的型号意义如下：

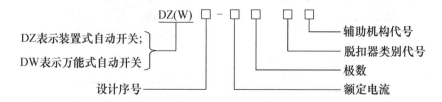

### 4. 低压断路器的主要参数

(1) 额定电压：指断路器在电路中长期工作的允许电压。

(2) 额定电流：包括断路器额定电流和断路器壳架等级额定电流。

断路器额定电流是指脱扣器允许长期通过的电流，也就是脱扣器的额定电流，对于可调式脱扣器则为脱扣器可长期通过的最大电流。

断路器壳架等级额定电流是指每一个塑壳或框架所能装的最大脱扣器的额定电流，在型号中表示的额定电流就是指的此电流。

(3) 断路器的分断能力：指在规定的电压、频率及电路参数（交流电路为功率因数，直流电路为时间常数）下，所能分断的短路电流值。

(4) 分断时间

断路器切断故障电流所需的时间，包括固有断开时间和燃弧时间两部分。

### 5. 低压断路器的选用

(1) 低压断路器额定电压等于或大于线路额定电压。

(2) 低压断路器额定电流等于或大于线路计算负荷电流。

(3) 低压断路器欠压脱扣器额定电压等于线路额定电压。

(4) 过电流脱扣器的额定电流 $I_Z$ 大于或等于线路的最大负载电流。

对于单台电动机

$$I_Z \geqslant KI_Q$$

式中　$K$——安全系数，取 1.5～1.7；

　　　$I_Q$——电动机的启动电流。

对于多台电动机：

$$I_Z \geqslant K(I_{qmax} + \sum I_{Nr})$$

式中　$I_{qmax}$——最大一台电动机的启动电流；

　　　$\sum I_{Nr}$——其他电动机的额定电流之和。

低压断路器的短路分断能力应不小于电路的最大短路电流。

### 6. 智能化断路器

目前国内生产的智能化断路器有框架式和塑料外壳式两种。智能化断路器的特征是采用了以微处理器或单片机为核心的智能控制器（智能脱扣器），它不仅具备普通断路器的各种保护功能，同时还具备实时显示电路中的各种电气参数（电流、电压、功率、功率因数等）。电路具有在线监视、自行调节、测量、试验、自诊断、可通信等功能，能够对各种保护功能的动作参数进行显示、设定和修改，保护电路动作时的故障参数能够存储在非易失存储器中以便查询，国内有 DW45、DW40、DW914(AH)、DW18(AE-S)、DW48、DW19(3WE)、DW17(ME)等系列智能化框架断路器和智能化塑壳断路器。

### 7. 漏电保护断路器

漏电保护断路器通常称作漏电开关，是一种安全保护电器，在线路或设备出现对地漏电或人身触电时，迅速自动断开电路，能有效保证人身和线路的安全。常用的漏电保护断路器分为电压式和电流式两类，而电流式又分为电磁式和电子式两种。电磁式电流动作型漏电保护断路器工作组原理如图 1-14 所示。

漏电保护断路器主要由零序互感器 TA、漏电脱扣器 WS、试验按钮 SB、操作机构和

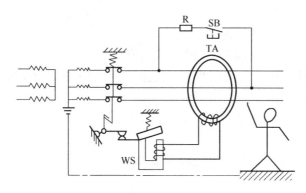

外壳组成。实质上就是在一般的自动开关中增加一个能检测电流的感受元件零序互感器和漏电脱扣器。零序互感器是一个环形封闭的铁芯，主电路的三相电源线均穿过零序互感器的铁芯，为互感器的一次绕组；环形铁芯上绕有二次绕组，其输出端与漏电脱扣器的线圈相接。在电路正常工作时，无论三相负载电流是否平衡，通过零序电流互感器一次侧的三相电流相量和为零，二次侧没有电流。当出

图1-14 电磁式电流动作型漏电保护断路器工作组原理图

现漏电和人身触电时，漏电或触电电流将经过大地流回电源的中性点，因此零序电流互感器一次侧三相电流的相量和就不为零，互感器的二次侧将感应出电流，此电流通过漏电脱扣器线圈使其动作，则低压断路器分闸切断了主电路，从而保障了人身安全。

为了经常检测漏电开关的可靠性，开关上设有试验按钮，与一个限流电阻R串联后跨接于两相线路上。当按下试验按钮后，漏电断路器立即分闸，证明该开关的保护功能良好。

# 任务1.3 熔 断 器

## 1.3.1 熔断器的用途、结构及工作原理

1. 用途

熔断器是一种简单的保护电器，它可以实现对配电电路的过载和短路保护，由于它具有结构简单、体积小、重量轻、价格便宜、使用维护方便等优点，因此在强弱电系统中都得到了广泛应用。

2. 结构

熔断体主要包括熔体、填料（有的没有填料）、熔管、触刀、盖板、熔断指示器等部件。有填料密闭管式熔断器结构图如图1-15所示。

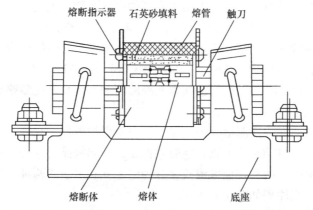

图1-15 有填料密闭管式熔断器

熔体是熔断器的主要组成部分，它既是感受元件又是执行元件。常做成丝状、片状、带状或笼状。熔体的材料通常有两种，一种是由铅、铅锡合金或锌等低熔点材料制成，多用于小电流电路；另一种是由银、铜等较高熔点的金属制成，多用于大电流电路。熔断器接入电路时，熔体是串联在被保护电路中。熔管是熔体的保护外壳，用耐热绝缘材料制成，在熔体熔断时兼有灭弧作用。熔座是熔断器的底座，作用是固定熔管和外接引线。

3. 工作原理

熔断器使用时利用金属导体作为熔体串联在被保护的电路中，当电路发生过载或短路故障时，通过熔断器的电流超过某一规定值时，以其自身产生的热量使熔体熔断，从而自动分断电路，起到保护作用。

熔断器的动作是靠熔体的熔断来实现的，当电流较大时，熔体熔断所需的时间就较短。而电流较小时，熔体熔断所需用的时间就较长，甚至不会熔断。因此对熔体来说，其动作电流和动作时间特性即熔断器的安秒特性，为反时限特性，如图1-16所示。

图1-16中的 $I_R$ 为最小熔断电流，每一熔体都有一最小熔断电流。一般定义熔体的最小熔断电流与熔体的额定电流之比为最小熔化系数，常用熔体的熔化系数大于1.25，也就是说额定电流为10A的熔体在电流12.5A以下时不会熔断。

熔断器对过载反应是很不灵敏的，当电气设备发生轻度过载时，熔断器将持续很长时间才熔断，有时甚至不熔断。因此，除在照明电路中外，熔断器一般不宜用作过载保护，主要用作短路保护。如确需在过载保护中使用，必须降低其使用的额定电流，如8A的熔体用于10A的电路中，作短路保护兼作过载保护用，但此时的过载保护特性并不理想。

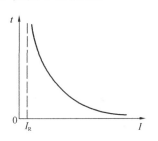

图1-16 熔断器的安秒特性

### 1.3.2 熔断器的类型及技术参数

1. 插入式熔断器（瓷插式熔断器）

（1）型号

（2）结构

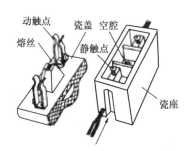

图1-17 RC1A系列插入式熔断器

插入式熔断器有RC1A系列，是将熔丝用螺钉固定在瓷盖上，然后插入底座，它由瓷座、瓷盖、动触点、静触点及熔丝五部分组成，其结构如图1-17所示。

（3）用途

RC1A系列插入式熔断器一般用在交流50Hz、额定电压380V及以下，额定电流200A及以下的低压线路末端或分支电路中，作为电气设备的短路保护及一定程度的过载保护。

2. 螺旋式熔断器

(1) 型号

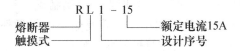

(2) 结构

螺旋式熔断器有 RL1 和 RL2 系列。RL1 系列螺旋式熔断器属于有填料封闭管式，其外形和结构如图 1-18 所示。它主要由瓷帽、熔断管、瓷套、上接线座、下接线座及瓷座等部分组成。

当熔断器的熔体熔断的同时，金属丝也熔断，弹簧释放，把指示件顶出，以显示熔断器已经动作。透过瓷帽上的玻璃可以看见，熔体熔断后，只要旋开瓷帽，取出已熔断的熔体，装上与此相同规格的熔体，再旋入瓷座内即可正常使用，操作安全方便。

(3) 用途

RL1 系列螺旋式熔断器广泛应用于控制箱、配电屏、机床设备及振动较大的场合，在交流额定电压 500V、额定电流 200A 及以下的电路中，作为短路保护器件。

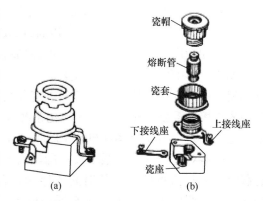

图 1-18 RL1 系列螺旋式熔断器
(a) 外形；(b) 结构

(4) 技术数据

熔断器的技术数据见表 1-2。

熔断器的技术数据　　　　表 1-2

| 类别 | 型号 | 额定电压（V） | 额定电流（A） | 熔体额定电流等级（A） |
|---|---|---|---|---|
| 插入式熔断器 | RC1A | 380 | 5 | 2, 4, 5 |
| | | | 10 | 2, 4, 6, 10 |
| | | | 15 | 6, 10, 15 |
| | | | 30 | 15, 20, 25, 30 |
| | | | 60 | 30, 40, 50, 60 |
| | | | 100 | 50, 80, 100 |
| | | | 200 | 100, 120, 150, 200 |
| 螺旋式熔断器 | RL1 | 500 | 15 | 2, 4, 5, 6, 10, 15 |
| | | | 60 | 20, 25, 30, 35, 40, 50, 60 |
| | | | 100 | 60, 80, 100 |
| | | | 200 | 100, 125, 150, 200 |
| | RL2 | 500 | 25 | 2, 4, 6, 10, 15, 20, 25 |
| | | | 60 | 25, 35, 50, 60 |
| | | | 100 | 80, 100 |

## 任务 1.3 熔 断 器

3. 无填料封闭管式熔断器

（1）型号

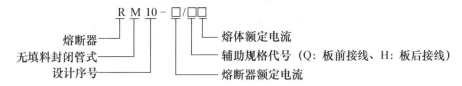

（2）结构

无填料封闭管式熔断器有 RM10 系列。RM10 系列无填料封闭管式熔断器主要由纤维管、变截面的锌熔片、夹头及夹座等部分组成。RM10 系列熔断器的外形与结构如图 1-19 所示。这种结构的熔断器具有以下两个特点：一是采用变截面锌片作熔体，将熔片冲制成宽窄不一的变截面是为了改善熔断器的保护性能；二是采用纤维管作熔管，当熔片熔断时，纤维管内壁在电弧热量的作用下产生高压气体，压迫电弧，加强离子的复合，从而改善了灭弧的特性，使电弧熄灭。

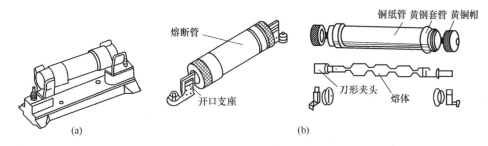

图 1-19　RM10 系列无填料封闭管式熔断器
(a) 外形；(b) 结构

（3）用途

RM10 系列无填料封闭管式熔断器适用于交流 50Hz、额定电压 380V 或直流额定电压 440V 及以下电压等级的动力网络和成套配电设备中，作为导线、电缆及较大容量电气设备的短路和连续过载保护。

4. RT0 系列有填料封闭管式熔断器

（1）型号

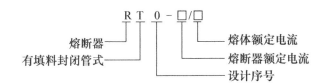

（2）结构

有填料封闭管式熔断器有 RT0、RT10、RT11 系列。RT0 系列有填料封闭管式熔断器主要由瓷熔管、栅状铜熔体和触点底座等部分组成，其外形与结构如图 1-20 所示。

RT0 型熔断器的熔体是栅状紫铜片，中间用锡桥连接，即在栅状紫铜熔体中部弯曲处焊有锡层。该熔断器具有引燃栅，由于它的等电位作用可使熔体在短路电流通过时形成多根并联电弧，熔体上还有若干变截面小孔，可使熔体在短路电流通过时在截面较小的地

17

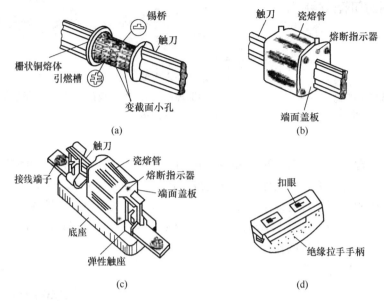

图 1-20 RT0 系列有填料封闭管式熔断器
(a) 熔体；(b) 熔管；(c) 熔断器；(d) 绝缘操作手柄

方先熔断，形成多段短弧。熔体周围填满了石英砂，由于冷却和狭沟的作用，使电弧中的离子强烈复合，迅速灭弧。这种熔断器的灭弧能力很强，具有限流的作用，即在短路电流还未达到最大值时就能完全熄灭电弧。又由于在工作熔体（铜熔丝）上焊有小锡球，锡的熔点（232℃）远比铜的熔点（1083℃）低，因此在过负荷电流通过时，锡球受热首先熔化，铜锡分子互相渗透而形成熔点较低的铜锡合金，使铜熔丝也能在较低的温度下熔断，这称为"冶金效应"。由于这种特性，使熔断器在过负荷电流或较小的短路电流时动作，提高了保护的灵敏度。该系列熔断器配有熔断指示装置，熔体熔断后，显示出醒目的红色熔断信号。当熔体熔断后，可使用配备的专用绝缘手柄在带电的情况下更换熔管，装取方便，安全可靠。

（3）用途

RT0 系列有填料封闭管式熔断器是一种大分断能力的熔断器，广泛用于短路电流较大的电力输配电系统中，作为电缆、导线和电气设备的短路保护及导线、电缆的过载保护。

（4）技术数据

RT0 系列有填料封闭管式熔断器的技术数据见表 1-3。

RT0 系列有填料封闭管式熔断器的技术数据  表 1-3

| 额定电流(A) | 熔体额定电流(A) | 极限分断能力（kA） | | 回路参数 | |
|---|---|---|---|---|---|
| | | 交流 380V | 直流 440V | 交流 380V | 直流 440V |
| 50 | 5，10，15，20，30，40，50 | 50（有效值） | 25 | $\cos\varphi=0.1\sim0.2$ | $T=1.5\sim20$ms |
| 100 | 30，40，50，60，80，100 | | | | |
| 200 | 80，100，120，150，200 | | | | |
| 400 | 150，200，250，300，350，400 | | | | |
| 600 | 350，400，450，500，550，600 | | | | |
| 1000 | 700，800，900，1000 | | | | |

### 5. 快速熔断器

快速熔断器又叫半导体器件保护用熔断器，主要用于硅元件变流装置内部的短路保护。由于硅元件的过载能力差，因此要求短路保护元件应具有快速动作的特征。快速熔断器能满足这种要求，且结构简单，使用方便，动作灵敏可靠，因而得到了广泛应用。快速熔断器的典型结构如图1-21所示。

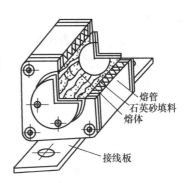

图1-21 快速熔断器的典型结构图

### 6. 自复式熔断器

常用熔断器的熔体一旦熔断，必须更换新的熔体，这就给使用带来不便，而且延缓了供电时间。近年来，出现可以重复使用一定次数的自复式熔断器。

自复式熔断器是一种限流电器，其本身不具备分断能力，但是和断路器串联使用时，可以提高断路器的分断能力，可以多次使用。其结构如图1-22所示。

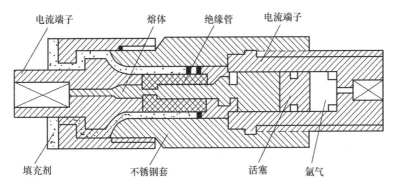

图1-22 自复式熔断器结构图

自复式熔断器的熔体是应用非线性电阻元件（如金属钠等）制成，在常温下是固体，电阻值较小，构成电流通路。在短路电流产生的高温下，熔体汽化，阻值剧增，即瞬间呈现高阻状态，从而能将故障电流限制在较小的数值范围内。

各种熔断器在电路图中的符号都如图1-23所示。

图1-23 熔断器的符号

### 7. 主要技术参数

（1）额定电压：额定电压是指熔断器长期工作时和分断后能够承受的电压，它取决于线路的额定电压，其值一般等于或大于电气设备的额定电压。

（2）额定电流：额定电流是指熔断器长期工作时，各部件温升不超过规定值时所能承受的电流。熔断器的额定电流等级比较少，而熔体的额定电流等级比较多，即在一个额定电流等级的熔断管内可以分装不同额定电流等级的熔体，但熔体的额定电流最大不能超过熔断管的额定电流。

（3）极限分断能力：是指熔断器在规定的额定电压和功率因数（或时间常数）的条件下，能分断的最大短路电流值。在电路中出现的最大电流值一般是指短路电流值。所以，极限分断能力也是反映了熔断器分断短路电流的能力。

### 1.3.3 熔断器的选择

熔断器的选择包含熔断器类型的选择、额定电压、熔体和熔管额定电流的选择。

1. 类型的选择

熔断器的类型应根据电路要求、使用场合和安装条件选择。

2. 额定电压的选择

熔断器的额定电压应大于或等于电路的工作电压。

3. 熔断器的额定电流的选择

熔断器的额定电流必须大于或等于所装熔体的额定电流。

4. 熔体的额定电流的选择

(1) 对于平稳、无冲击电流的电阻性负载电路。

可按负载电流实际大小确定，即：

$$I_{FUN} > I_N$$

式中　$I_{FUN}$——熔体额定电流（A）；

　　　$I_N$——负载额定电流（A）。

(2) 对单台电动机。

$$I_{FUN} \geqslant (1.5 \sim 2.5)I_N$$

式中　$I_N$——电动机额定电流（A）。

(3) 多台电动机共用同一熔断器

$$I_{FUN} \geqslant (1.5 \sim 2.5)I_{N,max} + \sum I_N$$

式中　$I_{N,max}$——容量最大一台电动机的额定电流（A）；

　　　$\sum I_N$——其余电动机额定电流之和。

熔体的额定电流确定后，熔断器的额定电流应大于熔体额定电流。

## 任务1.4　主　令　电　器

主令电器是控制系统中发出指令的操纵电器，用来控制接触器、继电器及其他电器的线圈，使电路接通或分断，从而实现电气设备的自动控制。主令电器主要有按钮开关、位置开关、万能转换开关、主令控制器等。

### 1.4.1　控制按钮

控制按钮是一种用人力操作，并具有储能（弹簧）复位的一种控制开关。按钮的触点允许通过的电流较小，一般不超过5A，因此一般情况下它不直接控制主电路，而是在控制电路中发出指令或信号去控制接触器、继电器等电器，再由它们去控制主电路的通断、功能转换或电气连锁。

1. 控制按钮的结构与原理

控制按钮一般由按钮帽、复位弹簧、桥式动触点、动合静触点、动断静触点、支柱连杆及外壳等部分组成，控制按钮的结构和符号如图1-24所示。

操作时，将按钮帽往下按，桥式动触点就向下运动，先与动断静触点分断，再与动合静触点接通，一旦操作人员的手指离开按钮帽，在复位弹簧的作用下，动触点向上运动，

## 任务 1.4 主 令 电 器

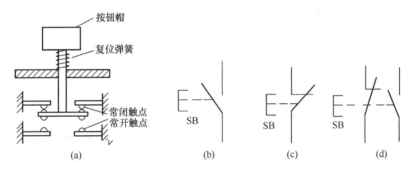

图 1-24 控制按钮的结构与符号
(a) 结构；(b) 启动按钮；(c) 停止按钮；(d) 复合按钮

恢复初始位置。在复位的过程中，先是动合触点分断，然后是动断触点闭合。

2. 控制按钮的型号

控制按钮的结构形式有多种，以适合于不同场合。如紧急式为装有红色突出在外的蘑菇形钮帽，以便紧急操作；旋钮式用手旋转进行操作；指示灯式为在透明的按钮内装入信号灯，以作信号指示；钥匙式为使用安全起见，须用钥匙插入方可旋转操作。

为了便于操作人员识别，避免发生误操作，生产中用不同的颜色和符号标志来区分控制按钮的功能及作用。控制按钮的颜色有红、绿、黑、黄，以及白、蓝、灰等多种，控制按钮颜色要求如下：

(1) "停止"和"急停"按钮必须是红色。当按下红色按钮时，必须使设备停止工作或断电。

(2) "启动"按钮的颜色是绿色。

(3) "启动"与"停止"交替动作的按钮必须是黑色、白色或灰色，不得用红色和绿色。

(4) "点动"按钮必须是黑色。

(5) "复位"（如保护继电器的复位按钮）必须是蓝色。当复位按钮还有停止的作用时，则必须是红色。

控制按钮的型号如下：

其中结构形式代号的含义为：K—开启式，适用于嵌装在操作面板上；H—保护式，带保护外壳，可防止内部零件受机械损伤或人偶然触及带电部分；S—防水式，具有密封外壳，可防止雨水侵入；F—防腐式，能防止腐蚀性气体进入；J—紧急式，作紧急切断电源用；X—旋钮式，用旋钮旋转进行操作，有通和断两个位置；Y—钥匙操作式，用钥匙插入进行操作，可防止误操作或供专人操作；D—光标按钮，按钮内装有信号灯，兼作信号指示。

3. 控制按钮的选择

控制按钮的选择应根据使用场合、控制电路所需触点数目及按钮颜色等要求选用。目前常用的按钮有 LA2、LA18、LA19、LA20、LA25、SFAN1 等系列的产品。LA2 系列按钮有一对常开触点和一对常闭触点；LA18 系列按钮采用积木结构，触点数量可以根据需要进行拼装；LA19 系列按钮是按钮与信号灯的组合，按钮兼作信号灯罩，用透明塑料制成；LA25 系列按钮是新型号，其技术数据见表 1-4。

LA25 系列按钮技术数据　　　　　　　　　　　表 1-4

| 型号 | 触点组数 | 按钮颜色 | 型号 | 触点组数 | 按钮颜色 |
| --- | --- | --- | --- | --- | --- |
| LA25-10 | 一常开 | 白，绿，黄，蓝，橙，黑，红 | LA25-33 | 三常开三常闭 | 白，绿，黄，蓝，橙，黑，红 |
| LA25-01 | 一常闭 | | LA25-40 | 四常开 | |
| LA25-11 | 一常开一常闭 | | LA25-04 | 四常闭 | |
| LA25-20 | 二常开 | | LA25-41 | 四常开一常闭 | |
| LA25-02 | 二常闭 | | LA25-14 | 一常开四常闭 | |
| LA25-21 | 二常开一常闭 | | LA25-42 | 四常开二常闭 | |
| LA25-12 | 一常开二常闭 | | LA25-24 | 二常开四常闭 | |
| LA25-22 | 二常开二常闭 | | LA25-50 | 五常开 | |
| LA25-30 | 三常开 | | LA25-05 | 五常闭 | |
| LA25-03 | 三常闭 | | LA25-51 | 五常开一常闭 | |
| LA25-31 | 三常开一常闭 | | LA25-15 | 一常开五常闭 | |
| LA25-13 | 一常开三常闭 | | LA25-60 | 六常开 | |
| LA25-32 | 三常开二常闭 | | LA25-06 | 六常闭 | |
| LA25-23 | 二常开三常闭 | | | | |

### 1.4.2 位置开关

位置开关又叫行程开关或限位开关，是用来反映工作机械的行程，发出命令以控制其运动方向和行程大小的开关，主要用于机床、自动生产线和其他机械的限位及程序控制。

1. 行程开关的结构与工作原理

行程开关按其结构可分为直动式、滚轮式、微动式。图 1-25 所示为直动式、滚轮式、微动式行程开关的结构示意图，图 1-26 所示为行程开关的符号。

直动式行程开关的动作原理与控制按钮相似，当被控机械设备碰撞到行程开关的顶杆时，行程开关中动触头动作，常开触头闭合，常闭触头断开，发出控制信号。但其触头的分合速度取决于生产机械的运行速度，不宜用于速度低于 0.4m/min 的场所。

滚轮式行程开关的动作原理：当被控机械设备上的撞块撞击带有滚轮的撞杆时，撞杆转向右边，带动凸轮转动，顶下推杆，使微动开关中动触头迅速动作。当运动机械返回时，在复位弹簧的作用下，各部分动作部件复位。滚轮式行程开关的触头的分合速度不受生产机械的运行速度的影响，但其结构比较复杂。

微动式行程开关动作灵敏，触头切换速度不受操作钮下压速度的影响，但由于操作钮下压的极限行程很小，开关的结构强度不高，因而使用时应该特别注意行程和压力大小。

## 任务1.4 主令电器

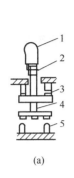 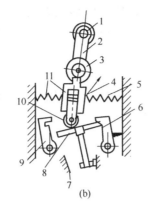 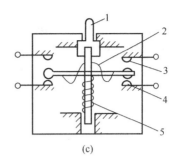

图1-25 行程开关的结构示意图

（a）直动式　　　　　　　（b）滚轮式　　　　　　　（c）微动式
1—顶杆；2—弹簧；　　　1—滚轮；2—上转臂；　　1—推杆；2—弯形片状弹簧；
3—常闭触头；4—触头　　3、5、11—弹簧；4—套架；　3—常开触头；
弹簧；5—常开触头　　　6、9—压板；7—触头；　　4—常闭触头；
　　　　　　　　　　　　8—触头推杆；10—小滑轮　5—恢复弹簧

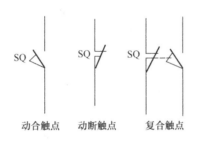

动合触点　动断触点　复合触点

图1-26 行程开关的符号

2. 行程开关的型号及选用

常用的行程开关有 JLXK1、LX19、LX32、LX33 和微动开关 LXW-11、JLXK1-11、LXK3 等系列。行程开关的型号及含义如下：

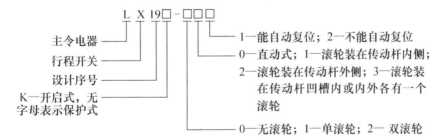

行程开关在选择时，主要根据机械位置对开关形式的要求和控制线路对触点的数量要求以及电流、电压等级来确定其型号。

3. 接近开关

接近开关又称为无触点位置开关，是一种非接触型检测开关。它采用了无触点电子结构形式，克服了有触点位置开关可靠性差、使用寿命短和操作频率低的缺点。当运动的物体靠近开关到一定位置时,开关发出信号,达到行程控制、计数及自动控制的作用。它的用途除了行程控制和限位保护外,还可作为检测金属体、高速计数、测速、定位、变换运动方向、检测零件尺寸、液面控制及无触点按钮等。

与行程开关相比,接近开关具有定位精度高、工作可靠、寿命长、操作频率高以及能适应恶劣工作环境等优点。但在使用接近开关时,仍要用有触点继电器作为输出器。

接近开关是通过其感应头与被测物体间介质能量的变化来取得信号的。

接近开关的种类很多,在此只介绍高频振荡型接近开关。高频振荡型接近开关电路结构可以归纳为如图 1-27 所示的几个组成部分。

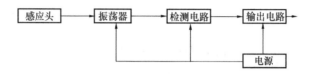

图 1-27 高频振荡型接近开关原理框图

高频振荡型接近开关的工作原理为:当有金属物体靠近一个以一定频率稳定振荡的高频振荡器的感应头附近时,由于感应作用,该物体内部会产生涡流及磁滞损耗,以致振荡回路因电阻增大、能耗增加而使振荡减弱,直至停止振荡。检测电路根据振荡器的工作状态控制输出电路的工作,输出信号去控制继电器或其他电器,以达到控制目的。

接近开关的主要系列产品有 LJ2、LJ6、LXJ18 和 35G 等系列。接近开关的型号及含义如下:

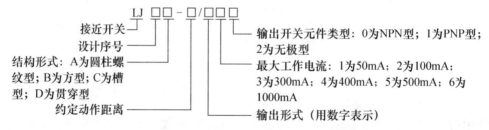

接近开关的符号如图 1-28 所示。

### 1.4.3 万能转换开关

#### 1. 作用

万能转换开关实际是多挡位、控制多回路的组合开关,主要用作控制线路的转换及电气测量仪表的转换,也可用于控制小容量异步电动机的启动、换向及调速。由于触点挡数多、换接线路多、能控制多个回路,适应复杂线路的要求,故称为万能转换开关。

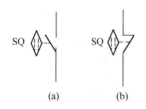

图 1-28 接近开关的符号
(a) 动合触点;(b) 动断触点

#### 2. 结构、原理与符号

如图 1-29 所示为 LW6 系列万能转换开关的外形及某层结构示意图,由操作机构、面板、手柄及数个触头座等主要部件组成,用螺栓组装成整体。其操作位置有 2～12 个,触头底座有 1～10 层,其中每层底座均可装三对触头,并由底座中间的凸轮进行控制。由于每层凸轮可做成不同的形状,因此当手柄转到不同位置时,通过凸轮的作用,可使各对触头按所需要的规律接通和分断。

万能转换开关在电路图中的符号如图1-30(a)所示。图中"—"代表一路触点,竖的虚线表示手柄位置。当手柄置于某一位置上时,就在处于接通状态的触点下方的虚线上标注黑点"·"表示。触点的通断也可用如图1-30(b)所示的触点分合表来表示。表中"×"号表示触点闭合,空白表示触点分断。

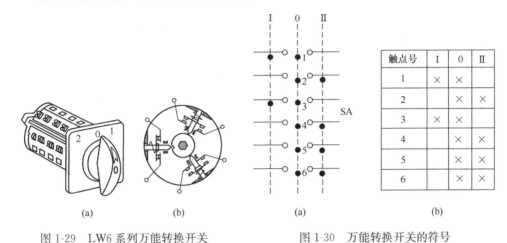

图1-29 LW6系列万能转换开关
外形及某层结构示意图
(a) 外形;(b) 结构示意图

图1-30 万能转换开关的符号
(a) 符号;(b) 触点分合表

3. 型号

万能转换开关目前常用的有:LW2、LW5、LW6、LW8、LW9、LW12和LW15等系列。其中LW9和LW12系列符合国际IEC有关标准和国家标准,产品采用一系列新工艺、新材料,性能可靠,功能齐全,能替代目前全部同类产品。万能转换开关的型号及含义如下:

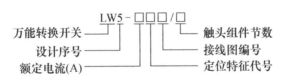

### 1.4.4 主令控制器

主令控制器是按照预定程序转换控制电路的主令电器,用它在控制系统中发布命令,通过接触器来实现对电动机的启动、制动、调速和反转控制。

主令控制器的外形及结构如图1-31所示。它由铸铁的底座、支架和支架上安装的动、静触点及凸轮盘所组成的接触系统等构成。图1-31中1与7表示固定于方形转轴上的凸轮块;2是固定触点的接线柱,由它连接操作回路;3是固定触点,由桥式动触点4来闭合与分断;动触点4固定于能绕轴6转动的支杆5上。

主令控制器的动作原理:当转动手柄10使凸轮块7转动时,推压小轮8,使支杆5绕轴6转动,使动触点4与静触点3分断,将被操作回路断开。相反,当转动手柄10使小轮8位于凸轮块7的凹槽处,由于弹簧9的作用,使动触点4与静触点3闭合,接通被操作回路。可见,触点闭合与分断的顺序是由凸轮块的形状所决定的。

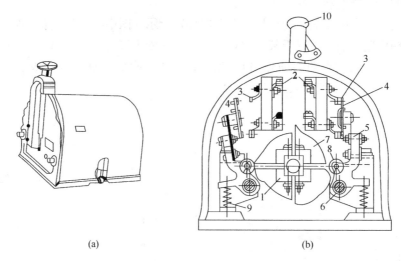

图 1-31 凸轮控制器的图形、文字符号及触头通断表
（a）外形；（b）结构
1、7—凸轮块；2—接线柱；3—固定触点；4—桥式动触点；
5—支杆；6—轴；8—小轮；9—弹簧；10—手柄

常用的主令控制器有 LK4、LK5、LK6、LK14 等系列，主要根据额定电流和所需控制回路数来选择。其型号的含义如下：

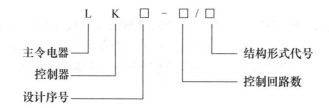

控制电路中，主令控制器触头的图形符号及操作手柄在不同位置时的触头分合状态表示方法与万能转换开关相似，如表 1-5 所示。

主令控制器的触头通断表　　　　表 1-5

| | 5 | 4 | 3 | 2 | 1 | 0 | 1 | 2 | 3 | 4 | 5 |
|---|---|---|---|---|---|---|---|---|---|---|---|
| K1 | | | | | | × | | | | | |
| K2 | | | | | | | × | × | × | × | × |
| K3 | × | × | × | × | × | | | | | | |
| K4 | × | × | | | | | | × | × | × | × |
| K5 | × | × | × | | | | | | × | × | × |
| K6 | × | × | | | | | | | | × | × |
| K7 | × | | | | | | | | | | × |

## 任务1.5 接 触 器

### 1.5.1 接触器的作用、结构及工作原理

1. 接触器的作用

接触器是一种自动的电磁式开关,适用于远距离频繁地接通或断开交直流主电路及大容量控制电路。其主要控制对象是电动机,也可用于控制电热设备、电焊机、电容器组等其他负载。它不仅能实现远距离自动操作和欠电压释放保护功能,而且具有控制容量大、工作可靠、性能稳定、操作频率高、使用寿命长、成本低廉、维修简便等优点,是电力拖动控制电路中应用广泛的控制电器之一。

2. 接触器的结构与工作原理

接触器按主触点通过的电流种类,分为交流接触器和直流接触器两种,直流接触器的结构和工作原理基本上与交流接触器相同。

接触器主要由电磁系统、触点系统、灭弧装置及辅助部件等组成,其电磁机构和灭弧装置参照电磁式电器内容。触头系统由用于接通或分断大电流电路的主触头和用于接通或分断较小电流电路的辅助触头组成。主触头一般只有常开的形式,上面安装有灭弧装置;辅助触头具有常开和常闭两种形式,无灭弧装置。辅助部件有反作用弹簧、缓冲弹簧、触点压力弹簧、传动机构及底座、接线柱等。反作用弹簧的作用是线圈断电后,推动衔铁释放,使各触点恢复原状态。缓冲弹簧的作用是缓冲衔铁在吸合时对静铁芯和外壳的冲击力。触点压力弹簧作用是增加动、静触点间的压力,从而增大接触面积,以减小接触电阻。传动机构的作用是在衔铁或反作用弹簧的作用下,带动动触点实现与静触点的接通或分断。

接触器的工作原理:利用电磁原理,当接在控制电路中的线圈通电后,衔铁在电磁吸力作用下被吸向铁芯,衔铁运动的同时带动触头动作,使其常闭触头分开,常开触头闭合,控制主电路的通断。当线圈断电或线圈的电压过低时,电磁吸力消失或减弱,衔铁在释放弹簧的作用下释放,使触头复位,即常开和常闭触头仍然保持其原始(线圈不通电时)状态,实现控制电路通断和失电压与欠电压释放保护功能。

接触器的图形符号和文字符号如图1-32所示。

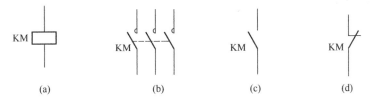

图1-32 接触器的图形符号和文字符号
(a)线圈;(b)主触点;(c)动合辅助触点;(d)动断辅助触点

### 1.5.2 接触器的主要技术参数及类型

1. 接触器的主要技术参数

(1)额定电压:指接触器主触点的额定工作电压。其电压等级:

直流接触器有：24V、48V、110V、220V、440V。

交流接触器有：220V、380V、660V，在特殊场合使用的高达1140V。

被控制主电路的电压等级应等于或低于接触器的额定电压。

(2) 额定电流：指接触器主触点的额定工作电流。它是在一定条件（额定电压、使用类别、额定工作制和操作频率）下规定的，保证电器正常工作的电流值。一般接触器的等级：

直流接触器：25A、40A、100A、150A、250A、400A、600A等。

交流接触器：6.3A、10A、16A、25A、32A、40A、63A、100A、160A、250A、400A、630A等。

现在已有额定电流达4000A的接触器。上述额定电流是指接触器安装在敞开式控制屏上，触头工作不超过额定温升；负载为间断长期工作时的电流值。所谓间断长期工作是指接触器连续通电时间不超过8h，必须空载开闭触头三次，以消除表面氧化膜。如果上述条件改变了，就要相应修正其电流值。

(3) 线圈的额定电压：指为保证接触器可靠工作在励磁线圈上所加的电压值。其电压等级：

交流线圈：36V、127V、220V、380V等。

直流线圈：24V、48V、220V、440V等。

(4) 接通与分断能力：指接触器主触头在规定条件下能可靠接通和分断的电流值。在此电流值下，接通和分断时，不应产生熔焊、飞弧和过度磨损等。一般接通电流大于分断电流。在低压电器标准中，按接触器的用途分类规定了它的通断能力。

(5) 额定操作频率：是指每小时接通和分断的次数。交流接触器有30次/h、150次/h、600次/h、1200次/h四个等级。

(6) 机械寿命与电气寿命：机械寿命是指接触器在不需要修理或更换机械零件下，能承受的无载操作次数。

电气寿命（简称电寿命）是指接触器在规定的条件下，不需要修理或更换机械零件下，能承受的负载操作次数。

(7) 额定工作制：是指接触器的工作方式。通常接触器分为四种工作制：长期工作制、间断长期工作制、短时工作制、反复短时工作制。

另外，接触器还有主触头的极数、主触头的形式、辅助触头的额定电压和额定电流等数据。

2. 接触器的类型

(1) 交流接触器的分类

交流接触器的种类很多，其分类方法也不尽相同，按照一般的分类方法，大致有以下几种：

1) 按主触头极数分：可分为单极、双极、三极、四极和五极接触器。单极接触器主要用于单相负荷，如照明负荷、电焊机、电动机能耗制动等；双极接触器主要用于绕线转子异步电动机的转子回路中，启动时用于短接启动绕组；三极接触器用于三相负荷，例如在电动机的控制及其他场合使用最广泛；四极接触器主要用于三相四线制的照明电路，也可用来控制双回路电动机负载；五极接触器，用来组成自耦补偿启动器或控制双速笼型电动机,以变换绕组接法。

2) 按主触头的静态位置来分:可分为动合接触器、动断接触器和混合型接触器 3 种。主触头为动合触点的接触器用于控制电动机及电阻性负载,用途广;主触头为动断触点的接触器用于备用电源的配电回路和电动机的能耗制动;主触头一部分为动合,另一部分为动断的接触器用于发动机励磁回路灭磁和备用电源。

3) 按灭弧介质分:可分为空气式接触器、真空式接触器。依靠空气绝缘的接触器,用于一般负载,而采用真空绝缘的接触器常用在煤矿、石油、化工企业及电压在 660V 和 1140V 等特殊场合。

4) 按有无触点分:可分为有触点接触器和无触点接触器。常见的多为有触点接触器,而无触点接触器属于电子技术应用的产物,一般采用晶闸管作为回路的通断元件。由于晶闸管导通时所需的触发电压很小,而且回路通断时无火花产生,因而可用于高操作频率的设备和易燃、易爆、无噪声的场合。

(2) 直流接触器的分类

直流接触器按照一般的分类方法,大致有以下几种:

1) 按主触头极数分:可分为单极直流接触器和双极直流接触器。单极直流接触器主要用于一般的直流回路中;双极直流接触器用于分断后电路完全隔断的电路以及控制电动机正反转的电路中。

2) 按主触头的静态位置来分:可分为动合直流接触器和动断直流接触器两种。动合直流接触器多用于直流电动机和电阻负载回路,动断直流接触器常用于放电电阻负载回路中。

3) 按使用场合分:可分为一般工业用直流接触器、牵引用直流接触器和高电感电路直流接触器。一般工业用直流接触器常用于冶金、机床等电气设备中,主要用来控制各类直流电动机;牵引用直流接触器常用于电力机车、蓄电池运输车辆等电气设备中;高电感电路直流接触器主要用于直流电磁铁、电磁操作机构的控制电路中。

4) 按有无灭弧室分:可分为有灭弧室直流接触器和无灭弧室直流接触器。有灭弧室直流接触器主要用于额定电压较高的直流电路中;无灭弧室直流接触器用于低压直流电路。

5) 按吹弧方式分:可分为串联磁吹灭弧直流接触器和永磁吹弧直流接触器。串联磁吹灭弧直流接触器用于一般用途;永磁吹弧直流接触器用于对小电流要求可靠熄弧的直流电路中。

3. 接触器的选用

(1) 接触器极数和种类、类别的选择

1) 根据主触头接通和分断的电流种类,选用直流和交流接触器。接触器有两大类:即交流接触器和直流接触器,选择接触器的种类是由负载的性质决定的,也就是接触器主触点控制交流电路则选择交流接触器,控制直流电路则选择直流接触器。

交流接触器使用类别有 AC-0~AC-4 五类:

AC-0 类用于感性负载或阻性负载,接通和分断额定电压和额定电流。

AC-1 类用于启动和运转中断开绕线转子电动机;在额定电压下,接通和分断 2.5 倍额定电流。

AC-2 类用于启动、反接制动、反向和频繁通断绕线型电动机；在额定电压下，接通和分断 2.5 倍额定电流。

AC-3 类用于启动和运转中断开笼型异步电动机；在额定电压下，接通和分断 6 倍额定电流。

AC-4 类用于启动、反接制动、反向和频繁通断笼型异步电动机；在额定电压下，接通和分断 6 倍额定电流。

由于接触器产品系列是按使用类别设计的，所以应首先根据接触器负担的工作任务来选择相应的使用类别。若电动机承担一般任务，其控制接触器可选 AC-3 类；若承担重要任务，应选择 AC-4 类。在后一情形中如选用了 AC-3 类，则应降级使用，即使如此，其电寿命仍有不同程度的降低。

2) 根据主触头控制的相数确定接触器的极数。

3) 根据接触器应用场地的条件选用普通接触器还是特殊接触器。

(2) 根据负载的功率和操作情况来确定接触器主触头的电流等级；根据接触器主触头所控制电路电压等级来确定接触器的额定电压等级。

额定电压与额定电流的选择应主要考虑接触器主触点的额定电压与额定电流，选择原则是：接触器的额定电压应不小于负载的额定电压；接触器的额定电流应不小于接触器主触点电流。

对于电动机负载可按下列经验公式计算：

$$I_N = P_N / K U_N$$

式中 $I_N$——接触器主触点电流（A）；

$P_N$——电动机额定功率（kW）；

$U_N$——电动机额定电压（V）；

$K$——经验系数，一般取 1~1.4。

接触器的额定电流应大于 $I_N$，也可查手册，根据技术数据确定。接触器如使用在频繁启动、制动和正反转的场合，则额定电流应降低一个等级使用。

(3) 接触器线圈的额定电压由所接控制电路电压来确定。

对于同一系列、同一容量等级的接触器，其线圈的额定电压有好几种规格，所以应指明线圈的额定电压，它由控制回路电压决定。

(4) 接触器常开、常闭触头数目要满足控制要求。

### 1.5.3 交流接触器

1. 交流接触器的型号

交流接触器的型号意义如下：

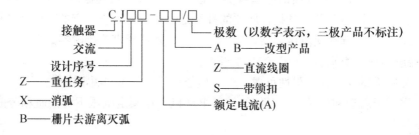

## 任务 1.5 接 触 器

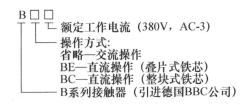

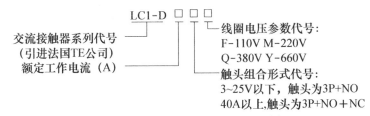

2. 交流接触器的主要技术数据

目前国内常用交流接触器主要有：CJ10、CJ12、CJ20 等系列。其中 CJ10、CJ12 是早期全国统一设计的系列产品；CJ20 系列是全国统一设计的新型接触器，主要适用于交流 50Hz、电压 660V 以下（其中部分等级可用于 1140V）、电流 630A 以下的电力线路中。CJ20 系列交流接触器的外形如图 1-33 所示。

近年来从国外引进一些交流接触器产品，有德国 BBC 公司的 B 系列、西门子公司的 3TB 系列、法国 TE 公司的 LC1-D 和 LC2-D 系列等。B 系列交流接触器的基本技术参数见表 1-6。

图 1-33 CJ20 系列交流接触器的外形

表 1-6　B 系列交流接触器的基本技术参数

| 型号 | 极数 | 被控制三相电动机（最大电流/功率）(A/kW) | | 380V 时接通能力 (A) | 380V 时分断能力 (A) | 辅助触点最多数量 | 机械寿命（百万次） | 电寿命 (AC-3)（百万次） |
|---|---|---|---|---|---|---|---|---|
| | | AC380V | AC660V | | | | | |
| B9 | 3 或 4① | 8.5/4 | 3.5/3 | | | 5/4 | 10 | — |
| B12 | | 11.5/5.5 | 4.9/4 | | | | | — |
| B16 | | 15.5/7.5 | 6.7/5.5 | 190 | 155 | 5 | | |
| B25 | | 22./11 | 13./11 | 270 | 220 | | | |
| B37 | | 37/18.5 | 21/18.5 | 445 | 370 | | | 4 |
| B45 | | 44/22 | 25/22 | 540 | 45 | | 5 | |
| B65 | | 65/33 | 45/40 | 780 | 650 | | | |
| B85 | | 85/44 | 55/50 | 1020 | 850 | | | |
| B105 | | 105/55 | 82/75 | 1260 | 1050 | 8 | | |
| B170 | | 170/90 | 118/110 | 2042 | 1700 | | 3 | |
| B250 | | 245/132 | 170/160 | 3000 | 2500 | | | 3 |
| B370 | | 370/200 | 268/250 | 4450 | 3700 | | | |
| B460 | | 475/250 | 337/315 | 5700 | 4750 | | — | 1 |

① 当需要主极数为 4 时，需在订货时指明，辅助触点的常开常闭可根据需要进行组合。

### 1.5.4 直流接触器

1. 直流接触器的型号

直流接触器的型号意义如下:

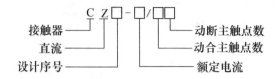

2. 直流接触器的主要技术数据

国内常用的直流接触器有CZ0、CZ18、CZ21、CZ22等系列。CZ0系列直流接触器的基本技术参数见表1-7。

CZ0系列直流接触器的基本技术参数　　　　表1-7

| 型号 | 额定电压(V) | 额定电流(A) | 额定操作频率(次/h) | 主触头数量 常开 | 主触头数量 常闭 | 分段电流(A) | 辅助触头数量 常开 | 辅助触头数量 常闭 | 吸引线圈电压(V) |
|---|---|---|---|---|---|---|---|---|---|
| CZ0-40/20 | 440 | 40 | 1200 | 2 | — | 160 | 2 | 2 | 24, 48, 110, 220, 440 |
| CZ0-40/02 | | | 600 | — | 2 | 100 | 2 | 2 | |
| CZ0-100/10 | | 100 | 1200 | 1 | — | 400 | 2 | 2 | |
| CZ0-100/01 | | | 600 | — | 1 | 250 | 2 | 1 | |
| CZ0-100/20 | | | 1200 | 2 | — | 400 | 2 | 2 | |
| CZ0-150/10 | | 150 | 1200 | 1 | — | 600 | 2 | 2 | |
| CZ0-150/01 | | | 600 | — | 1 | 375 | 2 | 1 | |
| CZ0-150/20 | | | 1200 | 2 | — | 600 | 2 | 2 | |
| CZ0-250/10 | | 250 | 600 | 1 | — | 1000 | 5（其中1对固定常开,其余4对可任意组合为常开或常闭） | | |
| CZ0-250/20 | | | | 2 | — | 1000 | | | |
| CZ0-400/10 | | 400 | | 1 | — | 1600 | | | |
| CZ0-400/20 | | | | 2 | — | 1600 | | | |
| CZ0-600/10 | | 600 | | 1 | — | 2400 | | | |

## 任务1.6　继　电　器

继电器是一种根据某种输入信号接通或断开小电流电路,实现远距离自动控制和保护的自动控制电器。其输入量可以是电流、电压等电量,也可以是温度、时间、速度、压力等非电量。而输出则是触点的动作或者是电路参数的变化。继电器不直接控制电流较大的主电路,而是通过接触器或其他电器对主电路进行控制。同接触器相比,继电器具有触点分断能力小、结构简单、体积小、重量轻、反应灵敏、动作准确、工作可靠等特点。

继电器的分类方法有多种,按输入信号的性质可分为:电压继电器、电流继电器、时间继电器、速度继电器、压力继电器等;按工作原理可分为:机械式继电器、电磁式继电器、电动式继电器、感应式继电器、热继电器和电子式继电器等；按输出方式可分为：有触点继电器和无触点继电器。按用途可分为：控制继电器、保护继电器和通信继电器等。下面介绍几种在电气控制系统中常用的继电器。

### 1.6.1 电磁式继电器

电磁式继电器结构简单、价格低廉、使用维护方便，广泛地用在控制系统中。常见的电磁式继电器应用种类有电压继电器、电流继电器、中间继电器、时间继电器等。

1. 电磁式继电器的结构和原理

电磁式继电器的结构工作原理与接触器类似，也是由电磁机构和触点系统等组成。主要的区别在于：继电器可对多种输入量的变化做出反应，而接触器只有在一定的电压信号下才动作；继电器是用于切换小电路的控制电路和保护电路，而接触器是用来控制大电流电路；继电器没有灭弧装置，也无主辅触点之分等。

如图 1-34 所示是电磁式继电器的典型结构，它由铁芯、衔铁、线圈、反力弹簧和触点等部分组成。在这种系统中，铁芯 7 和铁轭为一整体，减少了非工作气隙，极靴 8 为一圆环，套在铁芯端部；衔铁 6 制成板状，绕棱角（或绕轴）转动；线圈不通电时，衔铁靠反力弹簧 2 作用而打开。衔铁上垫有非磁性垫片 5。装设不同的线圈后可分别制成电压继电器、电流继电器、中间继电器。

2. 电磁式继电器的主要参数

1）额定电压、电流：指线圈和触头在正常工作时电压和电流的允许值。

2）动作参数：指衔铁产生吸合或释放动作时线圈的电压和电流值，称为吸合参数和释放参数。

3）整定值：指根据电路要求人为调整的动作参数值。

4）返回系数：指继电器的吸合值与释放值的比值，即 $K=X_f/X_x$。

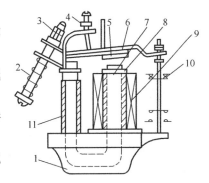

图 1-34 电磁式继电器的典型结构
1—底座；2—反力弹簧；3、4—调整螺钉；
5—非磁性垫片；6—衔铁；7—铁芯；
8—极靴；9—电磁线圈；10—触点系统；
11—绝缘材料

通常 $K$ 小于 1，其值的大小反映了继电器的吸合值与释放值的接近程度，也即继电回环的宽度。不同的场合要求不同的返回系数 $K$，一般的继电器要求工作可靠，所以要求较低的返回系数（$K$ 在 0.1~0.4 之间），即继电环宽一些，这样当电源电压有一些波动，继电器也能可靠工作；而欠电压保护用的欠电压继电器则要求较高的灵敏度，也即返回系数大些（$K \geqslant 0.6$）。$K$ 的值可以通过调节释放弹簧的松紧或改变非磁性垫片的厚度实现调节。

5）动作时间（吸合时间和释放时间）：吸合时间是指从线圈接受电信号到衔铁完全吸合所用的时间；释放时间是指从线圈失电开始到衔铁完全释放所用的时间。普通继电器的动作时间为 0.01~0.02s，快速继电器的动作时间为 0.005~0.05s，其大小影响继电器的操作频率。

3. 电流继电器

根据继电器线圈中电流的大小而接通或断开电路的继电器叫作电流继电器。使用时，电流继电器的线圈串联在被测电路中。

电流继电器分为过电流继电器和欠电流继电器两种。

(1) 过电流继电器

当继电器中的电流超过预定值时,引起开关电器有延时或无延时动作的继电器叫过电流继电器。它主要用于频繁启动和重载启动的场合,作为电动机和主电路的过载和短路保护。

1) 结构及工作原理:JT4 系列过电流继电器的外形结构及工作原理如图 1-35 所示。它主要由线圈、圆柱形静铁芯、衔铁、触点系统和反作用弹簧等组成。

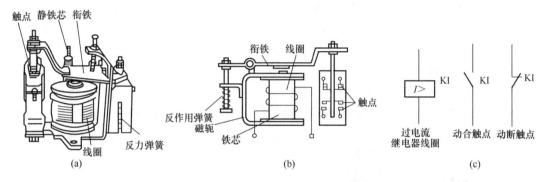

图 1-35 JT4 系列过电流继电器
(a) 外形;(b) 结构;(c) 符号

当线圈通过的电流为额定值时,它所产生的电磁吸力不足以克服弹簧的反作用力,此时衔铁不动作。当线圈通过的电流超过整定值时,电磁吸力大于弹簧的反作用力,铁芯吸引衔铁动作,带动动断触点断开,动合触点闭合。调整反作用弹簧的作用力,可整定继电器的动作电流值。该系列中有的过电流继电器带有手动复位机构,这类继电器过电流动作后,当电流再减小甚至到零时,衔铁也不能自动复位,只有当操作人员检查并排除故障后,手动松掉锁扣机构,衔铁才能在复位弹簧作用下返回,从而避免重复过电流事故的发生。

JT4 系列为交流通用继电器,在这种继电器的磁系统上装设不同的线圈,便可制成过电流、欠电流、过电压或欠电压等继电器。JT4 都是瞬动型过电流继电器,主要用于电动机的短路保护。

过电流继电器在电路图中的符号如图 1-35(c) 所示。

2) 型号:常用的过电流继电器有 JT4 系列交流通用继电器和 JL14 系列交直流通用继电器,型号及含义分别如下所示。

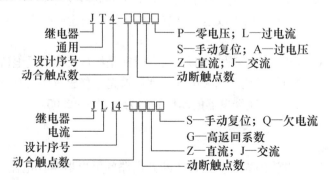

## 任务 1.6 继 电 器

**(2) 欠电流继电器**

当通过继电器的电流减小到低于其整定值时动作的继电器称为欠电流继电器。在线圈电流正常时这种继电器的衔铁与铁芯是吸合的。它常用于直流电动机励磁电路和电磁吸盘的弱磁保护。

常用的欠电流继电器有 JL14-Q 等系列产品,其结构与工作原理和 JT4 系列继电器相似。这种继电器的动作电流为线圈额定电流的 30%～65%,释放电流为线圈额定电流的 10%～20%。因此,当通过欠电流继电器线圈的电流降低到额定电流的 10%～20%时,继电器即释放复位,其动合触点断开,动断触点闭合,给出控制信号,使控制电路作出相应的反应。

欠电流继电器在电路图中的符号如图 1-36 所示。

**4. 电压继电器**

反映输入量为电压的继电器叫电压继电器。使用时电压继电器的线圈并联在被测量的电路中,根据线圈两端电压的大小而接通或断开电路。因此这种继电器线圈的导线细、匝数多、阻抗大。

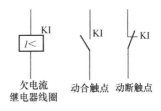

图 1-36 欠电流继电器的符号

根据实际应用的要求,电压继电器分为过电压继电器、欠电压继电器和零电压继电器。

过电压继电器是当电压大于其整定值时动作的电压继电器,主要用于对电路或设备作过电压保护,常用的过电压继电器为 JT4-A 系列,其动作电压可在 105%～120%额定电压范围内调整。

欠电压继电器是当电压降至某一规定范围时动作的电压继电器;零电压继电器是欠电压继电器的一种特殊形式,是当继电器的端电压降至 0 或接近消失时才动作的电压继电器。可见欠电压继电器和零电压继电器在线路正常工作时,铁芯与衔铁是吸合的,当电压降至低于整定值时,衔铁释放,带动触点动作,对电路实现欠电压或零电压保护。常用的欠电压继电器和零电压继电器有 JT4-P 系列,欠电压继电器的释放电压可在 40%～70%额定电压范围内整定,零电压继电器的释放电压可在 10%～35%额定电压范围内调节。

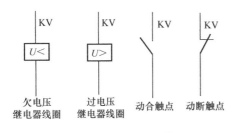

图 1-37 电压继电器的符号

电压继电器的选择,主要依据继电器的线圈额定电压、触点的数目和种类进行。

电压继电器在电路图中的符号如图 1-37 所示。

**5. 电压继电器和电流继电器参数整定范围和方法**

(1) 电压继电器和电流继电器参数整定范围

一般过电压继电器的动作电压整定范围为 $(1.05\sim1.20)U_e$,$U_e$ 为电路额定电压。

欠电压继电器吸合电压整定范围为 $(0.3\sim0.5)U_e$,释放电压调整范围 $(0.07\sim0.20)U_e$。

过电流继电器的动作电流整定范围,交流为 $(1.1\sim4)I_e$;直流为 $(0.7\sim3.5)I_e$。

欠电流继电器的动作电流整定范围,吸合电流为 $(0.3\sim0.5)I_e$;释放电流为 $(0.1\sim$

$0.2)I_e$,欠电流继电器一般是自动复位的。

(2) 电压继电器和电流继电器参数整定方法

1) 电压继电器吸合电压整定:调节释放弹簧的松紧可以调节电压继电器的吸合电压,拧紧时,吸合电压增大,反之减小。

2) 电压继电器释放电压的整定:调节铁芯与衔铁间非磁性垫片的厚度可以调节电压继电器的释放电压。增厚时,释放电压增大,反之减小。此处要说明的是:调节释放弹簧的松紧,同时改变了吸合电压和释放电压;拧紧时,两者同时增大,反之,同时减小。因此,若对吸合电压的大小无要求,调节释放弹簧的松紧也可以改变电压继电器的释放电压。

3) 电流继电器的参数整定方法:电流继电器的吸合参数及释放参数的整定与电压继电器基本相同。

6. 中间继电器

中间继电器实质上是一个电压线圈继电器,是用来增加控制电路中的信号数量或将信号放大的继电器。其输入信号是线圈的通电和断电,输出信号是触点的动作。它具有触点多,触点容量大,动作灵敏等特点。由于触点的数量较多,所以用来控制多个元件或回路。

中间继电器的结构及工作原理与接触器基本相同,但中间继电器的触点对数多,且没有主辅之分,各对触点允许通过的电流大小相同,多数为5A。因此,对于工作电流小于5A的电气控制线路,可用中间继电器代替接触器实施控制。

如图1-38所示为JZ7系列中间继电器的外形。中间继电器在电路图中的符号如图1-39所示。

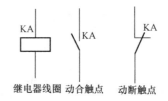

图1-38 JZ7系列中间继电器的外形　　图1-39 中间继电器符号

中间继电器的型号意义如下:

常用的中间继电器主要有 JZ7、JZ11、JZ14、JZ15、JZ17、JZX、3TH 等系列，JZ17 是从日本立石电机公司引进的产品，3TH 是从德国西门子公司引进的产品。表 1-8 为 JZ7、JZ15 系列的主要技术数据。

**JZ7、JZ15 系列中间继电器的主要技术数据** 表 1-8

| 型号 | 触头额定电压（V） | | 触头额定电流（A） | 触头数量 | | 额定操作频率（次/h） | 线圈额定电压（V） | | 吸引线圈消耗功率 | | |
|------|---|---|---|---|---|---|---|---|---|---|---|
| | | | | | | | | | 启动（VA） | 吸持 | |
| | 直流 | 交流 | | 常开 | 常闭 | | 交流 | 直流 | | 交流（VA） | 直流（W） |
| JZ7-44 | 440 | 500 | 5 | 4 | 4 | 1200 | 12, 24, 36, 48, 110, 127, 220, 380, 420, 440, 500 | — | 75 | 12 | — |
| JZ7-62 | | | | 6 | 2 | | | | | | |
| JZ7-80 | | | | 8 | 0 | | | | | | |
| JZ15-62 | 48, 110, 220 | 127, 220, 380 | 10 | 6 | 2 | | 127, 220, 380 | 48, 110, 220 | — | | 11 |
| JZ15-26 | | | | 2 | 6 | | | | | | |
| JZ15-44 | | | | 4 | 4 | | | | | | |

#### 1.6.2 时间继电器

当继电器的感受部分接收到外界信号后，经过一段时间才使执行部分动作，这类继电器称为时间继电器。它广泛用于需要按时间顺序进行控制的电气控制线路中。常用的时间继电器主要有电磁式、电动式、空气阻尼式、电子式等。延时方式有通电延时和断电延时两种。其中，电磁式时间继电器的结构简单，价格低廉，但体积和重量较大，延时较短（如 JT3 系列只有 0.3~5.5s），它利用电磁阻尼来产生延时，只能用于直流断电延时，主要用在配电系统；电动式时间继电器的延时精度高，延时可调范围大，但结构复杂，价格贵。目前在电力拖动线路中应用较多的是空气阻尼式时间继电器和电子式时间继电器。下面主要介绍空气阻尼式时间继电器、电子式时间继电器。

1. 空气阻尼式时间继电器

空气阻尼式时间继电器又称气囊式时间继电器，是利用空气阻尼的原理来获得延时的。根据触点延时的特点，可分为通电延时动作型和断电延时复位型两种。

（1）结构

如图 1-40 所示为 JS7-A 系列时间继电器的外形，它主要由电磁系统、触头系统和延时机构三部分组成，电磁系统中的电磁铁为直动双 E 型；触头系统则是借用 LX5 型微动开关；延时机构是利用空气通过小孔时产生阻尼作用的气囊式阻尼器。其延时范围为 0.4~180s，可以是通电延时，也可以是断电延时，其触头动作既有延时型的，也有瞬动型的。因此空气阻尼式时间继电器使用非常方便，在实际中得到了广泛应用。

图 1-40 JS7-A 系列时间继电器的外形

（2）工作原理

JS7-A 系列时间继电器的工作原理示意图如图 1-41 所示。

1) 通电延时型时间继电器的工作原理。当线圈 1 通电后，衔铁 3 连同推板 5 被铁芯 2 吸引向上吸合，推板 5 压动微动开关 16，使其常闭触点断开，常开触点闭合，故称微动开关 16 为瞬动触头。同时在空气室 11 内与橡皮膜 10 相连的活塞杆 6 不受衔铁的压力而在弹簧 9 作用下也向上移动。这时橡皮膜下面形成空气较稀薄的空间，与橡皮膜上面的空气形成压力差，起到空气阻尼的作用，因此活塞杆只能缓慢向上移动，移动速度由进气孔 14 的大小而定，可通过调节螺钉 13 调整。经过一段延时后，活塞 12 才能移到最上端，并通过杠杆 7 压动微动开关 15，使其常闭触点断开，常开触点闭合，实现通电延时，故称微动开关 15 为延时触头。

当线圈断电时，衔铁 3 在反力弹簧 4 作用下，通过活塞杆 6 将活塞 12 推向下端，因活塞 12 被向下推时，这时橡皮膜下方气室内的空气通过橡皮膜 10、弹簧 8 和活塞 12 的肩部所形成的单向阀，迅速从橡皮膜上方的气室缝隙中排掉，活塞杆 6 迅速复位，推板 5 和杠杆 7 复位，因而微动开关 15、16 触头也迅速复位，无延时作用。

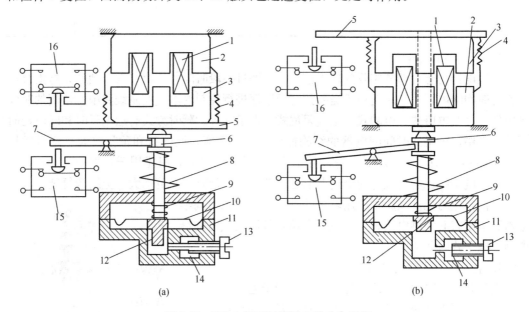

图 1-41 JS7-A 系列时间继电器动作原理

(a) 通电延时型；(b) 断电延时型

1—线圈；2—铁芯；3—衔铁；4—复位弹簧；5—推板；6—活塞杆；7—杠杆；8—塔形弹簧；
9—弱弹簧；10—橡皮膜；11—空气室壁；12—活塞；13—调节螺杆；14—进气孔；
15、16—微动开关

2) 断电延时型时间继电器的工作原理。JS7-A 系列断电延时型和通电延时型时间继电器的组成元件是通用的。如果将通电延时型时间继电器的电磁机构翻转 180°安装即成为断电延时型时间继电器。

空气阻尼式时间继电器的优点是：延时范围较大（0.4~180s），且不受电压和频率波动的影响；可以做成通电和断电两种延时形式；结构简单、寿命长、价格低。其缺点是：延时误差大，难以精确地整定延时值，且延时值易受周围环境温度、尘埃等的影响。因此,对延时精度要求较高的场合不宜采用。

时间继电器在电路图中的符号如图 1-42 所示。

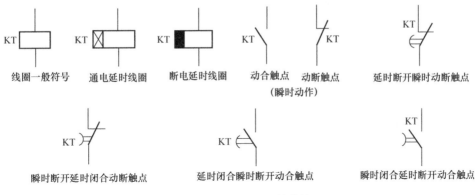

图 1-42 时间继电器的符号

(3) 型号和技术数据

空气阻尼式时间继电器的型号含义如下:

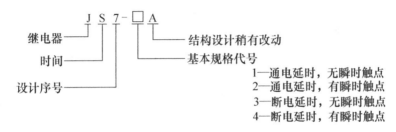

常用的空气阻尼式时间继电器有 JS7-A、JS7-B、JS23、JSK1、JSK2 及 JDZ2-S 等系列,其中 JS23 用于代替 JS7-A、JS7-B 系列。

2. 电子式时间继电器

电子式时间继电器也称为半导体时间继电器,具有机械结构简单、延时范围广、精度高、消耗功率小、调整方便及寿命长等优点,其应用越来越广泛。电子式时间继电器按结构分为阻容式和数字式两类;按延时方式分为通电延时型、断电延时型及带瞬动触点的通电延时型。

(1) 阻容式时间继电器

常用的 JS20 系列电子式时间继电器是全国推广的统一设计产品,适用于交流 50Hz、电压 380V 及以下或直流 110V 及以下的控制电路,作为时间控制元件,按预定的时间延时,周期性地接通或分断电路。

JS20 系列通电延时型电子时间继电器的外形和接线示意图如图 1-43 所示,线路如图 1-44 所示。它由电源、电容充放电电路、电压鉴别电路、输出和指示电路 5 部分组成。电源接通后经整流滤波和稳压后的直流电经过 RP1 和 R2 向电容 C2 充电。当场效应管 V6 的栅源电压 $U_{gs}$ 低于夹断电压 $U_p$ 时,V6 截止,因而 V7、V8 也处于截止状态。随着充电的不断进行,电容 C2 的电位按指数规律上升,当满足 $U_{gs}$ 高于 $U_p$ 时,V6 导通,V7、V8 也导通,中间继电器 KA 吸合,输出延时信号。同时电容 C2 通过 R8 和 KA 的动合触点放电，为下次动作做好准备。当切断电源时，继电器 KA 释放，电路恢复原始状态，等待下次动作。调节 RP1 和 RP2 即可调整延时时间。

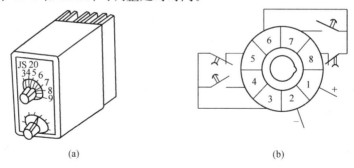

图 1-43 JS20 系列时间继电器的外形与接线
(a) 外形；(b) 接线示意图

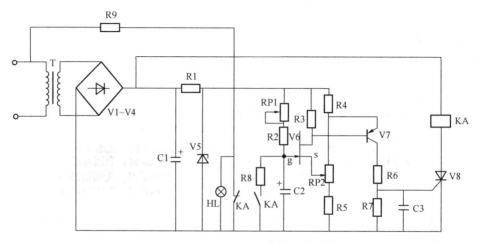

图 1-44 JS20 系列通电延时型继电器的电路

JS20 系列电子式时间继电器型号含义如下：

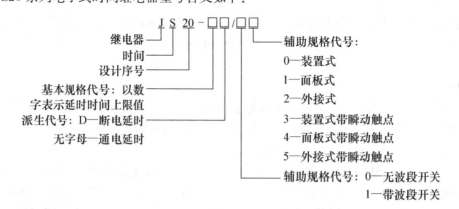

(2) 数字式时间继电器

数字式时间继电器具有延时精度高、延时范围宽、触头容量大、调整方便、工作状态直观、指示清晰明确等特点，应用非常广泛。其代表系列有 JS14P、JS11S、JSS11 等数字显示式时间继电器。

JS11S、JSS11 系列数字显示式时间继电器采用了先进的数控技术，用集成电路和 LED 显示器件实现时间延时控制和显示。数字式时间继电器具有无机械磨损、工作稳定可靠、精度高、准确直观等优点，是一种精确度很高的时间控制元件。

此外，国内有些厂家还引进了 ST 系列超级时间继电器，其中 ST6P 型时间继电器为目前国际上最新的时间继电器之一。它内部装有时间继电器专用的大规模集成电路，采用高质量的薄膜电容与金属陶瓷可变电阻器，从而减少了元器件数量，缩小了时间继电器的体积并增强了可靠性。另外，它还采用了高精度振荡回路和高分频率的分频回路，保证了高精度及长延时。该时间继电器的输出继电器采用 HHS 系列小型控制继电器，有 2 转换和 4 转换两种形式。安装方式为插入式，采用插座安装。

### 1.6.3 热继电器

热继电器是电流通过发热元件加热使双金属片弯曲，推动执行机构动作的继电器。主要用于电动机的过载保护、断相保护、三相电流不平衡运行的保护及其他电气设备发热状态的控制。如图 1-45 所示为热继电器外形图。

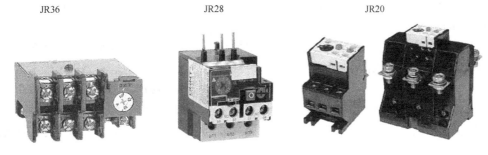

图 1-45 热继电器外形图

热继电器的形式有多种，其中双金属片式热继电器应用最多。按极数划分热继电器可分为单极、两极和三极三种，其中三极的又包括带断相保护装置的和不带断相保护装置的，按复位方式分，有自动复位式（触点动作后能自动返回原来位置）和手动复位式。

1. 不带断相保护装置的热继电器

（1）结构

JR16 系列热继电器的外形和结构如图 1-46 所示。它主要由热元件、动作机构、触点系统、电流整定装置、复位机构和温度补偿元件等部分组成。

1）热元件：热元件是热继电器的主要组成部分，由主双金属片和绕在外面的电阻丝组成。主双金属片是由两种热膨胀系数不同的金属片复合而成，金属片的材料多为铁镍铬合金和铁镍合金。电阻丝一般用康铜或镍铬合金等材料制成。

2）动作机构和触点系统：动作机构利用杠杆传递及弓簧式瞬跳机构来保证触点动作的迅速、可靠。触点为单断点弓簧跳跃式动作，一般为一个动合触点、一个动断触点。

3）电流整定装置：通过旋钮和电流调节凸轮调节推杆间隙，改变推杆移动距离，从而调节整定电流值。

4）温度补偿元件：温度补偿元件也为双金属片，其受热弯曲的方向与主双金属片一致，它能保证热继电器的动作特性在 −20～+40℃ 的环境温度范围内基本上不受周围介质温度的影响。

## 学习情境 1　常用的低压电器

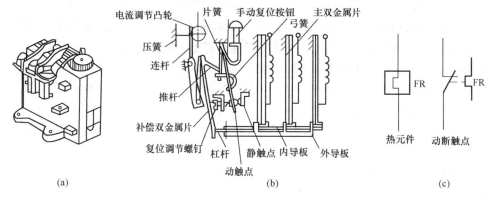

图 1-46　JR16 系列热继电器
(a) 外形；(b) 结构；(c) 符号

5) 复位机构：复位机构有手动和自动两种形式，可根据使用要求通过复位调节螺钉来自由调整选择。一般自动复位的时间不大于 5min，手动复位时间不大于 2min。

(2) 工作原理

使用时，将热继电器的三相热元件分别串接在电动机的三相主电路中，动断触点串接在控制电路的接触器线圈回路中。当电动机过载时，流过电阻丝的电流超过热继电器的整定电流，电阻丝发热，主双金属片向右弯曲，推动导板向右移动，通过温度补偿双金属片推动推杆绕轴转动，从而推动触点系统动作，动触点与动断静触点分开，使接触器线圈断电，接触器触点断开，将电源切除起保护作用。电源切除后，主双金属片逐渐冷却恢复原位，于是动触点在失去作用力的情况下，靠弹簧的弹性自动复位。

这种热继电器也可采用手动复位，以防止故障排除前设备带故障再次投入运行。将复位调节螺钉向外调节到一定位置，使动触点弹簧的转动超过一定角度失去反弹性，此时即使主双金属片冷却复原，动触点也不能自动复位，必须采用手动复位。按下复位按钮，动触点弓簧恢复到具有弹性的角度，推动动触点与静触点恢复闭合。

热继电器整定电流的大小可通过旋转电流整定旋钮来调节，旋钮上刻有整定电流值标尺。所谓热继电器的整定电流，是指热继电器连续工作而不动作的最大电流。

2. 带断相保护装置的热继电器

JR16 系列热继电器有带断相保护装置的和不带断相保护装置的两种类型。三相异步电动机的电源或绕组断相是导致电动机过热烧毁的主要原因之一。

对定子绕组采用 Y 形连接的电动机而言，若运行中发生断相，通过另外两相的电流会增大，而流过热继电器的电流就是流过电动机绕组的电流，普通结构的热继电器都可以对此做出反应。而绕组接成 △ 形的电动机，若运行中发生断相，流过热继电器的电流与流过电动机非故障绕组的电流的增加比例不相同，在这种情况下，电动机非故障相流过的电流可能超过其额定电流，而流过热继电器的电流却未超过热继电器的整定值，热继电器不动作，但电动机的绕组可能会因过载而烧毁。

为了对定子绕组采用 △ 型接法的电动机实行断相保护，必须采用三相结构带断相保护装置的热继电器。JR16 系列中部分热继电器带有差动式断相保护装置，其结构及工作原理如图 1-47 所示。图 1-47(a) 所示为未通电时的位置；图 1-47(b) 所示为三相均通有额定电流时的情况,此时三相主双金属片均匀受热,同时向左弯曲,内、外导板一齐平行左移一段距离但未超过临界位置,触点不动作;图 1-47(c) 所示为三相均过载时,三相主双金属片均受热向左弯曲,推动外导板并带动内导板一齐左移,超过临界位置,通过动作机构使动断触点断开,从而切断控制回路,达到保护电动机的目的;图 1-47(d) 所示是电动机在运行中发生一相(如 W 相)断线故障时的情况,此时该相双金属片逐渐冷却,向右移动,并带动内导板同时右移,这样内导板和外导板产生了差动放大作用,通过杠杆的放大作用使继电器迅速动作,切断控制电路,使电动机得到保护。

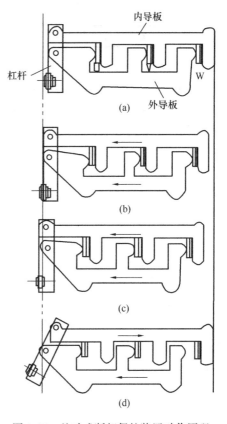

由于热继电器主双金属片受热膨胀的热惯性及动作机构传递信号的惰性原因,热继电器从电动机过载到触点动作需要一定的时间,因此热继电器不能作短路保护。但也正是这个热惯性和机械惰性,保证了热继电器在电动机启动或短时过载时不会动作,从而满足了电动机的运行要求。

热继电器在电路图中的符号如图 1-46(c)所示。

图 1-47 差动式断相保护装置动作原理
(a) 未通电;(b) 三相额定电流;
(c) 三相同时过载;(d) 一相断相

3. 热继电器型号、主要参数及选择
(1) 热继电器常用型号

热继电器型号意义如下:

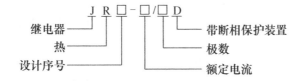

常用的热继电器型号有 JR0、JR14、JR15、JR16、JR20 及 T 等系列。JR20 系列是我国较新产品,具有断相保护、温度补偿、整定电流值可调、手动脱扣、手动复位、动作后信号指示等功能。T 系列热继电器是从国外引进的产品,它常与 B 系列交流接触器组合成电磁启动器,其主要技术参数见表 1-9。

T 系列热继电器主要技术参数  表 1-9

| 型号 | 额定电流(A) | 整定电流调节范围(A) | 配套接触器 |
| --- | --- | --- | --- |
| T16 | 0.11~17.6 | 0.16、0.21、0.29、0.40、0.52、0.63、0.83、1.0、1.3、1.5、1.8、2.1、2.4、3.0、4.0、5、6.0、7、9、11、13、17.6 | 3开2闭 |
| T25 | 0.17~35 | 0.25、0.32、0.42、0.55、0.70、0.9、1.1、1.5、1.9、2.4、3.2、4.1、5、6、7.5、10、13、15.5、17、20、23、27、35 | B16、B25、B30 |

续表

| 型号 | 额定电流（A） | 整定电流调节范围（A） | 配套接触器 |
|---|---|---|---|
| T45 | 0.25～45 | 0.40, 0.52, 0.63, 0.83, 1.0, 1.3, 1.6, 2.1, 2.5, 3.3, 4.0, 5.2, 6.3, 8.3, 10, 13, 16, 21, 27, 35, 45 | B25, B30, B45 |
| T85 | 6.0～100 | 10, 14, 20, 29, 40, 55, 70, 100 | B65, B85 |
| T105 | 36～115 | 52, 63, 82, 105, 115 | B30, B45, B65, B85, B105, B170 |
| T170 | 90～120 | 130, 160, 200 | B65, B85, B105, B170 |
| T250 | 100～400 | 160, 200, 400 | B250 |
| T370 | 160～500 | 250, 400, 500 | B370 |

（2）热继电器主要参数

热继电器主要参数包括额定电压、额定电流、相数、热元件编号、整定电流调节范围、有无断相保护等。

热继电器额定电流是指允许的热元件的最大额定电流。热元件额定电流是指热元件长期允许通过的电流值。每一种额定电流的热继电器可分别装入若干种不同额定电流的热元件。

热继电器的整定电流是指热继电器的热元件允许长期通过，但又刚好不致引起热继电器动作的电流值。为了便于用户选择，某些型号中的不同整定电流的热元件用不同编号来表示。对于某一热元件的热继电器，可以通过调节其电流旋钮，在一定范围内调节电流整定值。

（3）热继电器的选择

1）根据实际情况确定热继电器的结构类型。对于星形接法的电动机及电源对称性较好的场合，可选用两相结构的热继电器；对于三角形接法的电动机或电源对称性不够好的场合，可选用三相结构或三相结构带断相保护的热继电器。而在重要场合或容量较大的电动机，可选用半导体温度继电器来进行过载保护。

2）根据电动机的额定电流来确定热继电器的型号、热元件的电流等级和整定电流。热继电器热元件的额定电流原则上按被保护电动机的额定电流选取，即热元件的额定电流应接近或略大于电动机的额定电流，并依此去选择热元件编号或调节范围。热元件选定后，将热继电器的整定电流调整到与电动机的额定电流相等。如果电动机的启动时间较长，可将热继电器的整定电流调整到稍大于电动机的额定电流。

### 1.6.4 速度继电器

速度继电器又称反接制动继电器，其作用是与接触器配合，对笼形异步电动机进行反接制动控制。机床控制线路中常用的速度继电器有 JY1、JFZ0 系列。

1. 外形与结构

图 1-48 为 JY1 系列速度继电器的外形及结构示意图。它主要由永久磁铁制成的转子、用硅钢片叠成的铸有笼形绕组的定子、支架、胶木摆杆和触点系统等组成，其中转子与被控电动机的转轴相连接。

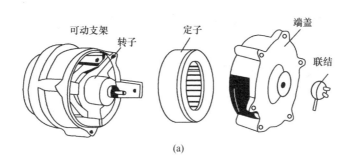

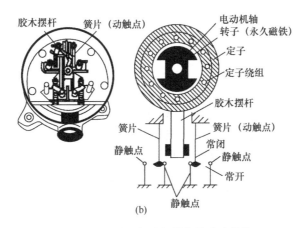

图 1-48 JY1 系列速度继电器的外形及结构
(a) 外形；(b) 结构

2. 工作原理

由于速度继电器与被控电动机同轴联结，当电动机制动时，由于惯性，它要继续旋转，从而带动速度继电器的转子一起转动。该转子的旋转磁场在速度继电器定子绕组中感应出电动势和电流，由左手定则可以确定。此时，定子受到与转子转向相同的电磁转矩的作用，使定子和转子沿着同一方向转动。定子上固定的胶木摆杆也随着转动，推动簧片（端部有动触点）与静触点闭合（按轴的转动方向而定）。静触点又起挡块作用，限制胶木摆杆继续转动。因此，转子转动时，定子只能转过一个不大的角度。当转子转速接近于零（低于 100r/min）时，胶木摆杆恢复原来状态，触点断开，切断电动机的反接制动电路。

速度继电器的动作转速一般为 120 r/min，复位转速约在 100r/min 以下。常用的速度继电器中，YJ1 型能在 3000r/min 以下可靠的工作，JFZ0 型的两组触点改用两个微动开关，使其触点的动作速度不受定子偏转速度的影响，额定工作转速有 300～1000r/min（JFZ0-1 型）和 1000～3600r/min（JFZ0-2 型）两种。

3. 型号及符号

速度继电器的型号意义如下：

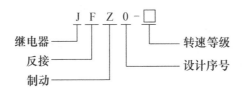

速度继电器在电路图中的符号如图 1-49 所示。

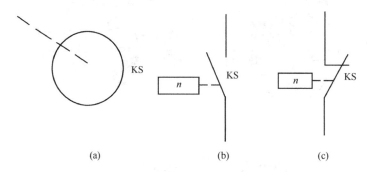

图 1-49　速度继电器的图形、文字符号
(a) 转子；(b) 常开触头；(c) 常闭触头

### 1.6.5　固态继电器

固态继电器（SOLID STATE RELAYS），简写成"SSR"，是一种全部由固态电子元件组成的新型无触点开关器件，它利用电子元件（如开关三极管、双向可控硅等半导体器件）的开关特性，可达到无触点无火花地接通和断开电路的目的，因此又被称为"无触点开关"，它问世于 20 世纪 70 年代，由于它的无触点工作特性，使其在许多领域的电控及计算机控制方面得到日益广泛的应用。

1. 原理与结构

SSR 按使用场合可以分成交流型和直流型两大类，它们分别在交流或直流电源上做负载的开关。

图 1-50 是交流型固态继电器的工作原理框图，图中的部件①~④构成交流 SSR 的主

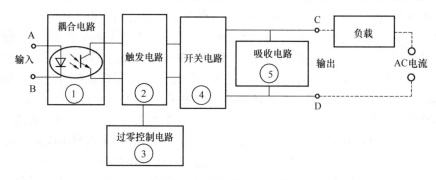

图 1-50　交流型固态继电器

体，从整体上看，SSR 只有两个输入端（A 和 B）及两个输出端（C 和 D），是一种四端器件。工作时只要在 A、B 上加上一定的控制信号，就可以控制 C、D 两端之间的"通"和"断"，实现"开关"的功能，其中耦合电路的功能是为 A、B 端输入的控制信号提供一个输入/输出端之间的通道，但又在电气上断开 SSR 中输入端和输出端之间的（电）联系，以防止输出端对输入端的影响，耦合电路用的元件是"光耦合器"，它动作灵敏、响应速度高、输入/输出端间的绝缘（耐压）等级高；由于输入端的负载是发光二极管，这使 SSR 的输入端很容易做到与输入信号电平相匹配，使用时可直接与计算机输出接口相接，即受"1"与"0"的逻辑电平控制。触发电路的功能是产生合乎要求的触发信号，驱

动开关电路④工作，但由于开关电路在不加特殊控制的电路时，将产生射频干扰并以高次谐波或尖峰等污染电网，为此特设"过零控制电路"。所谓"过零"是指，当加入控制信号，交流电压过零时，SSR 即为通态；而当断开控制信号后，SSR 要等待交流电的正半周与负半周的交界点（零电位）时，SSR 才为断态。这种设计能防止高次谐波的干扰和对电网的污染。吸收电路是为防止从电源中传来的尖峰、浪涌（电压）对开关器件双向可控硅管的冲击和干扰（甚至误动作）而设计的，一般是用"R-C"串联吸收电路或非线性电阻（压敏电阻器）。图 1-51 是一种典型的交流型 SSR 的原理图。

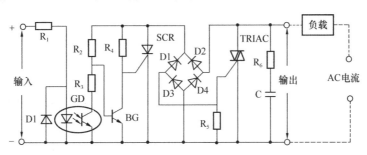

图 1-51　典型的交流型固态继电器原理图

直流型的 SSR 与交流型的 SSR 相比，无过零控制电路，也不必设置吸收电路，开关器件一般用大功率开关三极管，其他工作原理相同。不过，直流型 SSR 在使用时应注意：①负载为感性负载时，如直流电磁阀或电磁铁，应在负载两端并联一只二极管，极性如图 1-52 所示，二极管的电流应等于工作电流，电压应大于工作电压的 4 倍。②SSR 工作时应尽量靠近负载，其输出引线应满足负荷电流的需要。③使用电源经交流降压整流所得，其滤波电解电容应足够大。

图 1-53 给出了几种国内、外常见的直流型 SSR 的外形。

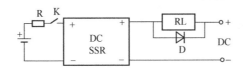

图 1-52　直流型固态继电器原理图

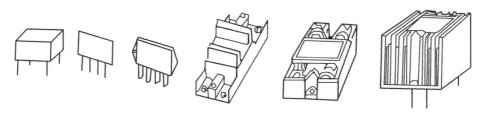

图 1-53　直流型固态继电器外形图

固态继电器对温度的敏感性很强，工作温度超过标称值后，必须降温或外加散热器。

2. 固态继电器的特点

SSR 成功地实现了弱信号（Vsr）对强电（输出端负载电压）的控制。由于光耦合器的应用，使控制信号所需的功率极低（十余毫瓦就可正常工作），而且 Vsr 所需的工作电平与 TTL、HTL、CMOS 等常用集成电路兼容，可以实现直接连接。这使 SSR 在数控和自控设备等方面得到广泛应用。在相当程度上可取代传统的"线圈—簧片触点式"继电器（简称"MER"）。

SSR 由于是全固态电子元件组成，与 MER 相比，它没有任何可动的机械部件，工作中也没有任何机械动作；SSR 由电路的工作状态变换实现"通"和"断"的开关功能，没有电接触点，所以它有一系列 MER 不具备的优点，即工作可靠性高、寿命长；无动作噪声；耐振、耐机械冲击；安装位置无限制；很容易用绝缘防水材料灌封做成全密封形式，而且具有良好的防潮防霉防腐性能；在防爆和防止臭氧污染方面的性能也极佳。

交流型 SSR 由于采用过零触发技术，因而可以使 SSR 安全地用在计算机输出接口上，不必为在接口上采用 MER 而产生的一系列对计算机的干扰而烦恼。

此外，SSR 还有能承受在数值上可达额定电流 10 倍左右的浪涌电流的特点。

虽然 SSR 的性能与电磁式继电器相比有着很多的优越性，但它也存在一些弱点，如：由于导通电阻（几欧到几十欧）、通态压降（小于 2V）、断态漏电流（5～10mA）等的存在，该继电器易发热损坏；截止时存在漏电阻，不能使电路完全分开；易受温度和辐射的影响，稳定性差；灵敏度高，易产生误动作；在需要联锁、互锁的控制电路中，保护电路的增设，使得成本上升、体积增大。

3. 应用电路

（1）多功能控制电路

图 1-54(a) 为多组输出电路，当输入为"0"时，三极管 BG 截止，SSR1、SSR2、SSR3 的输入端无输入电压，各自的输出端断开；当输入为"1"时，三极管 BG 导通，SSR1、SSR2、SSR3 的输入端有输入电压，各自的输出端接通，因而达到了由一个输入端口控制多个输出端"通""断"的目的。

图 1-54(b) 为单刀双掷控制电路，当输入为"0"时，三极管 BG 截止，SSR1 输入端无输入电压，输出端断开，此时 A 点电压加到 SSR2 的输入端上（UA-UDW 应使 SSR2 输出端可靠接通），SSR2 的输出端接通；当输入为"1"时，三极管 BG 导通，SSR1 输入端有输入电压，输出端接通，此时 A 点虽有电压，但 UA-UDW 的电压值已不能使 SSR2 的输出端接通而处于断开状态，因而达到了"单刀双掷控制电路"的功能（注意：选择稳压二极管 DW 的稳压值时，应保证在导通的 SSR1"＋"端的电压不会使 SSR2 导通，同时又要兼顾到 SSR1 截止时期"＋"端的电压能使 SSR2 导通）。

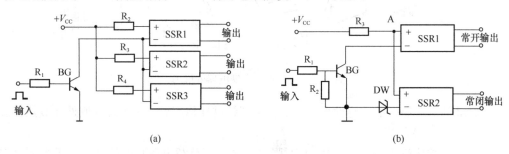

图 1-54 多功能控制电路

(2) 用计算机控制电机正反转的接口及驱动电路

图 1-55 为计算机控制三相交流电机正反转的接口及驱动电路，图中采用了 4 个与非门，用两个信号通道分别控制电动机的启动、停止和正转、反转。当改变电动机转动方向时，给出指令信号的顺序应是"停止—反转—启动"或"停止—正转—启动"。延时电路的最小延时不小于 1.5 个交流电源周期。其中 $RD_1$、$RD_2$、$RD_3$ 为熔断器。当电机允许时，可以在 $R_1 \sim R_4$ 位置接入限流电阻，以防止两线间的任意二只继电器均误接通时，限制产生的半周线间短路电流不超过继电器所能承受的浪涌电流，从而避免烧毁继电器等事故，确保安全性；但副作用是正常工作时电阻上将产生压降和功耗。该电路建议采用额定电压为 660V 或更高一点的 SSR 产品。

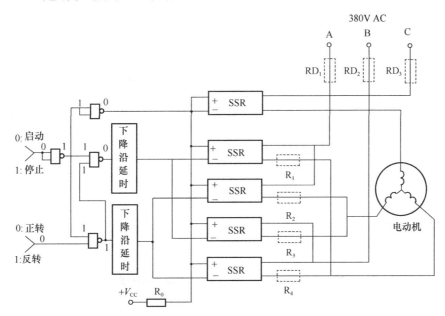

图 1-55　计算机控制三相交流电机正反转的接口及驱动电路

# 单 元 小 结

低压电器的种类很多，本章主要介绍了常用开关电器、主令电器、熔断器、接触器和继电器等的用途、基本构造、工作原理、型号与图形符号。

低压电器是组成控制线路的基本元件。每种电器都有一定的使用范围，要根据使用条件正确选用。各类电器元件的技术参数是选用的主要依据，可以在产品样本及电工手册中查阅。

保护电器（如自动开关、热继电器、电流继电器、电压继电器、限流器）及某些控制电器（如时间继电器、温度、压力、流量等继电器）的使用，除了要根据保护要求，控制要求正确选用电器的类型外，还要根据被保护、被控制电路的具体条件，进行必要的调整，整定动作值，电磁式继电器可以通过调节空气隙（释放时的最大空气隙及吸合时剩余空气隙）和反作用弹簧来实现。

# 能 力 训 练

### 实训项目 1　常见低压电器的认识

1. 目的与要求

（1）对所学的各种低压电器的外形、结构有进一步的认识。

（2）对尚未介绍的元器件（如电流互感器等）有初步了解。

2. 工具、仪表及器材

螺钉旋具、万用表、各种低压电器。

3. 实训内容

（1）对实训室内所有低压电器在老师带领下进行参观认识。

（2）按书本所讲内容对开关电器、主令电器、接触器、继电器、熔断器等低压电器进行分类观看，写出它们的结构。

（3）了解开关电器、主令电器、接触器、继电器、熔断器等低压电器的铭牌及相关的技术数据，如额定电压、额定电流等。

（4）正确写出开关电器、主令电器、接触器、继电器、熔断器等低压电器的型号和意义。

4. 注意事项

（1）严禁打开动力电源箱进行合闸操作。

（2）轻拿轻放各种元器件以免损坏。

### 实训项目 2　电流继电器、热继电器返回系数的测量及动作值整定

1. 目的要求

（1）熟悉电流继电器返回系数的计算及测量。

（2）熟悉电流继电器及热继电器动作值的整定方法。

（3）掌握电流继电器及热继电器在实际中的选用。

2. 工具、仪表及器材

（1）工具：螺钉旋具，尖嘴钳，剥线钳。

（2）仪表：万用表，电流表。

（3）器材：刀开关，电流继电器，热继电器，调压器，滑线变阻器，试灯，导线若干。

3. 实训内容

（1）电流继电器返回系数测量（设动作值在 2A 左右）

1）按图 1-56 接线，将电流继电器指针对准 1.8A，电流表量程选择为 2.5A。实训开始前调压器手柄置于 0 位，滑线变阻器为最大值。

2）调节调压器的输出至合适的值（电流表指示为 1.2A 左右，此时灯不亮）。

3）调压器不动，使滑线变阻器阻值减小，当指示灯刚刚亮时，读出电流表的读数。此读数即为电流继电器的动作值。

4）增大电阻值，使回路电流减小，直到灯刚灭时，读出电流表的读数。此读数即为电流继电器的释放值。

5）重复三次，按 $K_i = I_{释}/I_{吸}$ 求得每次返回系数的值，取平均值即为此电流继电器的返回系数。

（2）电流继电器动作值整定

1）电路图不变，电流继电器指针仍对准 1.8A，设电流继电器需要整定为 2A，即要求电流达到 2A 时，电流继电器动作。

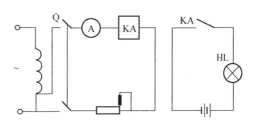

图 1-56 电流继电器返回系数测量及动作值整定

1.8A 为额定值，灯不亮（正常工作），电流小于 1.8A 灯亮，不能正常工作；

2A 为动作（灯亮）保护值，电流大于 2A 灯不亮，不能起保护作用。

2）根据返回系数测量中的电流继电器动作值的数据，分析电流继电器的游丝调节方向：

① 原有动作值小于 2A，即提前动作，应拧紧游丝，增大反力矩。

② 原有动作值大于 2A，即动作滞后，应拧松游丝，减小反力矩。

注意：每次调节后，都应重新操作（电流从小变大），观察动作值的变化。不符合要求时，再次根据①、②原则进行调节、再操作。反复操作并观察、调节，直到电流刚好达到 2A 时，电流继电器动作，试灯亮为止。

技巧：充分利用滑线变阻器，平滑、方便地调整。

（3）热继电器实训

按图 1-57 接线。将热继电器整定值选择为 4.5A，调节调压器输出为 4.5A，预热两分钟，然后减小电阻，使输出电流为 8A，等待，直至指示灯亮。注意热继电器从过载到动作的时间。

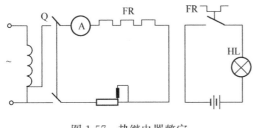

图 1-57 热继电器整定

4. 注意事项

（1）电流继电器不要让触头长时间处于接触不良的状态。即不能让电弧将触头灼伤。

（2）热继电器的触头是封闭的。如果时间很长，灯依然不亮，应拆开热继电器的绝缘罩，检查触头系统是否已坏。

（3）实训过程中，要时刻注意电流表读数，不能超过规定电流值，以免损坏继电器。

（4）实训时应注意安全。人体不得接触任何带电部位。

（5）遇异常情况，立即拉下电源开关，切断电源。

## 实训项目 3 常用电器的选择

1. 目的要求

（1）掌握并熟悉常用电器的型号意义和技术数据。

(2) 掌握常用电器的选择。

2. 实训内容

(1) 学习情境 3 实训项目 1 中图 3-23 所示接触器联锁正反转控制电路中使用的 Y112M—4 型三相异步电动机的技术数据为 4kW、380V、△接法、8.8A、1440r/min，连续工作制。根据三相异步电动机的技术数据，选择刀开关、熔断器、热继电器、接触器等器件的型号规格，列出电器元件明细表，指出热继电器驱动器件的电流如何整定。

(2) 总结出常用电器的选择方法和技巧。

## 习 题 与 思 考 题

1. 什么是低压电器？常用的低压电器有哪些？
2. 试述通电触点在分断时电弧产生的原因和灭弧的方法。
3. 封闭式负荷开关与开启式负荷开关在结构和性能上有什么区别？
4. 试述转换开关的主要结构及用途。
5. 常用的断路器有哪两种形式？电气控制中常用哪一种形式？一般它具有哪些保护功能？
6. 熔断器在电路中的作用是什么？它由哪些主要部件组成？
7. 简述插入式、螺旋式熔断器的基本结构及各部分作用。
8. 熔断器的额定电流、熔体的额定电流和熔体的极限分断电流三者有何不同？
9. 熔断器用于保护交流三相笼型异步电动机时，若电动机过载电流为电动机额定电流的两倍，问熔断器能不能起到保护作用？
10. 安装螺旋式熔断器和闸刀开关时应当注意些什么？
11. 什么是主令电器？常用的主令电器有哪些？
12. 按钮由哪几部分组成？按钮的作用是什么？
13. 行程开关主要由哪几部分组成？它有什么作用？与按钮开关有何不同和相同之处？
14. 接触器的主要作用是什么？接触器主要由哪些部分组成？
15. 线圈电压为 220V 的交流接触器，误接到交流 380V 电源上会发生什么问题？为什么？
16. 交流接触器线圈通电后，如果衔铁长时间被卡住不能吸合，会产生什么后果？
17. 过电流继电器由哪几部分组成？能否用过电流继电器来作电动机的过载保护？简述其保护动作的原理。
18. 中间继电器由哪几部分组成？它在电路中主要起什么作用？
19. 简述热继电器的组成和工作原理。
20. 既然在电动机的主电路中装有熔断器，为什么还要装热继电器？装有热继电器是否就可以不装熔断器？为什么？
21. 电动机的启动电流很大，当电动机启动时，热继电器会不会动作？为什么？
22. 按工作原理分类，时间继电器可分为哪几种类型？各有何特点？
23. 画出下列电气元件的图形符号，并标出其文字符号：（1）熔断器；（2）热继电器的动断触点；（3）时间继电器的动合延时触点；（4）时间继电器的动断延时触点；（5）热继电器的热元件；（6）接触器的线圈；（7）中间继电器的线圈；（8）断路器。

# 学习情境 2 电气控制技术

**学习导航**

| 学习任务 | 任务 2.1 建筑电气图的基本知识<br>任务 2.2 电气原理图的绘制原则、阅读及分析方法<br>任务 2.3 电气控制电路的保护环节 |
|---|---|
| 能力目标 | 1. 掌握电气原理图绘制方法。<br>2. 了解电气控制电路安装接线图、电器布置图的绘制方法。<br>3. 掌握电气控制系统中常用的保护环节。 |

## 任务 2.1 建筑电气图的基本知识

### 2.1.1 建筑电气图及电气控制系统图的基本概念

1. 电气图

电气图是用图形符号、带注释的围框、简化外形表示的系统或设备中各部分之间相互关系及其连接关系的一种简图。简而言之，电气图就是使用电气图形符号和文字符号绘制而成的图。电气图是电工领域中最主要的信息提供方式，能够提供的信息内容可以是功能、位置、设备制造及接线等。对于不同的电气工程，根据其规模大小、电气图的种类、数量也不一样，一般主要包括系统图与框图、电路原理图、接线图与接线表、功能表图、逻辑图、位置图等。各种图的命名主要是根据其所表达信息的类型和表达方式而确定。

2. 电气控制系统图

电气控制系统是由电气设备及电器元件按照一定的控制要求连接而成的。通常可以用电气控制系统图表达电气控制系统的组成结构、工作原理，它也可以用于安装、调试和维修。

由于电气控制系统图描述的对象复杂，应用领域广泛，表达形式多种多样，因此表示一项电气工程或一种电器装置的电气控制系统图有多种，它们以不同的表达方式反映工程问题的不同侧面，但又有一定的对应关系，有时需要对照起来阅读。按用途和表达方式的不同，电气控制系统图可分为以下几种。

(1) 电气系统图和框图

电气系统图和框图是采用符号（以方框符号为主）或带有注释的框绘制。用于概略表示系统、分系统、成套装配或设备等的基本组成部分的主要特征及其功能关系的一种电气图，其用途是为进一步编制详细的技术文件提供依据，供操作和维修时参考。

(2) 电气原理图

电气原理图是为了便于阅读和分析控制电路，根据简单、清晰的原则，利用电气元件展开的形式绘制的表示电气控制电路工作原理的图形。在电气原理图中只包括所有的电气元件的导电部件和接线端子之间的相互关系,但并不按照各电气元件的实际布置位置和实际接线情况来绘制,也不反映电气元件的大小。其作用是便于详细了解工作原理,指导系统或设备的安装、测试与维修。电气原理图是电气控制系统图中最重要的种类之一,也是识图的难点和重点。

(3) 电器布置图

电器布置图主要用来表明各种电气设备在机械设备上和电气控制柜中的实际安装位置,为生产机械电气控制设备的制造、安装提供必要的资料。通常电器布置图与电器安装接线图组合在一起,既起到电器安装接线图的作用,又能清晰表示出电器的布置情况。

(4) 电气安装接线图

电气安装接线图是为了安装电器设备和电器元件进行配线或检修电气故障服务的。它是用规定的图形符号,按各电器元件相对位置绘制的实际接线图,它清楚地表示了各电器元件的相对位置和它们之间的电路连接,所以安装接线图不仅要把同一电器的各个部件画在一起,而且各个部件的布置尽可能符合这个电器的实际情况,不但要画出控制柜内部之间的电器连接,还要画出柜外电器的连接,但对比例和尺寸没有要求。电气安装接线图中的回路标号是电器设备之间、电器元件之间、导线与导线之间的连接标记,它的文字符号和数字符号应与原理图中的标号一致。

(5) 功能图

功能图的作用是提供绘制电气原理图或其他有关图样的依据,它是表示理论上的电路关系而不涉及实现方法的一种图。

(6) 电器元件明细表

电器元件明细表是把成套装置、设备中各组成元件(包括电动机)的名称、型号、规格、数量列成表格,供准备材料及维修使用。

以上简要介绍了电气控制系统图的几种类型,不同的图有不同的应用场合。本节将主要介绍电气原理图、电器布置图、电气安装接线图的绘制原则。

### 2.1.2 电气控制系统图中的图形符号和文字符号

1. 电气图的一般特点

(1) 简图

简图是电气图的主要表达方式,它不是严格按几何尺寸和绝对位置测绘的,而是用规定的标准符号和文字表示系统或设备的组成部分之间的关系,这一点是与机械图、建筑图等有所区别的。

(2) 元件和连接线

元件和连接线是电气图的主要描述对象。连接线可用单线法和多线法表示,两种表示方法在同一张图上可以混用。电器元件在图中可以采用集中表示法、半集中表示法、分开表示法来表示。集中表示法是把一个元件的各组成部分的图形符号绘在一起的方法;分开表示法是将同一元件的各组成部分分开布置,有些可以画在主回路,有些画在控制回路;半集中表示法介于上述两种方法之间,在图中将一个元件的某些部分的图形符号分开绘制,并用虚线表示其相互关系。绘制电气图时一般采用机械制图规定的八种线条中的四

## 任务 2.1 建筑电气图的基本知识

种，见表 2-1。

**图线及其应用**　　　　　　　　　　　　　　　表 2-1

| 序号 | 图线名称 | 一般应用 |
|---|---|---|
| 1 | 实线 | 基本线、简图主要内容用线、可见轮廓线、可见导线 |
| 2 | 虚线 | 辅助线、屏蔽线、机械连接线、不可见轮廓线、不可见导线、计划扩展内容用线 |
| 3 | 点划线 | 分界线、结构围框线、分组围框线 |
| 4 | 双点划线 | 辅助围框线 |

（3）图形符号和文字符号

图形符号和文字符号是电气图的主要组成部分。电气控制系统都是由各种元器件组成的，通常是用一种简单的图形符号表示各种元器件。两个以上作用不同的电器，必须在符号旁边标注不同的文字符号以区别其名称、功能、状态、特征及安装位置等。这样的图形符号和文字符号的结合，就能使人们一看就知道它是不同用途的电器。

2. 电气图中的图形符号和文字符号

电气控制系统图中的图形符号是国家制图标准已经规定好的，现用的国家标准是《电气简图用图形符号　第 2 部分：符号要素、限定符号和其他常用符号》GB/T 4728.2—2018 以及《电气简图用图形符号　第 7 部分：开关、控制和保护器件》GB/T 4728.7—2008，新使用的电气图形符号采用国际电工委员会（IEC）标准，在国际上具有通用性。新的电气图用图形符号中的图形符号是由基本符号、符号要素、限定符号、一般符号组成，不同器件的图形符号可根据具体情况组合而成，见表 2-2。表 2-2 列出了限定符号与一般符号组合成各种类型开关的图形符号的例子。国家标准中除了给出各类电器元件的符号要素、限定符号和一般符号外，也给出了部分常用的图形符号及组合图形符号示例。因为国家标准中所给出的图形符号例子有限，实际使用中可以通过已规定的图形符号适当组合进行派生。

电气工程图中的文字符号通用规则将文字符号分为基本文字符号和辅助文字符号。基本文字符号分为单字母符号和双字母符号。单字母符号表示电气设备、装置和元器件的大类，如 K 表示继电器类元件这一大类；双字母符号由一个表示大类的单字母与另外一表示器件某些特征的字母组成，如 KT 表示继电器类元件在的时间继电器，KM 表示继电器类元件中的接触器。辅助文字符号进一步来表示电气设备、装置和元器件的功能、状态和特征。表 2-3 中列出了部分常用的电气图形符号和基本文字符号。

**图形符号组合示例**　　　　　　　　　　　　　表 2-2

| 限定符号 | | 组合符号举例 | |
|---|---|---|---|
| 图形符号 | 说明 | 图形符号 | 说明 |
|  | 接触器功能 |  | 接触器触头 |

续表

| 限定符号 | | 组合符号举例 | |
|---|---|---|---|
| 图形符号 | 说明 | 图形符号 | 说明 |
| | 限位开关，位置开关功能 | 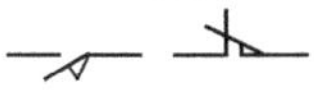 | 限位开关触头 |
| 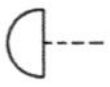 | 紧急开关（蘑菇头按钮） |  | 紧急开关 |
| 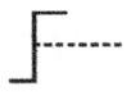 | 旋转操作 | 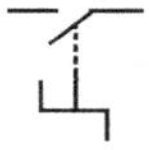 | 旋转开关 |
| 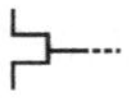 | 热执行操作 | 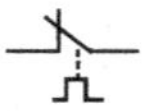 | 热继电器触头 |
| 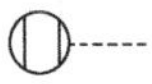 | 接近效应操作 | 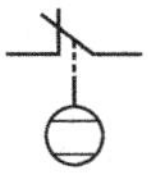 | 接近开关 |
| 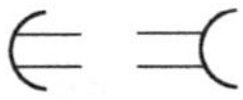 | 延时动作 | 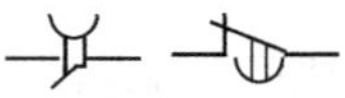 | 时间继电器触头 |

**常用电气图形符号和基本文字符号**　　表 2-3

| 名称 | | 图形符号 | 文字符号 | 名称 | | 图形符号 | 文字符号 |
|---|---|---|---|---|---|---|---|
| 一般三极电源开关 | | | QS | 接触器 | 线圈 | | KM |
| 低压断路器 | | | QF | | 主触头 |  | |
| 位置开关 | 常开触头 |  | SQ | | 常开辅助触头 |  | |
| | 常闭触头 | | | | 常闭辅助触头 |  | |
| | 复合触头 | | | | | | |
| 按钮 | 启动 | | SB | 速度继电器 | 常开触头 | | KS |
| | 停止 | | | | 常闭触头 | 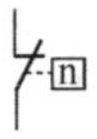 | |
| | 复合 | | | | | | |

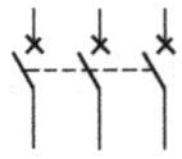

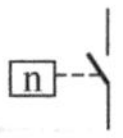

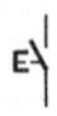

## 任务 2.1 建筑电气图的基本知识

续表

| 名称 | | 图形符号 | 文字符号 | 名称 | 图形符号 | 文字符号 |
|---|---|---|---|---|---|---|
| 转换开关 | | | SA | 照明灯 | | EL |
| 熔断器 | | | FU | 信号灯 | | HL |
| 热继电器 | 热元件 | | FR | 桥式整流装置 | | VC |
| | 常闭触头 | | | 电阻器 | 或 | R |
| 时间继电器 | 线圈 | | KT | 接插器 | | X |
| | 常开延时闭合触头 | | | 电磁吸盘 | | YH |
| | 常开延时断开触头 | | | 串励直流电动机 | | M |
| | 常闭延时闭合触头 | | | 并励直流电动机 | | |
| | 常闭延时断开触头 | | | 他励电动机 | | |
| 继电器 | 中间继电器线圈 | | KA | 复励电动机 | | |
| | 欠压继电器线圈 | | KA | 直流发电机 | | G |
| | 过电流继电器线圈 | | KI | 三相笼形异步电动机 | | M |
| | 欠电流继电器线圈 | | | 三相绕线转子异步电动机 | | |
| | 常开触头 | | 相应继电器符号 | 单相变压器 | | T |
| | 常闭触头 | | | 整流变压器 | | |
| | | | | 照明变压器 | | |
| | 电位器 | | RP | 控制电路电源变压器 | | TC |
| | 制动电磁铁 | | YB | 三相自耦变压器 | | T |
| | 电磁离合器 | | YC | | | |

续表

| 名称 | 图形符号 | 文字符号 | 名称 | 图形符号 | 文字符号 |
|------|---------|---------|------|---------|---------|
| 半导体二极管 | | VT | NPN 型三极管 | | VT |
| PNP 型三极管 | | | 晶闸管 | | |

## 任务2.2 电气原理图的绘制原则、阅读及分析方法

### 2.2.1 电气原理图的绘制原则

1. 电气原理图的组成

电气原理图一般由主电路和辅助电路组成。主电路是设备驱动电路，包括从电源到电动机电路，是强电流通过的部分。如图 2-1 所示的电气原理图中，从电源 $L_1$、$L_2$、$L_3$ 开始，经过刀开关 QS、熔断器 $FU_1$、接触器 KM 主触头、热继电器 FR 热元件最后到电动机。辅助电路包括控制电路、照明电路、信号电路及保护电路等，是弱电流通过的部分。其中控制电路是由控制按钮、接触器和继电器的线圈、各种电器的常开、常闭辅助触头按控制要求组成逻辑控制部分。

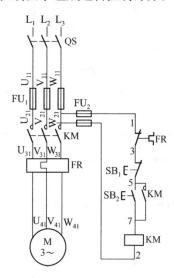

图 2-1 接触器控制的连续运行控制电路的电气原理图

如图 2-1 所示为接触器控制的连续运行控制电路的电气原理图。

2. 电气原理图的绘制原则

（1）电气原理图中电器元件图形符号、文字符号及接线端子标记必须采用最新国家标准。

（2）绘制电路图时，主电路用粗线条绘制在原理图的左侧或上方，辅助电路用细线条绘制在原理图的右侧或下方。不论主电路还是辅助电路，各元件一般应按动作顺序从上到下，从左到右依次排列，电路可以水平布置也可以垂直布置。

（3）元器件的画法。元器件均不画元件外形，只画出带电部件，且同一电器上的带电部件可不画在一起，而是按电路中的连接关系画出，但必须用国家标准规定的图形符号画出，且要用同一文字符号标明。若有多个同一种类的电器元件，可在文字符号后加上数字序号，例如 KM1、KM2。

（4）电气原理图中触头的画法。原理图中各元件触头状态均按没有外力或未通电时触头的原始状态画出。当触头的图形符号垂直放置时，以"左开右闭"原则绘制；当触头的图形符号水平放置时，以"上开下闭"的原则绘制。

(5) 原理图的布局。同一功能的元件要集中在一起且按动作先后顺序排列。

(6) 主电路标号由文字符号和数字组成。文字符号用以标明主电路中元件或电路的主要特征，数字标号用以区别电路不同线段。三相交流电源引入线采用 $L_1$、$L_2$、$L_3$ 标号，电源开关之后的三相主电路分别标 U、V、W。如 $U_{11}$ 表示电动机第一相的第一个接点代号，$U_{21}$ 为第一相的第二个接点代号，依次类推。

(7) 控制电路由三位或三位以下数字组成。交流控制电路的标号一般以主要压降元件（如线圈）为分界，横排时，左侧用奇数，右侧用偶数；竖排时，上面用奇数，下面用偶数。直流控制电路中，电源正极按奇数标号，负极按偶数标号。

(8) 在原理图中，有直接电联系的交叉导线连接点，要用黑圆点表示。无直接联系的交叉导线连接点不画黑圆点。

3. 电器布置图的设计与绘制

电器布置图是表示电气设备上所有电器元件的实际位置，为电气控制设备的安装、维修提供必要的技术资料。电气元件均用粗实线绘制出简单的外形轮廓，机床的轮廓线用细实线或点划线。如图 2-2 所示为一车床的电器布置图。

(1) 电器元件在控制板（或柜）上的布置原则

1) 体积大和较重的电器应安装在控制板的上面。

2) 发热元件应安装在控制板的上面，要注意使感温元件与发热元件隔开。

3) 弱电部分应加屏蔽和隔离，防止强电部分以及外界干扰。

4) 需要经常维护检修操作调整用的电器（例如插件部分、可调电阻、熔断器等），安装位置不宜过高或过低。

5) 应尽量把外形及结构尺寸相同的电器元件安装在一排，以利于安装和补充加工，而且易于布置，整齐美观。

6) 考虑电器维修，电器元件的布置和安装不宜过密，应留一定的空间位置，以利于操作。

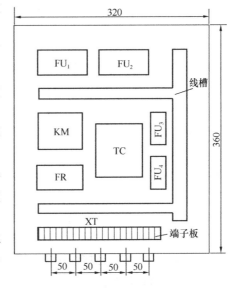

图 2-2 电器布置图

7) 电器布置应适当考虑对称，可从整个控制板考虑对称，也可从某一部分布置考虑对称，具体应根据机床结构特点而定。

(2) 电器元件的相互位置

各电器元件在控制板上的大体安装位置确定以后，就可着手具体确定各电器之间的距离，它们之间的距离应从如下几方面去考虑。

1) 电器之间的距离应便于操作和检修。

2) 应保证各电器的电气距离，包括漏电距离和电气间隙。

3) 应考虑有些电器的飞弧距离，例如自动开关、接触器等在断开负载时形成电弧将使空气电离。所以在这些地方其电气距离应增加。具体的电器飞弧距离由制造厂家来提供，若由于结构限制不能满足时，则相应的接地或导电部分要用耐弧绝缘材料加以保护。

4. 电气安装接线图

图 2-3 为接触器控制的连续运行控制电路的电气接线图。

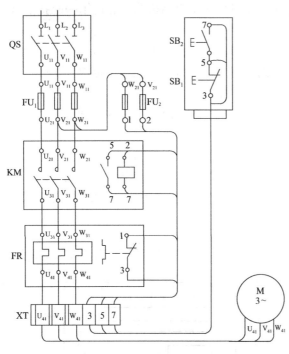

图 2-3 接触器控制的连续运行控制电路的电气接线图

根据电气原理图和各电气控制装置的电器布置图，使用规定的图形符号按电器元件的实际位置和实际接线绘制电气控制装置的接线图，用于电气设备和电器元件的安装、配线或检修。接线图应按以下原则绘制：

（1）接线图和接线表的绘制应符合《电气技术用文件的编制 第 1 部分：规则》GB/T 6988.1—2008 的规定。

（2）所有电器元件及其引线应标注与电气原理图中相一致的文字符号及接线号。原理图中的项目代号、端子号及导线号的编制分别应符合《工业系统、装置与设备以及工业产品结构原则与参照代号 第 3 部分：应用指南》GB/T 5094.3—2005、《人机界面标志标识的基本和安全规则 设备端子、导体终端和导体的标识》GB/T 4026—2019 及《绝缘导线的标记》GB/T 4884—1985 等规定。

（3）与电气原理图不同，在接线图中同一电器元件的各个部分（触头、线圈等）必须画在一起，并用点划线框起来。各元件的位置应与实际位置一致。

（4）电气接线图一律采用细线条。走向相同的多根导线可用单线或线束表示。

（5）要清楚地表示出接线关系和接线去向。目前接线图接线关系的画法有两种：

第 1 种，直接接线法：直接画出两个元件之间的连线。对简单的电气系统，电器元件少，接线关系不复杂的情况下采用。

第 2 种，间接标注接线法：对复杂的电气系统，电器元件多，接线关系比较复杂的情况下采用较多。接线关系采用符号标注，不直接画出两元件之间的连线。

（6）按规定清楚地标注出配线用的不同导线的型号、规格、根数、截面积和颜色。对于同一张图中数量较多且导线的型号、规格、截面积和颜色相同的标注符号可以省略，待数量较少的其他导线标注清楚以后，用"其余用××mm$^2$ 线"字样注明即可。

（7）电气接线图上各电器元件的位置，应在装配图上绘制，偏差不要太大。

（8）对于板后配线的接线图，应在装配图翻转后的方位绘制，电器元件图形符号应随之翻转，但触头方向不能倒置，以便于施工配线。

（9）控制板、控制柜的进线和出线，除大线外，必须经过接线板。各元件上凡需接线的部件端子都应绘出，并且各元件的出线应用箭头注明。各端子的标号必须与电气原理图上的标号一致。

（10）接线板的排列要清楚，便于查找。可按线号数字大小顺序排列，或按动力线、交流控制线、直流控制线分类后，再按线号顺序排列。

总之，在安装图上，同一装置上的各个电器元件都按实际位置画出，每一元件的各个部件也按实际情况画在一起，连接导线也基本上按实际布线画出。连接其他装置的导线都通过端子排引出，同一走向的各导线可以合并成单线图。在安装接线图中各电器元件的符号和各导线端子的编号都应与原理图上一一对应。

### 2.2.2 电气原理图的阅读及分析方法

分析、阅读电气原理图有一个逐渐熟悉的过程，只能在生产实践中逐步提高技术水平。根据广大工人和技术人员的实践经验，可以归纳以下几点：

（1）首先应了解设备的基本结构、运动情况、工艺要求、操作方法，以及设备对电力拖动的要求，电器控制和保护的具体要求，以及对设备有一个总体的了解，为阅读电气图做准备。

（2）阅读电气原理图中的主回路，了解电力拖动系统由几台拖动电动机所组成，结合工艺了解电动机的运行状况（如启动、制动方式，是否正反转，是否变速等），由什么电器实行控制和保护。可结合查阅电气设备明细表。

（3）看电气原理图的控制电路。在掌握电动机控制电路基本环节的基础上，按照设备的工艺要求和动作顺序，分析各个控制环节的工作原理。

（4）根据设备对电气的控制和保护要求，结合设备的机、电、液系统配合情况，分析各环节之间的联系、工作程序和联锁关系。对应上一步，可总结为"化整为零看电路，积零为整看全部"。

（5）统观整个电路有哪些保护环节。有些电器的工作情况可结合电气安装图来进行分析。

（6）再看电气原理图的其他辅助电路。

以上所介绍的只是一般的看图步骤和方法。在这方面没有一个固定的模式或程序，重要的是在实践中不断总结、积累经验。每阅读完一个电路，都应注意总结出控制的特点。这样才能不断提高读图的能力。

## 任务2.3 电气控制电路的保护环节

电气控制系统除了能满足生产机械的生产工艺要求外，要想长期正常无故障地运行，还必须有各种保护措施。保护环节是所有电气控制系统不可缺少的组成部分，利用它来保护电动机、电网、电气控制设备以及人身安全等。电气控制系统中常用的保护环节有电流型保护、电压型保护、位置保护及其他保护等。

### 2.3.1 电流型保护

电器元件在正常工作中，通过的电流应在额定电流以内。短时间内，只有温升不超过绝缘材料的最大允许值，超过额定电流也是允许的，这就是各种电气设备或电器元件所具有的过载能力。电器由于电流过大引起损坏的根本原因是发热引起的温升超过绝缘材料的承受能力。在散热条件一定的情况下，温升取决于电流大小，而且与通电时间密切相关。

电流型保护的基本原理是：利用保护电器检测的电流信号，直接或放大后去控制被保护对象，当电流达到整定值时保护电器动作，切断电路或发出信号。电流型保护主要有以下几种。

1. 短路保护

电动机绕组的绝缘、导线的绝缘损坏或电路发生故障时，造成短路现象，产生短路电流并引起电气设备绝缘损坏和产生强大的电动力使电气设备损坏。因此在产生短路现象时，必须迅速地将电源切断。常用的短路保护元件有熔断器和断路器或采用专门的短路保护继电器等。

（1）熔断器保护：熔断器的熔体串联在被保护的电路中，当电路发生短路或严重过载时，它自动熔断，从而切断电路，达到保护的目的。当主电机容量较小，其控制电路不需另设熔断器，主电路中熔断器也作为控制电路的短路保护。当主电动机容量较大时，则控制电路一定要单独设置短路保护熔断器。

（2）断路器保护：断路器有短路、过载和欠压保护，这种开关能在电路发生上述故障时快速地自动切断电源。它是低压配电重要保护元件之一，常作低压配电盘的总电源开关及电动机变压器的合闸开关。

通常熔断器比较适用于动作准确度和自动化程度较差的系统中，如小容量的笼型电动机、一般的普通交流电源等。在发生短路时，很可能造成一相熔断器熔断，造成单相运行，但对于断路器，只要发生短路就会自动跳闸，将三相同时切断。断路器结构复杂，操作频率低，广泛用于要求较高的场合。

2. 过载保护

电动机长期超载运行，电动机绕组温升超过其允许值，电动机的绝缘材料就要变脆，寿命减少，严重时使电动机损坏。过载电流越大，达到允许温升的时间就越短。常用的过载保护元件是热继电器。热继电器可以满足这样的要求：当电动机为额定电流时，电动机为额定温升，热继电器不动作，在过载电流较小时，热继电器要经过较长时间才动作，过载电流较大时，热继电器则经过较短时间就会动作。

由于热惯性的原因，热继电器不会受电动机短时过载冲击电流或短路电流的影响而瞬时动作，所以在使用热继电器作过载保护的同时，还必须装有熔断器或过流继电器配合使用。并且选作短路保护的熔断器熔体的额定电流不应超过 4 倍热继电器发热元件的额定电流。

当电动机的工作环境温度和热继电器工作环境温度不同时，保护的可靠性就受到影响。而温度继电器可以直接检测电动机的温升，对电动机的保护可靠性更高。它利用热敏电阻检测电动机的温升，将热敏电阻直接嵌在电动机绕组中，绕组的温度变化经热敏电阻转化为电信号，经电子电路比较放大，驱动继电器动作，达到保护目的。

3. 过电流保护

过电流保护广泛用于直流电动机或绕线转子异步电动机，对于三相笼型电动机，由于其短时过电流不会产生严重后果，故不采用过流保护而采用短路保护。

过电流往往是由于不正确的启动或过大的负载转矩引起的，一般比短路电流要小。在电动机运行中产生过电流要比发生短路的可能性更大，尤其是在频繁正反转和启、制动的重复短时工作制的电动机中更是如此。直流电动机和绕线转子异步电动机电路中过电流继电器也起着短路保护的作用，一般过电流的动作值为启动电流的 1.2 倍左右。

4. 弱磁保护

直流电动机在磁场有一定强度下才能启动，如果磁场太弱，电动机的启动电流就会很大，直流电动机正在运行时磁场突然减弱或消失，电动机转速就会迅速升高，甚至发生飞车。因此需要采取弱励磁保护。弱励磁保护是通过电动机励磁回路串入欠电流继电器来实现的，在电动机运行中，如果励磁电流消失或降低很多，欠电流继电器就释放，其触点切断主回路接触器线圈的电源，使电动机断电停车。

欠电流继电器的吸合值，一般整定为额定励磁电流的 0.8 倍。对于弱磁调速的电机，欠电流继电器的释放值为最小励磁电流的 0.8 倍。

5. 断相保护

异步电动机在正常运行时，由于电网或一相熔断器熔断引起对称三相电压缺少一相，电动机将在两相电源下低速运转或停转，定子电流很大，是造成绝缘破坏及绕组烧损的常见故障之一。断相时，负载的大小、绕组的接法引起相电流与线电流的变化差异较大。对于正常运行采用三角形接法的电动机（我国生产的三相笼型异步电动机 3kW 以上均采用三角形接法），如负载在 53%~67% 之间，发生断相故障，会出现故障相的线电流小于负载电流动作值，但相绕组最大一相电流却已超过其额定值。由于热继电器热元件是串接在三相电流进线中，因而采用普通三相式热继电器起不到保护作用。

断相变化可以采用专门为断相运行而设计的断相保护继电器，或者采用温度继电器实现，也可以在三相电路上跨接两只电压继电器，当发生缺相时，电压继电器动作带动控制元件去切断电源。

6. 接地故障保护

接地故障保护是为在故障情况下保障人身安全、防止触电事故而进行的接地保护。如果电动机外壳未接地，则当电动机发生一相碰壳时，其外壳就带有相电压。人体触及外壳，全部接地电流流过人体，非常危险。如果电动机外壳接地，则由于人体电阻远远大于接地电阻，因此人体触及外壳也无多大危险，因为接地电流主要由接地装置分担了，流经人体的电流就非常小了。

### 2.3.2 电压型保护

电动机或电器元件都是在一定的额定电压下正常工作，电压过高、过低或者工作过程中非人为因素的突然停电，都可能造成机械设备的损坏或人身事故，因此在电气控制电路设计中，应根据要求设置失电压保护、过电压保护及欠电压保护。

1. 失电压保护

当电动机正在运行时，如果电源电压因某种原因消失，那么在电源电压恢复时，电动机将自行启动，这就可能造成生产设备的损坏，甚至造成人身事故。对电网来说，同时有许多电动机及其他用电设备自行启动也会引起不允许的过电流及瞬间网络电压下降，而电热类电器则可能引起火灾。为了防止电压恢复时电动机自行启动或电器元件自行投入工作而设置的保护，称为失电压保护。

采用接触器及按钮控制电动机的启动、停止，具有失电压保护作用，因为如果正常工作时，电网电压消失，接触器就释放而切断电动机电源，当电网恢复正常时，由于接触器自锁电路已经断开，不会自行启动。但如果不是采用按钮，而是用不能自动复位的手动开关,行程开关等控制接触器,必须采用专门的零压继电器。工作过程中,一旦失电,零压继电器释放,其自锁也释放,当电网恢复正常时,就不会投入工作。

2. 欠电压保护

电动机或电器元件正常运行中,电源电压降低到额定电压的60%~80%,就要求能自动切除电源而停止工作,这种保护称为欠电压保护。因为电动机在电网电压降低时,其电磁转矩、转速都将降低甚至堵转。在负载一定的情况下,电动机电流将增加,不仅影响产品加工质量,还影响设备正常工作,使机械设备损坏,以致出现人身事故。另一方面,由于电网电压的降低,如降到额定电压的60%,控制电路中的各类交流接触器、继电器既不释放又不能可靠吸合,产生振动和噪声,线圈电流增大,甚至过热,造成电器元件和电动机的烧毁。

除上述采用接触器及按钮的控制方式具有欠电压保护作用外,还可以采用断路器或专门的电磁式电压继电器,如JT7系列,直流返回系数电压继电器,如JT9、JT10系列来进行欠电压保护。其方法是将电压继电器线圈跨接在电源上,其常开触头串接在接触器控制回路中。当电网低于整定值时,电压继电器动作直接带动脱扣器或使接触器释放。

3. 过电压保护

为防止电网电压过高引起电流增大或绝缘击穿而损坏电气设备的保护措施称为过电压保护,通常用过电压继电器实现。

4. 浪涌电压吸收保护

电磁铁、电磁吸盘等电感量较大负载,在切断电源时将产生很高的浪涌电压,为此需采用适当的保护。常用的保护方法是在线圈两端并接电阻、电阻电容串联电路或二极管等方式,以构成续流回路。对于交流线圈,可并接阻容吸收回路,对于直流线圈,可并接续流二极管和电阻。

### 2.3.3 位置保护与其他保护

1. 位置保护

机械设备运动部件的行程、越位大小及运动部件的相对位置都要限制在一定的范围内,如起重设备的左右、上下、前后运动行程都必须有适当的保护,否则就可能损坏机械设备并造成人身事故。这类保护称为位置保护。

位置保护可以采用限位开关、干簧继电器、接近开关等电器,当运动部件达到调定位置,使限位开关或继电器动作,其常闭触头串联在接触器控制电路中,因常闭触头打开而使接触器释放,于是,运动部件停止运行。也可采用其他电子检测元件来检测运动部件位置从而发出电信号,控制运动部件。

2. 温度、压力、流量、转速等保护

在电气控制电路设计中,常提出对机械设备某一部分的温度、液压或气压系统的压力、流量、运动速度等的保护要求,即要求以上各物理量限制在一定范围以内,例如对于冰箱、空调的压缩机拖动电动机,因散热条件差,为保证绕组温升不超过允许温升,而直接将测温装置预埋在绕组中,来控制其运行状态,以保护电动机不致因过热而烧毁。

大功率中频逆变电源,各类自动焊机电源的晶闸管、变压器采用水冷,当水压、流量不足时将损坏器件,可以采用水压开关或流量继电器进行保护。

为以上各种保护的需要而设计制造的各种专用的温度、压力、流量、速度继电器,它们的基本原理都是在控制回路中串联一个受这些参数控制的常开触头或常闭触头。各种继电器的动作都可以在一定范围内调节，以满足不同场合的保护需要。各种保护继电器的工作原理、技术参数、选用方法可以参阅专门的产品手册和介绍资料。

## 单 元 小 结

电气控制系统图主要有电气原理图、电器布置图和电气安装接线图。在绘制电路图时，必须严格按照国家标准规定使用各种符号、单位、名词术语和绘制原则。重点应掌握电气原理图的规定画法及国家标准。

分析、阅读电气原理图要遵循一定的看图步骤和方法，重要的是在实践中不断总结、积累经验。

生产的机械要正常、安全、可靠地工作，必须要有必要的保护环节。控制电路的常用保护有：短路保护、过载保护、过电流保护、失压、欠压、过压保护等，它们分别用不同的电器来实现。

## 能 力 训 练

### 实训项目1 星—三角形启动控制电路电气图的绘制

1. 目的要求

掌握电器布置图和电气安装接线图绘制方法。

2. 实训内容

（1）学习情境3实训项目5中图3-27所示星—三角形启动控制电路中使用的Y112M—4型三相异步电动机的技术数据为4kW、380V、△接法、8.8A、1440r/min，连续工作制。根据三相异步电动机的技术数据，选择刀开关、熔断器、热继电器、接触器等器件的型号规格，列出电器元件明细表，指出热继电器驱动器件的电流如何整定。

（2）根据电气原理图绘制电器布置图和电气安装接线图，熟悉各电器元件的结构形式、安装方法和安装尺寸。

（3）电源开关、熔断器、接触器、热继电器、时间继电器、按钮等都画在控制板里面，电动机画在控制板外面。

（4）安装在控制板上的元件布置应根据配线合理，运行安全，安装操作维修方便，确保电器间隙不能太小等原则进行。

（5）安装接线图中各电器元件的图形符号和文字符号，应和原理图完全一致，并符合国家标准。

（6）各电器元件上凡是需要接线的部件端子都应绘出并予以编号，并和原理图中的导线编号保持一致。

（7）控制板内电器元件之间的连线可以互相对接，控制板内接至板外的连线通过接线端子进行，控制板上有几个接至外电路的引线，端子板上就应有几个线的接点。

（8）因配电电路连线太多，走向相同的相邻导线可以汇成一股线。

## 实训项目 2  常用的保护环节

1. 目的与要求

了解电气控制系统中常用的保护环节和实现方法

2. 实训内容

(1) 上图书馆或上网查找包含常用的保护环节的电气控制系统图。

(2) 仔细观察其中的保护环节、采用的电器元件及电器元件的使用方法。

## 习 题 与 思 考 题

1. 按用途和表达方式的不同，电气控制系统图可分为哪几种？其用途分别是什么？
2. 什么是电气原理图？一般由哪几部分组成？试简述其绘制原则。
3. 试简述电器元件在控制板（或柜）上的布置原则。
4. 试简述电气安装接线图绘制原则。
5. 电气控制系统中常用的保护环节有哪些？
6. 短路故障产生的原因是什么？有哪些危害？如何实现短路保护？
7. 过载故障产生的原因是什么？有哪些危害？如何实现过载保护？
8. 为什么在使用热继电器作过载保护的同时，还必须装有熔断器或过流继电器配合使用？

# 学习情境 3 电气控制的典型电气控制电路

**学习导航**

| 学习任务 | 任务 3.1 电动机的基本控制电路<br>任务 3.2 三相交流异步电动机降压启动控制电路<br>任务 3.3 笼型交流异步电动机控制电路 |
|---|---|
| 能力目标 | 1. 掌握各种典型控制电路原理图的设计方法。<br>2. 理解各种典型控制电路原理图的工作原理。<br>3. 掌握电动机控制电路的故障分析方法。<br>4. 能分析较复杂的电气控制电路的工作原理。<br>5. 能设计较复杂的电气控制电路。 |

## 任务 3.1 电动机的基本控制电路

三相异步电动机在建筑工程设备中应用很广泛,如塔式起重机、给水排水系统、锅炉房、电梯等,由于各种建筑工程设备的生产工艺不同,使得它们对电动机的控制要求不同。要使电动机按照设备的要求正常安全地运转,必须配备一定的电器,组成一定的控制电路,才能达到目的。电动机的基本控制电路有以下几种:点动控制电路、正转控制电路、正反转控制电路、位置控制电路、顺序控制电路、多地控制电路、降压启动控制电路、调速控制电路和制动控制电路等。

电动机的启动分为直接启动和降压启动两种。直接启动是指启动时加在电动机定子绕组上的线电压为额定电压。直接启动的电路简单,安装维护方便。当电动机容量较小时,应优先采用直接启动。一般规定,在现代电网容量较大的情况下,电动机功率在 10kW 以下者,允许直接启动;超过 10kW 者,电动机应采用降压启动。

### 3.1.1 电动机的点动控制电路及连续运行控制电路

1. 连续运行控制电路

(1) 电路结构

接触器是一种自动控制电器,电流通断能力大,操作频率高且可实现远距离控制。接触器和按钮组成的控制电路是目前广泛采用的电动机控制方式。

如图 3-1 所示为接触器控制的连续运行控制电

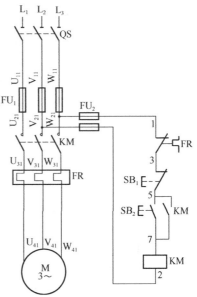

图 3-1 接触器控制的连续运行控制电路

路。电路图分为主电路和控制电路两部分。主电路从电源 $L_1$、$L_2$、$L_3$ 开始，经过刀开关 QS、熔断器 FU、接触器 KM 主触头、热继电器 FR 热元件，再到电动机 M 定子接线端，由接触器的主触点接通或断开三相交流电源，它所流过的电流为电动机的电流。控制电路由熔断器 $FU_1$、控制按钮 $SB_1$、$SB_2$、接触器 KM 的线圈以及其辅助触头、热继电器 FR 的常闭触头组成，用来控制接触器线圈的通断电，所流过的电流较小，能够实现对主电路的控制。

（2）电路工作原理

1）启动过程：合上电源开关 QS，将三相电源引入，为启动做准备。

按下 $SB_2$ → KM 线圈得电 ┬→ KM 自锁触点闭合自锁
　　　　　　　　　　　　　└→ KM 主触头闭合 → 电动机 M 通电启动运行

2）停止过程：

按下 $SB_1$ → KM 线圈断电 ┬→ KM 自锁触头断开解除自锁
　　　　　　　　　　　　　└→ KM 主触头断开 → 电动机 M 断电停转

从以上分析来看，电动机之所以能连续运转，是由于与 $SB_2$ 并联的接触器 KM 自身的常开辅助触头的闭合，使 KM 的线圈在 $SB_2$ 松开后仍然能保持长期通电状态，因此这样的触点称为自锁触头，这种控制电路也称为具有自锁的控制电路。

总结：如果要求某一个接触器或继电器长期通电，可以将该接触器或继电器的一个常开辅助触头并接在启动按钮两端，即增加自锁触头。这就是自锁控制规律。

（3）电路保护功能

1）短路保护。主电路和控制电路分别由熔断器 $FU_1$ 和 $FU_2$ 实现短路保护。当控制回路和主回路出现短路故障时，能迅速有效地断开电源，实现对电器和电动机的保护。

2）过载保护。由热继电器 FR 实现对电动机的过载保护。当电动机出现过载且超过规定时间时，热继电器 FR 双金属片过热变形，推动导板，经过传动机构，使 FR 常闭触点断开，从而使接触器 KM 线圈断电，KM 主触头断开，电动机停转，实现过载保护。

3）欠压保护。当电源电压由于某种原因而下降时，电动机的转矩将显著下降，将使电动机无法正常运转，甚至引起电动机堵转而烧毁。采用具有自锁的控制电路可避免出现这种事故。因为当电源电压低于接触器线圈额定电压的 85% 左右时，接触器 KM 就会释放，KM 自锁触头断开，使接触器 KM 线圈断电，同时 KM 主触头也断开，电动机断电停转，起到保护作用。

4）失压保护。电动机正常运转时，电源可能停电，当恢复供电时，如果电动机自行启动，很容易造成设备和人身事故。采用带自锁的控制电路后，断电时由于接触器 KM 自锁触头已经断开，当恢复供电时，电动机不能自行启动，从而避免了事故的发生。

欠压和失压保护作用是按钮、接触器控制连续运行的控制电路的一个重要特点。

2. 点动运行控制电路

在建筑设备电气控制中，经常需要电动机处于短时重复工作状态，如混凝土搅拌机、电梯检修、电动葫芦的控制等，均需按操作者的意图实现灵活控制，即让电动机运转多长时间，电动机就运转多长时间，因此需要用点动控制电路来完成。点动控制就是指按下按钮时，电动机通电启动、运行，松开按钮电动机断电、停止。显然，只要将上述的接触器

## 任务 3.1 电动机的基本控制电路

控制的连续运转控制电路中的自锁触头取消,则电路就成为点动控制电路。此外还有许多场合要求电动机既能点动又能长期工作,因此需要用既能点动控制又能连续控制的电路来完成。

(1) 仅可点动的电路

如图 3-2 所示为仅可点动的电路,该电路由按钮 SB 接通和断开控制接触器 KM 的通电和断电,使电动机运转和停转,实现点动控制。

(2) 既能点动控制又能连续控制的电路

1) 用复合按钮实现。图 3-3(a)中,$SB_2$ 为连续控制的启动按钮,$SB_3$ 为点动控制的按钮。按下 $SB_3$ 时,其常闭触头断开,切断了自锁电路,然后常开触头接通,使接触器 KM 线圈通电。松开 $SB_3$ 时,常开触头先断开,KM 线圈断电后,$SB_3$ 的常闭触头才接通。

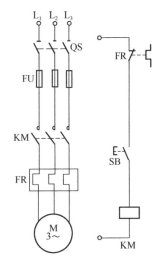

图 3-2 仅可点动的控制电路

2) 用转换开关实现。将转换开关设置在自锁电路中,如图 3-3(b)所示。将转换开关 SA 接通时,自锁电路有效,电路为连续控制;SA 断开时,自锁电路被断开,电路为点动控制。

### 3.1.2 电动机可逆运行控制电路

在建筑工程中所用的电动机需要正反转的设备很多,如电梯、塔式起重机、桥式起重机等。由电动机原理可知,改变电动机三相电源的相序即可改变电动机的旋转方向。而改变三相电源的相序只需任意调换电源的两根电源进线。

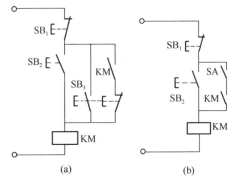

图 3-3 既能点动控制又能连续控制的电路

1. 接触器控制的电动机可逆运行控制电路

(1) 电路结构

1) 主电路。如图 3-4(a)所示,在图 3-1 的接触器控制的连续运行控制电路主电路的基础上,再增加一个接触器,即用两个接触器 $KM_1$、$KM_2$ 分别控制电动机的正转和反转,$KM_1$、$KM_2$ 分别称为正、反转接触器,将 $KM_1$ 和 $KM_2$ 的主触头并联起来,但注意它们的主触头接线的相序不同,$KM_1$ 按 $L_1$、$L_2$、$L_3$ 相序接线,$KM_2$ 按 $L_3$、$L_2$、$L_1$ 相序接线,即将 $L_1$、$L_3$ 两相序对调,所以两个接触器分别工作时,电动机的旋转方向不一样,实现电动机的可逆运行。

2) 控制电路。如图 3-4(b)所示,将正转控制电路和反转控制电路并联起来,并加以改进。用两只启动按钮 $SB_2$ 和 $SB_3$ 控制两只接触器 $KM_1$ 和 $KM_2$ 的通电,$SB_2$、$SB_3$ 分别称为正、反转启动按钮,用一只停止按钮 $SB_1$ 控制两只接触器的断电。同时考虑两只接触器不能同时通电,以免造成电源相间短路,为此将 $KM_1$、$KM_2$ 正反转接触器的常闭辅助触头互相串联在对方线圈电路中,形成相互制约的关系,使 $KM_1$、$KM_2$ 的线圈不能同时得电。这种相互制约的关系称为互锁控制。这种由接触器(或继电器)常闭辅助触头

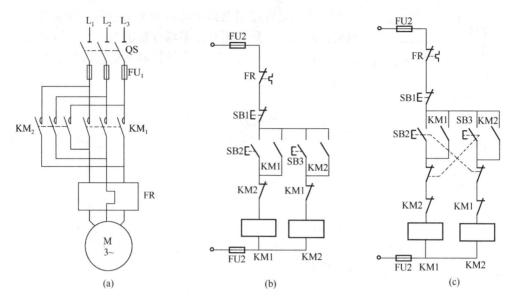

图 3-4 电动机可逆运行控制电路

构成的互锁称为电气互锁。其常闭辅助触头称为互锁触头。

（2）电路工作原理

1）启动前的准备。先合上刀开关 QS，将三相电源引入，为启动做准备。

2）正转启动。

按下 $SB_2$→$KM_1$ 线圈得电→┬→$KM_1$ 自锁触头闭合自锁
　　　　　　　　　　　　　├→$KM_1$ 互锁触头断开对 $KM_2$ 互锁
　　　　　　　　　　　　　└→$KM_1$ 主触头闭合→电动机 M 通电正转

3）停止。

按下 $SB_1$→$KM_1$ 线圈断电→┬→$KM_1$ 自锁触头断开解除自锁
　　　　　　　　　　　　　├→$KM_1$ 互锁触头闭合解除对 $KM_2$ 互锁
　　　　　　　　　　　　　└→$KM_1$ 主触头断开→电动机 M 断电停转

4）反转启动。

按下 $SB_3$→$KM_2$ 线圈得电→┬→$KM_2$ 自锁触头闭合自锁
　　　　　　　　　　　　　├→$KM_2$ 互锁触头断开对 $KM_1$ 互锁
　　　　　　　　　　　　　└→$KM_2$ 主触头闭合→电动机 M 通电反转

5）停止。

按下 $SB_1$→$KM_2$ 线圈断电→┬→$KM_2$ 自锁触头断开解除自锁
　　　　　　　　　　　　　├→$KM_2$ 互锁触头闭合解除对 $KM_1$ 互锁
　　　　　　　　　　　　　└→$KM_2$ 主触头断开→电动机 M 断电停转

以上分析可总结出互锁控制规律：如果要求两个接触器或继电器不能同时通电，可以将各接触器或继电器的常闭辅助触头串接在对方接触器或继电器的线圈电路中，即增加互锁触头。

2. 采用复合按钮的电动机可逆运行控制电路

图 3-4（b）电路的工作状态是：正转→停止→反转→停止→正转的过程，由于正反转的变换必须停止后才可进行，所以非生产时间长，效率低。为了缩短辅助时间，提高生产效率，采用复合式按钮控制，如图 3-4（c）所示，可以实现电动机正反转的直接切换；并且该电路实现了双互锁。它是在图 3-4（b）的基础上将正转启动按钮和反转启动按钮的常闭触点串联在对方电路中，构成相互制约的关系。这种方式称为机械互锁。这种电路既有机械互锁，又有电气互锁，可实现正—停—反的控制，也可实现正—反—停的控制。但是这种直接正反转控制电路仅适用于小容量电动机且正反向转换不频繁、拖动的机械装置惯量较小的场合。

### 3.1.3 电动机可逆"自动停止""自动往返"控制电路

在工程应用实践中，常有按行程进行控制的要求。如混凝土搅拌机的提升降位、桥式起重机、龙门刨床工作台的自动往返、水厂沉淀池排泥机的控制、电梯的上下限位等。总之，从建筑设备到工厂的机械设备均有按行程控制的要求。

行程开关是一种将机械信号转换为电气信号，以控制运动部件位置或行程的自动控制电器。而行程控制就是利用生产机械运动部件上的挡铁与行程开关碰撞，使其触头动作，来接通或断开电路，以实现对生产机械运动部件的位置或行程的自动控制。下面介绍的电动机可逆"自动停止""自动往返"控制电路就是利用行程开关实现行程控制的基本电路。

1. 电动机可逆"自动往返"控制电路

（1）电路结构

图 3-5 为电动机可逆"自动往返"控制电路。该电路在接触器控制的电动机可逆运行控制电路的基础上，将行程开关 $SQ_1$ 的常闭触头串接在反转控制电路中，$SQ_1$ 的常开触头并接在正向启动按钮 $SB_2$ 的两端，将行程开关 $SQ_2$ 的常闭触头串接在正转控制电路中，

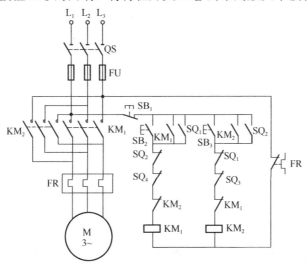

图 3-5 电动机可逆"自动往返"控制电路

将行程开关 $SQ_2$ 的常开触头并接在反向启动按钮 $SB_3$ 的两端,即可实现电动机的可逆"自动往返"控制。图中 $SQ_3$、$SQ_4$ 为实现限位保护而设置的行程开关。图 3-6 为行程开关安装位置示意图。

图 3-6  行程开关安装位置示意图

(2) 电路工作原理

1) 启动前的准备。先合上刀开关 QS,将三相电源引入,为启动做准备。

2) 自动往返运动。

按下 $SB_2$ → $KM_1$ 线圈得电
┌→ $KM_1$ 自锁触头闭合自锁
├→ $KM_1$ 互锁触头断开对 $KM_2$ 互锁
└→ $KM_1$ 主触头闭合 → 电动机 M 通电正转 → 工作台右移 → 移至限定位置 → 挡铁2碰撞行程开关 $SQ_2$ ─

→ $SQ_2$ 常闭触头断开 → $KM_1$ 线圈断电
┌→ $KM_1$ 自锁触头断开解除自锁
├→ $KM_1$ 主触头断开 → M 断电停转 → 工作台停止右移
└→ $KM_1$ 互锁触头闭合解除对 $KM_2$ 互锁 ─

→ $SQ_2$ 常开触头闭合 → $KM_2$ 线圈得电
┌→ $KM_2$ 自锁触头闭合自锁
├→ $KM_2$ 互锁触头断开对 $KM_1$ 互锁
└→ $KM_2$ 主触头闭合 → 电动机 M 通电反转 → 工作台左移 → 移至限定位置 → 挡铁1碰撞行程开关 $SQ_1$ ─

→ $SQ_1$ 常闭触头断开 → $KM_2$ 线圈断电
┌→ $KM_2$ 自锁触头断开解除自锁
├→ $KM_2$ 主触头断开 → M 断电停转 → 工作台停止左移
└→ $KM_2$ 互锁触头闭合解除对 $KM_1$ 互锁 ─

→ $SQ_1$ 常开触头闭合 → $KM_1$ 线圈得电
┌→ $KM_1$ 自锁触头闭合自锁
├→ $KM_1$ 互锁触头断开对 $KM_2$ 互锁
└→ $KM_1$ 主触头闭合 → 电动机 M 通电正转 → 工作台右移……以后重复上述过程,工作台就在限定的行程内自动往返运动。

3) 停止。

按下 $SB_1$ → $KM_1$ 或 $KM_2$ 线圈断电
┌→ $KM_1$ 或 $KM_2$ 自锁触头断开解除自锁
├→ $KM_1$ 或 $KM_2$ 互锁触头闭合解除对 $KM_2$ 或 $KM_1$ 互锁
└→ $KM_1$ 或 $KM_2$ 主触头断开 → 电动机 M 断电停转 → 工作台停止右移或左移

2. 电动机可逆"自动停止"控制电路

在图 3-5 电动机可逆"自动往返"控制电路的基础上,将并接在正向启动按钮 $SB_2$ 的两端行程开关 $SQ_1$ 的常开触头及并接在反向启动按钮 $SB_3$ 的两端行程开关 $SQ_2$ 的常开触头、为实现限位保护而设置的行程开关 $SQ_3$、$SQ_4$ 取消,即为电动机可逆"自动停止"控制电路。读者可自行画出电动机可逆"自动停止"控制电路及工作原理的分析。

### 3.1.4 电动机的顺序控制与多地控制电路

1. 电动机的顺序控制

建筑工程的控制设备由多台电动机拖动,有时需要按一定的顺序控制电动机的启动和停止。如锅炉房的自动上煤系统,水平和斜式上煤机的控制,为了防止煤的堆积,要求启动时先水平后斜式。另外,鼓风机和引风机控制,为了防止倒烟,要求启动时先引风后鼓风,停止时先鼓风后引风。这些顺序关系反映在控制电路上,称为顺序控制。

(1) 图 3-7(a)所示为顺序启动、同时停止控制电路。将接触器 $KM_2$ 线圈接在 $KM_1$ 自锁触点后面,相当于将接触器 $KM_1$ 的常开辅助触头串接在接触器 $KM_2$ 的线圈电路中。这就保证了只有当接触器 $KM_1$ 通电后,电动机 $M_1$ 启动后,$M_2$ 才能启动;而按下停止按钮 $SB_1$ 时,接触器 $KM_1$、$KM_2$ 均断电,电动机 $M_1$、$M_2$ 同时停转。

(2) 图 3-7(b)所示为顺序启动、顺序停止控制电路。将接触器 $KM_1$ 的一个常开辅助触点与接触器 $KM_2$ 的启动按钮 $SB_4$ 串联,另一个常开辅助触点与接触器 $KM_2$ 的停止按钮 $SB_2$ 并联。这就保证了接触器 $KM_1$ 通电后,电动机 $M_1$ 启动后,$M_2$ 才能启动;而停止时,只有接触器 $KM_1$ 先断电,即电动机 $M_1$ 停转后,$M_2$ 才能停转。

(3) 图 3-7(c)所示为顺序启动、逆序停止控制电路。将接触器 $KM_1$ 的常开辅助触头串接在接触器 $KM_2$ 的线圈电路中,接触器 $KM_2$ 的常开辅助触头并接在接触器 $KM_1$ 的停止按钮 $SB_2$ 的两端。这就保证了只有当接触器 $KM_1$ 通电后,电动机 $M_1$ 启动后,$M_2$ 才能启动;停车时接触器 $KM_2$ 断电后,电动机 $M_2$ 停转后,$M_1$ 才能停转。

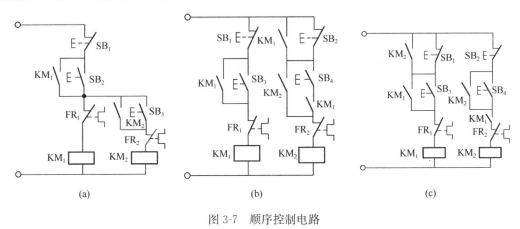

图 3-7 顺序控制电路

由以上几个控制电路可以总结出顺序控制规律:设有甲、乙两个接触器或继电器,如果要求甲接触器或继电器通电后,乙接触器或继电器才能通电,只需将甲接触器或继电器的常开辅助触头串接在乙接触器或继电器的线圈回路中;如果要求乙接触器或继电器断电后,甲接触器或继电器才能断电,只需将乙接触器或继电器的常开辅助触头并接在甲接触器或继电器的停止按钮；如果要求甲接触器或继电器通电后，乙接触器或继电器不能通电，只需将甲接触器或继电器的常闭辅助触头串接在乙接触器或继电器的线圈回路中。

2. 多地控制电路

在实际工程中，为了操作方便，许多设备需要两地或两地以上的控制才能满足要求，如锅炉房的鼓（引）风机、除渣机、循环水泵电动机、炉排电动机均需在现场就地控制和在控制室远动控制，电梯、机床等电气设备也有多地控制要求。

多地控制就是可以在多个地方操作电动机的启动和停止，作用主要是为了实现对电气设备的远程控制。

实现多地控制所遵循的规律：将几个地方所有的启动按钮并联在一起，所有的停止按钮串联在一起，如图3-8所示为某设备的两地控制电路。

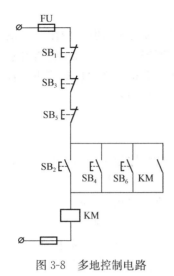

图 3-8 多地控制电路

## 任务 3.2　三相交流异步电动机降压启动控制电路

降压启动是指将电源电压适当降低后，再加到定子绕组上进行启动，当电动机转速上升后，再将电压恢复至额定值。降压启动的启动电流一般为额定电流的 2～4 倍。有时为了减小和限制启动时对机械设备的冲击，即使能进行直接启动的电动机，也改用降低电压的启动方法。从降压至全压的控制可由手动开关实现，也可由时间继电器或速度继电器自动实现。如何简单、有效地实现三相异步电动机降压启动的控制是本任务要解决的问题。

三相异步电动机的降压启动方法有定子回路串电阻或电抗器启动、星－三角降压启动、自耦变压器降压启动等。

### 3.2.1　定子绕组串电阻（电抗器）降压启动控制电路

1. 电路构思

定子绕组串电阻（电抗器）降压启动就是在电动机启动过程中，把电阻（电抗器）串接在三相定子绕组与电源之间，通过电阻（电抗器）的分压作用来降低定子绕组上的启动电压，待电动机启动后，再将电阻（电抗器）短接，使电动机在额定电压下正常运行，串接的电阻（电抗器）称为启动电阻（电抗器），启动电阻（电抗器）的短接可由人工手动控制或由时间继电器自动控制。如图 3-9 所示为自动控制的电路。电气控制电路中常使用时间继电器实现电路的自动切换，这种控制称为时间控制原则。

2. 电路工作原理

（1）启动。合上电源开关 QS，将三相电源引入，为启动做准备。

按下 $SB_2$ → $KM_1$ 线圈得电 ┌→ $KM_1$ 自锁触头闭合自锁
　　　　　　　　　　　　　├→ $KM_1$ 主触头闭合 → M 定子串电阻 R 后降压启动
　　　　　　　　　　　　　└→ $KM_1$ 串接在 KT 线圈电路中的常开触头闭合 → KT 线圈得电 →

## 任务 3.2 三相交流异步电动机降压启动控制电路

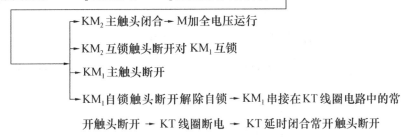

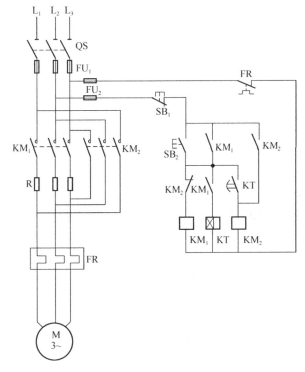

图 3-9 定子绕组串电阻（电抗器）降压启动控制电路

（2）停止

按下 $SB_1$→$KM_2$ 线圈断电释放→M 断电停转。

电路中时间继电器的延时时间根据电动机启动时间的长短进行调整。由于启动时间的长短与负载大小有关，负载越大，启动时间越长。对负载经常变化的电动机，若对启动时间控制要求较高时，需要经常调整时间继电器的整定值，就显得很不方便。

定子绕组串电阻（电抗器）降压启动由于不受电动机接线形式的限制，设备简单，因而在中小型生产机械中应用广泛。

### 3.2.2 自耦变压器降压启动控制电路

1. 电路构思

自耦变压器降压启动是依靠自耦变压器的降压作用来限制电动机的启动电流。启动时，自耦变压器次级与电动机相连，定子绕组得到的电压是自耦变压器的二次电压，启动完毕，将自耦变压器切除，电动机直接接电源，进入全电压运行。通常习惯上这种自耦变压器称为启动补偿器。控制电路如图 3-10 所示,也是按时间原则控制。

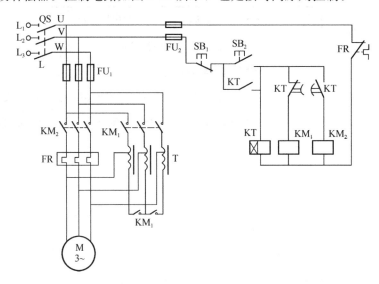

图 3-10　定子串自耦变压器降压启动控制电路

2. 电路工作原理

(1) 启动。合上电源开关 QS,将三相电源引入,为启动做准备。

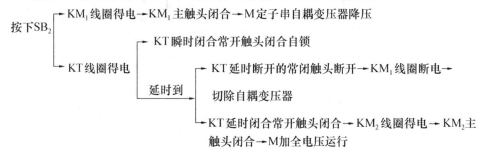

(2) 停止

**按下$SB_1$→ KT和$KM_2$线圈断电释放 → M断电停止。**

在获取同样启动转矩的情况下,这种启动方式从电网获取的电流,相对电阻降压启动要小得多,对电网的电流冲击小,功率损耗小。但自耦变压器价格较高,主要用于容量较大、正常运行为星形接法的电动机的启动。

### 3.2.3　星形－三角形降压启动控制电路

1. 电路构思

星形－三角形降压启动控制就是在启动时,定子绕组先接成 Y 形,由于每相绕组的电压下降为正常工作电压的$1/\sqrt{3}$,故启动电流下降为全压启动的1/3。当转速接近一定值时,电动机定子绕组改接成△形,使电动机在额定电压下运行。控制电路如图 3-11 所示,也是按时间原则控制。

2. 电路工作原理

(1) 启动。合上电源开关 QS,将三相电源引入,为启动做准备。

## 任务 3.2 三相交流异步电动机降压启动控制电路

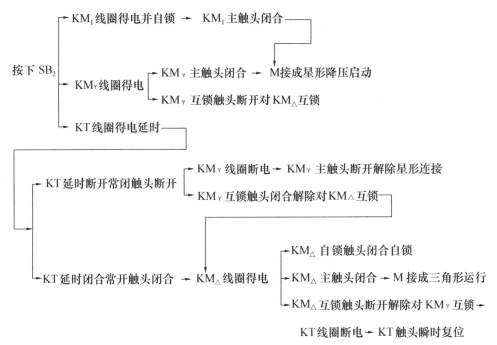

(2) 停止

按下 $SB_1$ → $KM_1$、$KM_△$ 线圈断电释放 → 电动机 M 断电停止

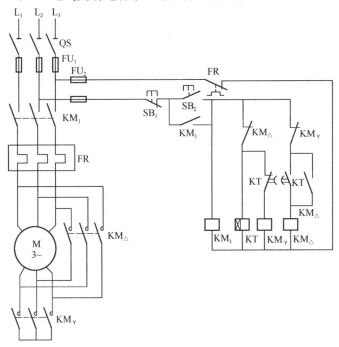

图 3-11 Y-△降压启动控制电路

凡是正常运行时定子绕组接成三角形接法的三相笼型感应电动机,都可采用星形—三角形降压启动。电动机采用星—三角降压启动的启动时虽然不用增加启动设备,电路简单、成本低,但由于启动时启动电流降低为直接启动电流动的 1/3,启动转矩也降为直接

启动转矩的 1/3，因此，这种方法仅仅适合于电动机轻载或空载启动的场合。

### 3.2.4 软启动减压启动

1. 电动机的软启动

定子回路串电阻或电抗器启动、星—三角降压启动、自耦变压器降压启动等传统降压启动方式，当采用降压启动时，启动电流减小，但启动转矩会下降更多，故降压启动只适合轻载或空载启动，而且启动性能也不理想。因此可在启动时，减小电源频率，同时降低电源电压，随着转速上升，不断提高电源频率和电压，即按 $U/f$＝常数的方式控制，从而得到较为理想的启动过程，称为软启动。

软启动器是一种集软启动、软停车、轻载节能和多种保护功能于一体的新颖电动机控制装置，国外称为 Soft Starter。它的主要构成是串接于电源与被控电动机之间的三相反并联晶闸管及其电子控制电路。运用不同的方法，控制三相反并联晶闸管的导通角，使被控电动机的输入电压按不同的要求而变化，就可实现不同的功能。

运用串接于电源与被控电动机之间的软启动器，控制其内部晶闸管的导通角，使电动机输入电压从零以预设函数关系逐渐上升，直至启动结束，赋予电机全电压，即为软启动，在软启动过程中，电动机启动转矩逐渐增加，转速也逐渐增加。

2. 电动机的软停车

电动机停机时，传统的控制方式都是通过瞬间停电完成的。但有许多应用场合，不允许电动机瞬间停机。例如：高层建筑大楼的水泵系统，如果瞬间停机，会产生巨大的"水锤"效应，使管道，甚至水泵遭到损坏。为减少和防止"水锤"效应，需要电动机逐渐停机，即软停车，采用软启动器能满足这一要求。在泵站中，应用软停车技术可避免泵站的"拍门"损坏，减少维修费用和维修工作量。

软启动器中的软停车功能是：晶闸管在得到停机指令后，从全导通逐渐地减小导通角，经过一定时间过渡到全关闭的过程。停车的时间根据实际需要可在 0～120s 调整。

3. 电动机的轻载节能

笼型异步电动机是感性负载，在运行中，定子线圈绕组中的电流滞后于电压。如电动机工作电压不变，处于轻载时，功率因数低，处于重载时，功率因数高。软启动器能实现在轻载时，通过降低电动机端电压，提高功率因数，减少电动机的铜耗、铁耗，达到轻载节能的目的；在重载时，则提高电动机端电压，确保电动机正常运行。

4. 软启动器的保护功能

（1）过载保护功能：软启动器引进了电流控制环，因而随时跟踪检测电动机电流的变化状况。通过增加过载电流的设定和反时限控制模式，实现了过载保护功能，使电动机过载时，关断晶闸管并发出报警信号。

（2）缺相保护功能：工作时，软启动器随时检测三相线电流的变化，一旦发生断流，即可作出缺相保护反应。

（3）过热保护功能：通过软启动器内部热继电器检测晶闸管散热器的温度，一旦散热器温度超过允许值后自动关断晶闸管，并发出报警信号。

（4）其他功能：通过电子电路的组合，还可在系统中实现其他种种联锁保护。

5. 软启动设备的工作原理

如图 3-12 所示为软启动减压启动控制电路。三相电源与电机间串入软启动器（包括电子控制电路与三相晶闸管），利用晶闸管移相控制原理，启动时电机端电压随晶闸管的导通角从零逐渐上升，电机转速逐渐增大，直至达到满足启动转矩的要求而结束启动过程，此时旁路接触器接通（避免电动机在运行中对电网形成谐波污染，延长晶闸管寿命），电动机进入稳态运行状态，停车时先切断旁路接触器，然后由软启动器内晶闸管导通角由大逐渐减小，使三相供电电压逐渐减小，电动机转速由大逐渐减小到零，停车过程完成。

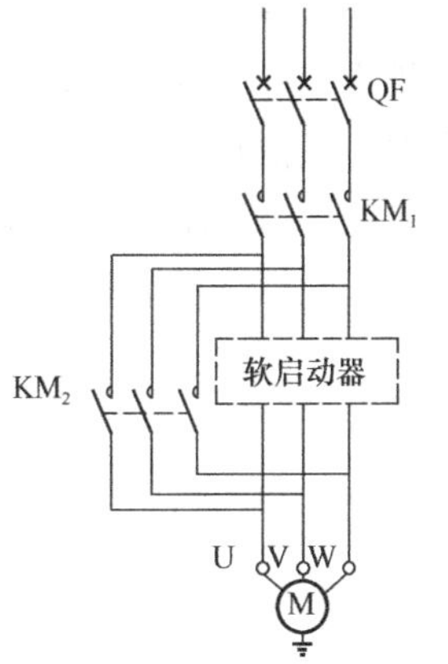

6. 软启动设备的优点

（1）启动时无冲击电流，通过逐渐增大晶闸管导通角，使启动电流从零线性上升至设定值；

图 3-12 软启动减压启动控制电路

（2）属恒流启动，软启动器可引入电流闭环控制，使电动机在启动过程中保持恒流，确保电动机平稳启动；

（3）可根据负载情况及电网继电保护特性选择，能自由地无级调整至最佳的启动电流；

（4）可以频繁地启动电动机，软启动允许 10 次/h，而不致电动机过热。

7. 软启动器适应的场合

（1）原则上，笼型异步电动机凡不需要调速的各种应用场合都可适用。目前的应用范围是交流 380V（也可 660V），电动机功率从几千瓦到 800kW。

（2）软启动器特别适用于各种泵类负载或风机类负载，需要软启动与软停车的场合。

（3）同样对于变负载工况、电动机长期处于轻载运行，只有短时或瞬间处于重载场合，应用软启动器（不带旁路接触器）则具有轻载节能的效果。

## 任务 3.3  笼型交流异步电动机控制电路

### 3.3.1  三相异步电动机的制动控制

由于惯性的关系，电动机从切断电源到完全停止运转，总要经过一段时间，这往往不能适应某些生产机械工艺的要求，如电梯、塔式起重机等。同时，为了缩短辅助时间，提高生产效率，也要求电动机能够迅速而准确地停止转动，需采用某种手段来限制电动机的惯性转动，从而实现机械设备的紧急停车，常把这种紧急停车的措施称为电动机的"制动"。常用的制动方式有机械制动和电气制动，后者包括反接制动和能耗制动，下面分别进行介绍。

1. 机械制动

所谓机械制动就是利用机械装置使电动机断电后立即停转。目前使用较多的机械制动装置是电磁抱闸，有通电制动型和断电制动型两种。如图 3-13 所示为断电制动型的电磁抱闸基本结构，它的主要工作部分是电磁铁和闸瓦制动器。电磁铁由电磁线圈、静铁芯、衔铁组成；闸瓦制动器由闸瓦、闸轮、弹簧、杠杆等组成。其中闸轮与电动机转轴相连，闸瓦对闸轮制动力矩的大小可通过调整弹簧弹力来改变。

电磁抱闸的制动控制电路如图 3-14 所示。抱闸的电磁线圈由 380V 交流电源供电，当需电动机启动运行时，按下启动按钮 $SB_2$，接触器 KM 线圈通电，其自锁触点和主触点同时闭合，电动机 M 通电。与此同时，抱闸电磁线圈通电，电磁铁产生磁场力吸合衔铁，衔铁克服弹簧的弹力，带动制动杠杆动作，推动闸瓦松开闸轮，电动机立即启动运转。停车时，只需按下停车按钮 $SB_1$，接触器 KM 线圈断电，主触点释放，电动机绕组和电磁抱闸线圈同时断电，电磁铁衔铁释放，弹簧的弹力使闸瓦紧紧抱住闸轮，闸瓦与闸轮间强大的摩擦力使惯性运动的电动机立即停止转动。

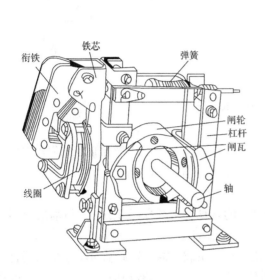

图 3-13 电磁抱闸结构示意图

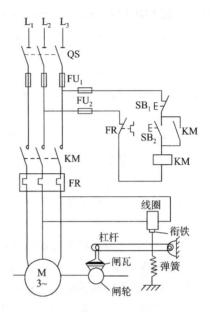

图 3-14 电动机的电磁抱闸制动
控制电路

采用电磁抱闸制动的优点是通电时制动装置松开，断电时它能起制动作用，适用于要求断电时能进行制动的生产机械和其他机械装置。如起吊重物的卷扬机，当重物起吊到一定高度时突然停电，为使重物不致掉下，应采用电磁抱闸进行制动。再如客货电梯，如果运行中突然停电或电路发生故障，应使轿厢立即停止运行，稳定在井道中，等待救援。因此，也采用了电磁抱闸制动。

2. 电气制动

所谓电气制动，就是电动机需要制动时，通过电路的转换或改变供电条件使其产生与实际运转方向相反的电磁转矩——制动力矩，迫使电动机迅速停止转动的制动方式。常用的电气制动方式有反接制动和能耗制动。

（1）反接制动

反接制动是利用改变电动机电源的相序，使定子绕组产生相反方向的旋转磁场，因而产生制动转矩的一种制动方法。反接制动刚开始时，转子与旋转磁场的相对速度接近于两倍的同步转速，所以定子绕组流过的制动电流相当于全压直接启动电流的两倍，因此，反接制动的特点是制动迅速，效果好，但冲击大，能量消耗也大，只适用于不经常启动、制动的设备。为了减小冲击电流，通常要求在电动机主电路中串接一定的电阻以限制反接制动电流。反接制动电阻的接线方法有对称和不对称两种接法。对反接制动的另一个要求是在电动机转速接近于零时，必须及时切断反相序电源，以防止电动机反向再启动。检测转

## 任务 3.3 笼型交流异步电动机控制电路

速为零的信号方法可以有两种：一是利用时间间接控制；二是利用速度继电器控制。

利用时间控制制动停转过程的思路是：当发出制动命令后，立即使电动机进入制动状态，同时也接通时间继电器延时，当延时时间到，电动机的制动过程正好结束，使电源断开。这种方法需要将时间继电器的延时时间事先根据电动机的制动时间调整好。

利用速度控制制动停转过程的思路是：用速度继电器将电动机转速信号变成开关信号直接去控制电源接触器，当电动机经制动转速下降为零时，速度继电器发出断开信号，将电动机与三相电源脱开。

时间控制的停车准确性差一些，并且反接制动过程一般都比较短，所以反接制动常用速度继电器控制其制动过程。

1) 单向运行反接制动控制电路。电动机单向运行反接制动控制电路如图 3-15 所示。$KM_1$ 为运行接触器，$KM_2$ 为制动接触器，速度继电器 KS 用于检测转速信号，安装在电动机轴的伸出端，假设其动作值为 120r/min，释放值为 100r/min。电路工作过程如下：合上电源开关 QS，将三相电源引入，为启动做准备。

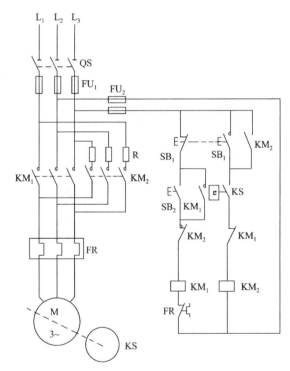

图 3-15 单向运行反接制动控制电路

① 启动：

按下 $SB_2$ → $KM_1$ 线圈得电
- $KM_1$ 自锁触点闭合自锁
- $KM_1$ 互锁触点断开对 $KM_2$ 互锁
- $KM_1$ 主触点闭合 → M 正转运行 → 至电动机转速上升到 120r/min 时 → KS 常开触点闭合，为停车时反接制动作好准备

② 制动停车：

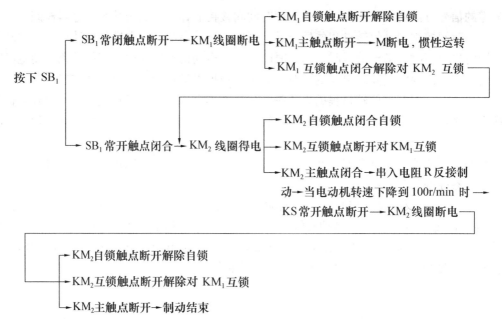

2) 可逆运行反接制动控制电路

电动机可逆运行的反接制动控制电路如图3-16所示。$KM_1$既是正向运行接触器，又是反向制动接触器，$KM_2$既是反向运行接触器，又是正向制动接触器，$SB_2$、$SB_3$分别是正、反向启动按钮，$SB_1$为停止按钮。

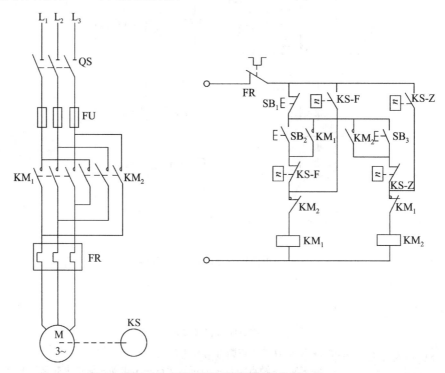

图3-16 可逆运行的反接制动控制电路

电路工作过程如下：合上电源开关QS，将三相电源引入，为启动做准备。

## 任务 3.3 笼型交流异步电动机控制电路

(1) 正向启动：

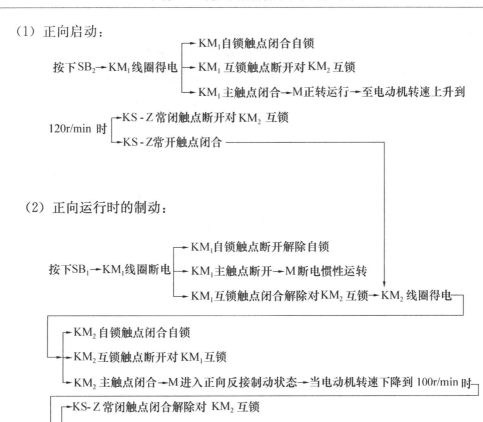

(2) 正向运行时的制动：

反向启动过程和反向运行时的制动过程和上述类同，请读者自行分析。

(2) 能耗制动

能耗制动是在运行中的三相异步电动机停车时，在切除三相交流电源的同时，将一直流电源接入电动机定子绕组中的任意两相，以获得大小和方向不变的恒定磁场，从而产生一个与电动机原转矩方向相反的电磁转矩以实现制动。当电动机转速下降到零时，再切除直流电源。能耗制动可以采用时间继电器控制与速度继电器控制两种形式。

1) 按时间原则控制的单向能耗制动控制电路

按时间原则控制的单向能耗制动控制电路如图 3-17 所示。图中整流装置由变压器和整流元件组成，提供制动用直流电。$KM_1$ 为运行接触器，$KM_2$ 为制动接触器，KT 为制动时间继电器。

电路工作过程如下：合上电源开关 QS，将三相电源引入，为启动做准备。

① 启动

② 制动停车

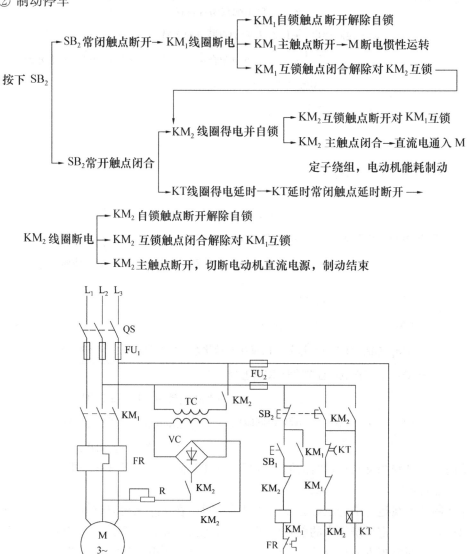

图 3-17 按时间原则控制的单向能耗制动控制电路

按时间原则控制的直流制动，一般适合于负载转矩和转速较稳定的电动机，这样，时间继电器的整定值不需经常调整。

2）按速度原则控制的单向能耗制动控制电路

按速度原则控制的单向能耗制动控制电路如图 3-18 所示。电路工作过程与图 3-17 按时间原则控制的单向运行反接制动控制电路类同，请读者自行分析。

**3.3.2 三相异步电动机的调速控制**

在电气控制系统中，根据控制设备的工艺要求，经常需要调整电动机的转速。由三相异步电动机的转速公式 $n = 60f(1-s)/p$ 可知，改变电动机的磁极对数 $p$、转差率 $s$ 及电源频率 $f$ 都可以实现调速。对笼型异步电动机可采用改变磁极对数、改变定子电压和改

## 任务 3.3 笼型交流异步电动机控制电路

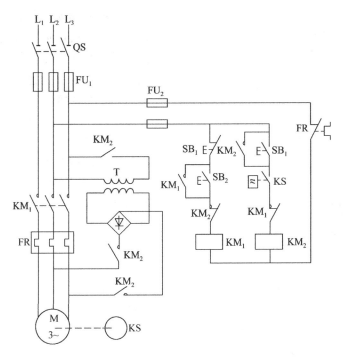

图 3-18 按速度原则控制的单向能耗制动控制电路

变电源频率的方法；而对绕线式异步电动机除可采用变频外，常用的方法是转子串电阻调速或串级调速。下面主要介绍鼠笼式电动机改变磁极对数的调速方法及变频调速技术在智能建筑中的应用。

1. 变极调速控制

变极调速是通过改变定子绕组的接线方式，以获得不同的磁极对数来实现调速。它是有级调速，且只适应于笼型异步电动机。凡磁极对数可改变的电动机称为多速电动机，常见的多速电动机有双速、三速、四速等几种类型，其原理和控制方法基本相同。这里以双速异步电动机为例进行分析。

（1）双速异步电动机定子绕组的连接

双速异步电动机三相定子绕组△/YY 连接如图 3-19 所示。其中，图 3-19（a）为 △（三角形）连接，图 3-19（b）为 YY（双星形）连接。转速的改变是通过改变定子绕组的连接方式，从而改变磁极对数来实现的，故称为变极调速。

在图 3-19（a）中，出线端 $U_1$、$V_1$、$W_1$ 接电源，$U_2$、$V_2$、$W_2$ 端子悬空，绕组为三角形接法，每相绕组中两个线圈串联成四个极，磁极对数 $p=2$，其同步转速 $n=60f/p=60\times50/2=1500\mathrm{r/min}$，电动机为低速；在图 3-19（b）中，出线端 $U_1$、$V_1$、$W_1$ 短接，而 $U_2$、$V_2$、$W_2$ 接电源，绕

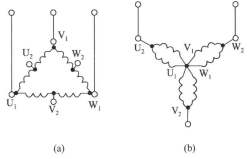

图 3-19 双速异步电动机三相定子绕组 △/YY 接线图
(a) △接法；(b) YY 接法

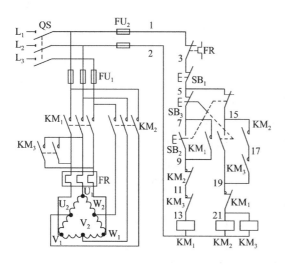

组为双星形连接,每相绕组中两个线圈并联成两个极,磁极对数 $p=1$,同步转速 $N=3000\text{r/min}$,电动机为高速。可见,双速电动机高速运转时的转速是低速运转时的两倍。

(2)用按钮控制的双速电动机高、低速控制电路

用按钮控制的双速电动机高、低速控制电路如图 3-20 所示,其控制电路主要由两个复合按钮和三个接触器组成。$SB_2$ 为低速启动按钮,$SB_3$ 为高速启动按钮。在主电路中,电动机绕组接成三角形,从三个顶角处引出 $U_1$、$V_1$、$W_1$ 与接触器 $KM_1$ 主触点连接;在三相绕组各自的中间抽头引出 $U_2$、$V_2$、$W_2$ 与接触

图 3-20 用按钮控制的双速电动机高、低速控制电路

器 $KM_2$ 的主触点连接;在 $U_1$、$V_1$、$W_1$ 三者之间又与接触器 $KM_2$ 主触点连接。它们的控制电路由复合按钮 $SB_2$、$SB_3$ 和接触器 $KM_1$、$KM_2$、$KM_3$ 的互锁触点实现复合电气联锁。

电路工作过程如下:合上电源开关 QS,将三相电源引入,为启动做准备。

1)△形低速运转

2)YY 形高速运转

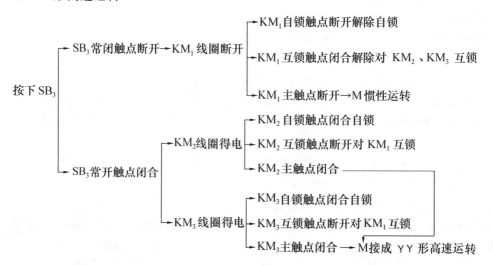

(3) 用时间继电器控制的双速电动机高、低速控制电路

用时间继电器控制的双速电动机高、低速控制电路如图 3-21 所示。

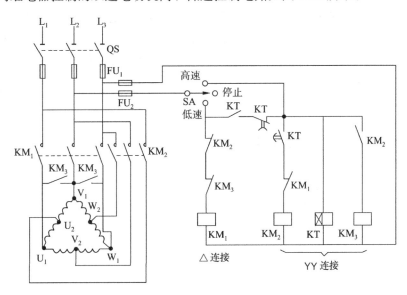

图 3-21　用时间继电器控制的双速电动机高、低速控制电路

图 3-21 中用了三个接触器控制电动机定子绕组的连接方式。当接触器 $KM_1$ 的主触点闭合，$KM_2$、$KM_3$ 的主触点断开时，电动机定子绕组为三角形接法，对应"低速"挡；当接触器 $KM_1$ 主触点断开，$KM_2$、$KM_3$ 主触点闭合时，电动机定子绕组为双星形接法，对应"高速"挡。为了避免"高速"挡启动电流对电网的冲击，本电路在"高速"挡时，先以"低速"启动，待启动电流过去后，再自动切换到"高速"运行。

SA 是具有三个挡位的转换开关。当扳到中间位置时，为"停止"位，电动机不工作；当扳到"低速"挡位时，接触器 $KM_1$ 线圈得电动作，其主触点闭合，电动机定子绕组的三个出线端 $U_1$、$V_1$、$W_1$ 与电源相接，定子绕组接成三角形，低速运转；当扳到"高速"挡位时，时间继电器 KT 线圈首先得电动作，其瞬动常开触点闭合，接触器 $KM_1$ 线圈得电动作，电动机定子绕组接成三角形低速启动。经过延时，KT 延时断开的常闭触点断开，$KM_1$ 线圈断电释放，KT 延时闭合的常开触点闭合，接触器 $KM_2$ 线圈得电动作。紧接着，$KM_3$ 线圈也得电动作，电动机定子绕组被 $KM_2$、$KM_3$ 的主触点换接成双星形，以高速运行。

2. 变频调速控制

随着第一座智能建筑 1984 年在美国诞生以来，智能建筑的概念逐渐被世人所理解并在世界范围内普及起来。我国自从 20 世纪 90 年代第一座智能大厦金贸大厦落成以来，智能大厦、智能建筑在各地不断涌现。智能建筑中的机电设备系统中应用到很多交流电动机，如空调系统、给水排水系统中有许多风机、泵类负载，电梯系统中的曳引电机和门机。如何提高系统的效率，减少消耗，达到节能环保的目的，是目前关注的热点。如何使电机平稳运行，提高其运行过程中的舒适感也是目前人性化服务的要求。目前发展十分迅速的变频调速技术是一个不错的解决方案。

(1) 变频器的组成及工作原理

1) 主电路

主电路是给异步电动机提供调压调频电源的电力变换部分，变频器的主电路大体上可分为两类：电压型是将电压源的直流变换为交流的变频器，直流回路的滤波是电容。电流型是将电流源的直流变换为交流的变频器，其直流回路滤波是电感。它由三部分构成，将工频电源变换为直流功率的"整流器"，吸收在变流器和逆变器产生的电压脉动的"平波回路"，以及将直流功率变换为交流功率的"逆变器"。

2) 整流器

最近大量使用的是二极管变流器，它把工频电源变换为直流电源。也可用两组晶体管变流器构成可逆变流器。

3) 平波回路

在整流器整流后的直流电压中，含有电源 6 倍频率的脉动电压，此外逆变器产生的脉动电流也使直流电压变动。为了抑制电压波动，采用电感和电容吸收脉动（电流）电压。装置容量小时，如果电源和主电路构成器件有余量，可以省去电感采用简单的平波回路。

4) 逆变器

同整流器相反，逆变器是将直流功率变换为所要求频率的交流功率，以所确定的时间使 6 个开关器件导通、关断就可以得到三相交流输出。

5) 控制电路

控制电路是给异步电动机供电（电压、频率可调）的主电路提供控制信号的回路，它由频率、电压的"运算电路"，主电路的"电压、电流检测电路"，电动机的"速度检测电路"，将运算电路的控制信号进行放大的"驱动电路"，以及逆变器和电动机的"保护电路"组成。

① 运算电路：将外部的速度、转矩等指令同检测电路的电流、电压信号进行比较运算，决定逆变器的输出电压、频率。

② 电压、电流检测电路：与主回路电位隔离检测电压、电流等。

③ 驱动电路：驱动主电路器件的电路。它与控制电路隔离使主电路器件导通、关断。

④ 速度检测电路：以装在异步电动机轴上的速度检测器的信号为速度信号，送入运算回路，根据指令和运算可使电动机按指令速度运转。

⑤ 保护电路：检测主电路的电压、电流等，当发生过载或过电压等异常时，为了防止逆变器和异步电动机损坏，使逆变器停止工作或抑制电压、电流值。

(2) 变频器在智能建筑中的应用

1) 变频调速的发展

现代变频技术是交流电动机控制的核心技术，变频技术的核心是功率变频器件和微电子控制技术。电力电子器件和微电子技术的发展，推动了变频技术的发展。

2) 变频调速原理连续改变供电电源的频率，即可连续平滑地调节电动机的转速，这种方法称为变频调速。变频调速具有良好的调速性能，异步电动机变频调速具有调速范围广、平滑性较高、机械特性较硬的优点，方便地实现恒转矩或恒功率调速。风机、泵类、压缩机类机械采用变频调速的主要目的是节能。

3) 变频调速节能原理　　变频调速节能的基本原理以水泵为例,当一台水泵以不同转速运行时,水泵的流量 $Q$,扬程 $H$,轴功率 $P$ 与转速 $n$ 有如下关系:流量与转速成正比,扬程与转速的平方成正比,轴功率与转速的立方成正比。由此可见,降低转速时,功率的减少量远比流量的减少量大得多。风机也遵循这个规律,即风量与转速成正比,风压与转速的平方成正比,轴功率与转速的立方成正比。因此,降低水泵或风机的转速,就能使单位供水量或风量的耗电量降低。

4) 空调系统中的变频调速

中央空调系统主要用来实现室内的恒温,为人们提供舒适宜人的工作和生活环境,在楼宇大厦中得到了广泛的运用。中央空调系统通过压缩机将冷水制冷,冷水泵将冷水送到各房间的末端装置,由风机吹送冷风达到降温的目的。冷却水泵将带有热量的冷却水送到冷却塔中进行喷淋冷却,与大气之间进行热交换,将热量散发到大气中去。

① 空调水系统:空调系统中泵类负载主要是冷水和冷却水系统。空调系统选型配备时,其冷水泵和冷却泵选取原则是容量均按最大负荷选定且留有余量。因此泵组在大部分时间处于大流量运行状态,系统的能源利用率降低,造成了大量能源浪费。同时,设备长期高速运转,大大缩短了使用寿命,增加了维护费用。

采用变频调速技术进行节能改造的关键在于使电机转速连续可调。因此可以根据实际需要的大小设定其转速,从而节约能量。因此,在冷却水系统、冷水系统和冷却塔风机上分别采用变频调速控制都可以达到节能的目的。

② 空调风系统:降低空调系统能耗的另一关键是降低风系统的能耗。风系统决定了空调系统中的空气品质和室内人员的舒适度,尤其是自从传染性非典型肺炎(SARS)以后,人们更加注重室内的空气品质。因此,需要增大新风量来加以改善,变风量空调越来越受到瞩目。

变风量空调系统,可根据室内冷、热负荷的变化,通过变频器无级调节风机的转速,从而达到改变风量的目的。若风机的运行时间 10% 按照设计负荷运行,20% 的运行时间按照设计负荷的 80% 运行,70% 的运行时间按照设计负荷的 50% 运行,其节约的能源是相当可观的。

5) 给水系统中的变频调速

变频调速供水技术是在 20 世纪 80 年代逐渐发展起来了供水新技术,其原理是变频器根据管网需要供水量的变化,无级调节水泵电机的转速以调节输出流量,并保证管网压力恒定。由于水泵的轴功率与转速的三次方成正比,因而变速调节流量在提高效率和节能方面是最为经济合理的。

工程设计中,给水系统水泵的选取是根据最大设计流量和所需最大扬程。在智能建筑中,各个时间段的用水量不同,白天工作时间用水量大,晚上及非工作时间用水量小。即使在白天工作时间,也会出现用水高峰期和低峰期。大部分时间里,实际用水量小于最大设计流量。而水泵的特性为出水量降低,扬程提高,供水泵经常处于扬程过剩状态。

变频恒压供水,可根据供水管网中的流量变化(即供水管网中的压力变化)控制变频器调整水泵电机输入频率,从而使水泵转速改变。例如,在非高峰供水时,水泵减速运行,从而使水泵输入功率减少,达到节能的目的。这就是变频调速供水节能的基本原理。

6) 电梯系统中的变频调速

高层建筑，尤其是智能建筑中，垂直运输的交通工具——电梯系统是必不可少的，电梯系统应该具有高的安全性、可靠性和舒适感。为了保证电梯的安全稳定可靠地运行、保证乘客乘坐的舒适感和平层精度，要求电梯运行的每一段均能进行精确的速度控制，在加速、减速、平稳运行阶段能平滑过渡。电梯是恒转矩拖动系统，要获得很好的舒适感，应采用恒转矩调速方式，则必须保证 $U/f$ 不变。因此在变频的同时改变电压，即采用变压变频（VVVF）调速。

电梯的曳引系统影响电梯的舒适感和平层精度，电梯的门机系统影响电梯的安全性和可靠性。传统的门机系统结构复杂、效率低、调速性能差，尤其在低速运行时，机械特性软，造成电梯门不能可靠到位。采用 VVVF 控制门机，低频时能保证高的输出转矩，从而保证可靠开关门。

变频调速目前的应用十分广泛，是目前异步电动机理想的调速方法。变频调速有效率高、调速范围宽、精度高、平滑性好等优点。尤其是针对空调系统、给水系统中风机和泵类负载时，可以获得很好的节能效果。对电梯恒转矩负载可以保证电梯的舒适感和安全可靠的平层。因此，变频调速在智能建筑中的应用将越来越广泛。

（3）变频调速恒压供水的电路

一般情况下，生活给水设备分成两种形式，即非匹配式与匹配式。非匹配式的特征是水泵的供水量总保持大于系统的用水量。匹配式的特征是水泵的供水量随着用水量的变化而变化，无多余水量，不设蓄水设备。变频调速恒压供水就属于此类型。通过计算机控制，改变水泵电动机的供电频率，调节水泵的转速，自动控制水泵的供水量，以确保在用水量变化时，供水量随之变化，从而维持水系统的压力不变，实现了供水量和用水量的相互匹配。如图 3-22 所示为生活泵变频调速恒压供水电路，其工作过程如下：

1）变速泵启动

转换开关至"自动"位，$QF_1\uparrow$、$QF_2\uparrow\rightarrow KGS\uparrow$，$KT_1\uparrow\rightarrow$（延时）$\rightarrow KM_1\uparrow\rightarrow$变速泵 $M_1$ 启动运行供水。

2）用水量较小时，变速泵工作

当系统用水量增大，水压减小，控制器 KGS 使变频器 VVVF 的输出频率 $f$ 增大，水泵加速运转，以实现需水量与供水量的匹配。

当系统用水量减小，水压增大，控制器 KGS 使变频器 VVVF 的输出频率减小，水泵减速运转。

3）用水量大时，两台泵同时运行

当变速泵启动后，随着用水量增加，变速泵不断加速，但如果仍无法满足用水量要求时，控制器 KGS 使 2 号泵控制回路中的 2—11 与 2—17 号线接通（即控制器 KGS 的触点此时闭合），$KT_2$ 得电延时→时间到，$KT_4$ 得电延时→时间到，$KM_2$ 得电→定速泵 $M_2$ 启动运转以提高供水量。

4）用水量减小，定速泵停止

当系统用水量减小到一定值时，KGS 触点断开，使 $KT_2$、$KT_4$ 失电释放，$KT_4$ 延时断开后，$KM_2$ 失电，定速泵 $M_2$ 停止。

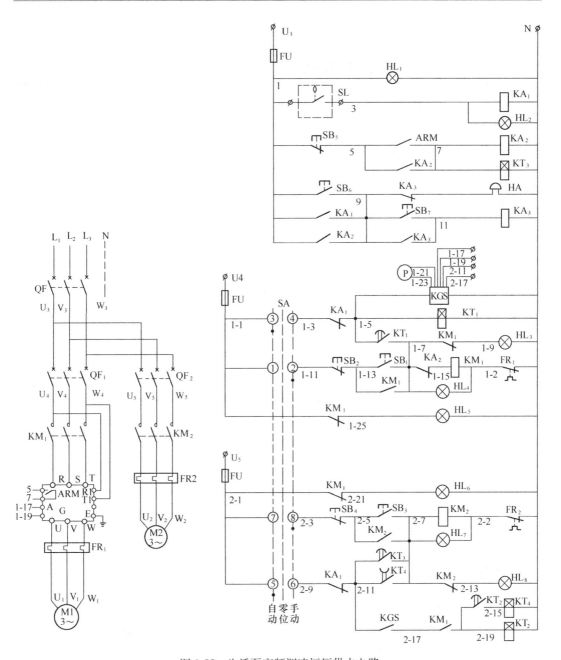

图 3-22 生活泵变频调速恒压供水电路

# 单 元 小 结

本单元主要介绍了三相异步电动机的启动、调速、制动等基本控制环节。这些是在实际当中经过验证的电路。熟练掌握这些电路,是阅读、分析、设计较复杂生产机械控制电路的基础。

电动机有全压启动、降压启动。对功率较小的电动机可以采用全压启动。电动机运行有点动、连续运转、正反转、自动循环等其他基本控制。

较大容量的异步电动机一般采取降压启动方式，以避免过大的启动电流对电网和传动机械造成的冲击。笼型异步电动机常用的降压启动方式有：定子绕组串电阻或电抗、星—三角降压启动、自耦变压器降压启动等。启动控制方式有自动或手动。自动方式通常采用时间原则进行控制。传统的减压启动方式，只适合于轻载或空载启动，而且启动性能也不理想。软启动则可实现理想的启动过程，软启动器是一种集软启动、软停车、轻载节能和多种保护功能于一体的新颖电机控制装置。

绕线式异步电动机一般采用转子回路串电阻或电抗器进行启动。控制原则有时间原则和电流原则。

为了使电动机快速停车，一般采用制动。常用的制动方式有机械制动和电气制动，目前使用较多的机械制动装置是电磁抱闸，常用的电气制动方法有反接制动和能耗制动。反接制动是指停车时，给电动机定子绕组加上一个反相序的电源。能耗制动是指停车时，断开原交流电源，在定子绕组任意两相上加上一个直流电源。能耗制动常采用的控制方式有时间原则与速度原则。电源反接制动常采用的控制方式有速度原则。电源反接制动不能采用时间原则进行控制。

变极调速只能用于笼型异步电动机。对其进行控制可使电动机低速启动，高速运行以减少启动时的冲击电流。从低速至高速的切换可采用时间原则，也可采取速度原则。变极调速不能实现连续平滑调速，只能得到几种特定的转速。此外电力电子器件和微电子技术的发展，推动了变频技术的发展，使得变频调速技术在智能建筑中的应用越来越广泛。

# 能 力 训 练

## 实训项目 1 接触器自锁正转控制电路的安装

1. 目的要求

掌握接触器自锁正转控制电路的安装。

2. 工具、仪表及器材

（1）工具：测电笔、螺钉旋具、尖嘴钳、斜口钳、剥线钳、电工刀等。

（2）仪表：5050 型兆欧表、T301—A 型钳形电流表、MF30 型万用表。

（3）器材

1）控制板一块（500mm×400mm×20mm）。

2）导线规格：主电路采用 BV1.5mm$^2$ 和 BVR1.5mm$^2$（黑色）；控制电路采用 BV1mm$^2$（红色）；按钮线采用 BVR0.75mm$^2$（红色）；接地线采用 BVR1.5mm$^2$（黄绿双色）。导线数量由教师根据实际情况确定。

对导线的颜色在初级阶段训练时，除接地线外，可不必强求，但应使主电路与控制电路有明显区别。

3）紧固体和编码套管按实际需要发给，简单电路可不用编码套管。

4）电器元件见表 3-1。

能 力 训 练

**电器元件明细表**　　　　　　　　　　　　　　　　　表3-1

| 代号 | 名称 | 型号 | 规格 | 数量 |
|---|---|---|---|---|
| M | 三相异步电动机 | Y112M-4 | 4kW、380V、△接法、8.8A、1440r/min | 1 |
| QS | 组合开关 | HZ10-25/3 | 三极、额定电流25A | 1 |
| FU1 | 螺旋式熔断器 | RLI-60/25 | 500V、60A、配熔体额定电流25A | 3 |
| FU2 | 螺旋式熔断器 | RLI-15/2 | 500V、15A、配熔体额定电流2A | 2 |
| KM | 交流接触器 | CJ10-20 | 20A、线圈电压380V | 1 |
| FR | 热继电器 | JR16-20/3 | 三极、20A、热元件11A、整定在8.8A | 1 |
| SB | 按钮 | LA10-3H | 保护式、按钮数3（代用） | 1 |
| XT | 端子板 | JX2-1015 | 10A、15节、380V | 1 |

3. 实训内容

（1）识读正转控制电路，如图 3-23 所示，明确电路所用电器元件及作用，熟悉电路的工作原理。

（2）按表 3-1 配齐所用电器元件，并进行检验。

1) 电器元件的技术数据（如型号、规格、额定电压、额定电流等）应完整并符合要求，外观无损伤，备件、附件齐全完好。

2) 电器元件的电磁机构动作是否灵活，有无衔铁卡阻等不正常现象。用万用表检查电磁线圈的通断情况以及各触头的分合情况。

3) 接触器线圈额定电压与电源电压是否一致。

4) 对电动机的质量进行常规检查。

（3）在控制板上按布置图，如图 3-23（c）所示安装电器元件，并贴上醒目的文字符号。

工艺要求如下：

1) 组合开关、熔断器的受电端子应安装在控制板的外侧，并使熔断器的受电端为底座的中心端。

2) 各元件的安装位置应整齐、匀称，间距合理，便于元件的更换。

3) 紧固各元件时要用力均匀，紧固程度适当。在紧固熔断器、接触器等易碎裂元件时，应用手按住元件一边轻轻摇动，一边用旋具轮换旋紧对角线上的螺钉，直到手摇不动后再适当旋紧些即可。

（4）按接线图，如图 3-23（b）所示的走线方法进行板前明线布线和套编码套管。

板前明线布线的工艺要求是：

1) 布线通道尽可能少，同路并行导线按主、控电路分类集中，单层密排，紧贴安装面布线。

2) 同一平面的导线应高低一致或前后一致，不能交叉。非交叉不可时，该根导线应在接线端子引出时，就水平架空跨越，但必须走线合理。

3) 布线应横平竖直、分布均匀。变换走向时应垂直。

4) 布线时严禁损伤线芯和导线绝缘。

5) 布线顺序一般以接触器为中心，由里向外，由低至高，先控制电路，后主电路进行，以不妨碍后续布线为原则。

6) 在每根剥去绝缘层导线的两端套上编码套管。所有从一个接线端子（或接线桩）到另一个接线端子（或接线桩）的导线必须连续，中间无接头。

7) 导线与接线端子或接线桩连接时，不得压绝缘层、不反圈及不露铜过长。

8) 同一元件、同一回路的不同接点的导线间距离应保持一致。

9) 一个电器元件接线端子上的连接导线不得多于两根，每节接线端子板上的连接导线一般只允许连接一根。

（5）根据电路图，如图 3-23（a）所示检查控制板布线的正确性。

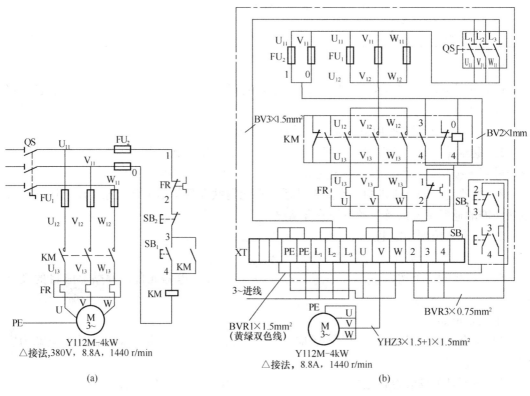

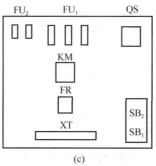

图 3-23 自锁正转控制电路
(a) 电路图；(b) 接线图；(c) 布置图

(6) 安装电动机。

(7) 连接电动机和按钮金属外壳的保护接地线。

(8) 连接电源、电动机等控制板外部的导线。

(9) 自检。安装完毕的控制电路板，必须经过认真检查以后，才允许通电试车，以防止错接、漏接造成不能正常运转或短路事故。

1) 按电路图或接线图从电源端开始，逐段核对接线及接线端子处线号是否正确，有无漏接、错接之处。检查导线接点是否符合要求，压接是否牢固。接触应良好，以免带负载运行时产生闪弧现象。

2) 用万用表检查电路的通断情况。检查时，应选用倍率适当的电阻挡，并进行校零，以防短路故障的发生。对控制电路的检查（可断开主电路），可将表棒分别搭在 $U_{11}$、$V_{11}$ 线端上，读数应为"∞"。按下 SB 时，读数应为接触器线圈的直流电阻值。然后断开控制电路再检查主电路有无开路或短路现象，此时可用手动来代替接触器通电进行检查。

3) 用兆欧表检查电路的绝缘电阻应不得小于 1MΩ。

(10) 交验。

(11) 通电试车。为保证人身安全，在通电试车时，要认真执行安全操作规程的有关规定，一人监护，一人操作。试车前应检查与通电试车有关的电气设备是否有不安全的因素存在，若查出应立即整改，然后方能试车。

1) 通电试车前，必须征得教师同意，并由教师接通三相电源 $L_1$、$L_2$、$L_3$，同时在现场监护。学生合上电源开关 QS 后，用测电笔检查熔断器出线端，氖管亮说明电源接通。按下 SB，观察接触器情况是否正常，是否符合电路功能要求；观察电器元件动作是否灵活，有无卡阻及噪声过大等现象；观察电动机运行是否正常等。但不得对电路接线是否正确进行带电检查。观察过程中，若有异常现象应马上停车。当电动机运转平稳后，用钳形电流表测量三相电流是否平衡。

2) 试车成功率以通电后第一次按下按钮时计算。

3) 出现故障后，学生应独立进行检修。若需带电进行检查时，教师必须在现场监护。检修完毕后，如需再次试车，也应该有教师监护，并做好时间记录。

4) 通电试车完毕，停转，切断电源。先拆除三相电源线，再拆除电动机线。

4. 注意事项

(1) 热继电器的热元件应串接在主电路中，其常闭触头应串接在控制电路中。

(2) 热继电器的整定电流应按电动机的额定电流自行调整。绝对不允许弯折双金属片。

(3) 在一般情况下，热继电器应置于手动复位的位置上。若需要自动复位时，可将复位调节螺钉沿顺时针方向向里旋足。

(4) 热继电器因电动机过载动作后，若需再次启动电动机，必须待热元件冷却后，才能使热继电器复位。一般自动复位时间不大于 5 min；手动复位时间不大于 2min。

(5) 编码套管套装要正确。

(6) 启动电动机时，在按下启动按钮 $SB_1$ 的同时，还必须按住停止按钮 $SB_2$，以保证万一出现故障时可立即按下 $SB_2$ 停车，以防止事故的扩大。

## 实训项目 2  双重连锁正反转控制电路的安装与检修

1. 目的要求

掌握双重连锁正反转控制电路的正确安装和检修。

2. 工具、仪表及器材

(1) 工具：测电笔、螺钉旋具、尖嘴钳、斜口钳、剥线钳、电工刀、校验灯等。

(2) 仪表：5050 型兆欧表、T301-A 型钳形电流表、MF30 型万用表。

(3) 器材：接触器连锁正反转控制电路板一块；导线规格：动力电路采用 BV1.5mm$^2$ 和 BVR 1.5mm$^2$（黑色）塑铜线，控制电路采用 BVR 1mm$^2$ 塑铜线（红色），接地线采用 BVR（黄绿双色）塑铜线（截面至少 1.5mm$^2$）；紧固体及编码套管等，其数量按需要而定。

3. 实训内容

(1) 根据如图 3-24 所示的双重连锁正反转控制的接线图。

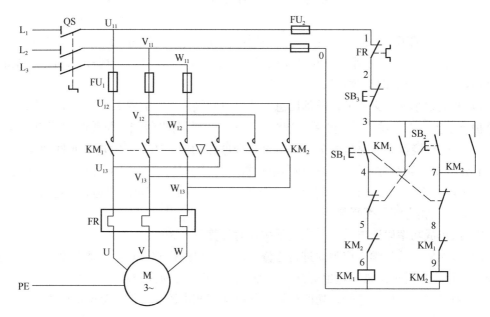

图 3-24  双重连锁的正反转控制电路图

(2) 根据电路图和接线图，进行元件布置和电气接线。

(3) 检修训练。

1) 故障设置：在控制电路或主电路中人为设置电气自然故障两处。

2) 教师示范检修：教师进行示范检修时，可把下述检修步骤及要求贯穿其中，直至故障排除。

① 用试验法来观察故障现象。主要注意观察电动机的运行情况、接触器的动作情况和电路的工作情况等，如发现有异常情况，应马上断电检查。

② 用逻辑分析法缩小故障范围，并在电路图上用虚线标出故障部位的最小范围。

③ 用测量法正确、迅速地找出故障点。

## 能 力 训 练

④ 根据故障点的不同情况，采取正确的修复方法，迅速排除故障。
⑤ 排除故障后通电试车。
3) 学生检修　教师示范检修后，再由指导教师重新设置两个故障点，让学生进行检修。在学生检修的过程中，教师可进行启发性的示范指导。

4. 注意事项

检修训练时应注意以下几点。
(1) 要认真听取和仔细观察指导教师在示范过程中的讲解和检修操作。
(2) 要熟练掌握电路图中各个环节的作用。
(3) 在排除故障过程中，故障分析的思路和方法要正确。
(4) 工具和仪表使用要正确。
(5) 带电检修故障时，必须有指导教师在现场监护，并要确保用电安全。
(6) 检修必须在定额时间内完成。

### 实训项目3　两台电动机顺序启动逆序停止控制电路的安装

1. 目的要求

掌握两台电动机顺序启动、逆序停止控制电路的安装。

2. 工具、仪表及器材

(1) 工具：测电笔、螺钉旋具、尖嘴钳、斜口钳、剥线钳、电工刀等。
(2) 仪表：5050型兆欧表、T301-A型钳形电流表、MF30型万用表。
(3) 器材：各种规格的紧固体、针形及叉形轧头、金属软管、编码套管等。电器元件见表3-2。

电器元件明细表　　　　表3-2

| 代　号 | 名　称 | 型　号 | 规　格 | 数量 |
|---|---|---|---|---|
| $M_1$ | 三相异步电动机 | Y112M-4 | 4kW、380V、8.8A、△接法、1440r/min | 1 |
| $M_2$ | 三相异步电动机 | Y90S-2 | 1.5kW、380V、3.4A、Y接法、2845r/min | 1 |
| QS | 组合开关 | HZ10-25/3 | 三极、25A、380V | 1 |
| $FU_1$ | 熔断器 | R11-60/25 | 60A、配熔体25A | 3 |
| $FU_2$ | 熔断器 | R11-15/2 | 15A、配熔体2A | 2 |
| $KM_1$ | 接触器 | CJ10-20 | 20A、线圈电压380V | 1 |
| $KM_2$ | 接触器 | CJ10-10 | 10A、线圈电压380V | 1 |
| $FR_1$ | 热继电器 | JR16-20/3 | 三极、20A、整定电流8.8A | 1 |
| $FR_2$ | 热继电器 | JR16-20/3 | 三极、20A、整定电流3.4A | 1 |
| $SB_{11}\sim SB_{12}$ | 按钮 | LA10-3H | 保护式、按钮数3 | 1 |
| $SB_{21}\sim SB_{22}$ | 按钮 | LA10-3H | 保护式、按钮数3 | 1 |
| XT | 端子板 | JD0-1020 | 380V、10A、20节 | 1 |
|  | 主电路导线 | BVR-1.5 | 1.5mm² (7×0.52mm) | 若干 |
|  | 控制电路导线 | BVR-1.0 | 1mm² (7×0.43mm) | 若干 |
|  | 按钮线 | BVR-0.75 | 0.75mm² | 若干 |
|  | 接地线 | BVR-1.5 | 1.5mm² | 若干 |
|  | 走线槽 |  | 18mm×25mm | 若干 |
|  | 控制板 |  | 500mm×400×20mm | 1 |

3. 实训内容

安装工艺要求可参照实训项目 1 中的工艺要求进行。其安装步骤如下：

(1) 按表 3-2 配齐所用电器元件，并检验元件质量。

(2) 根据如图 3-25（c）所示电路图［主电路见图 3-25（a）所示］，画出布置图。

(3) 在控制板上按布置图安装走线槽和所有电器元件，并贴上醒目的文字符号。

(4) 在控制板上按如图 3-25（c）所示电路图进行板前线槽布线，并在导线端部套编码管和冷压接线头。

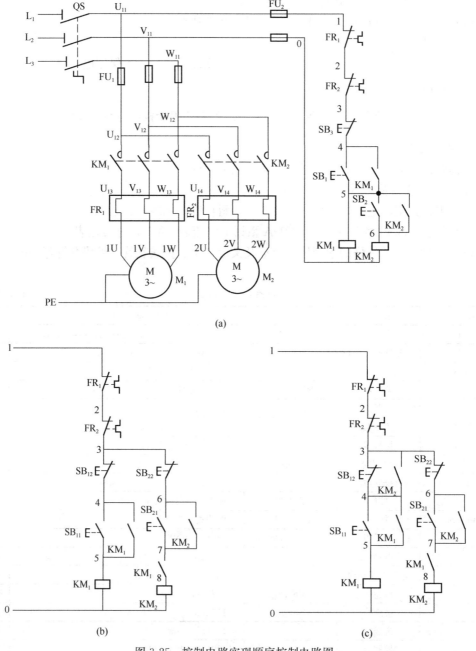

图 3-25　控制电路实现顺序控制电路图

(5) 安装电动机。
(6) 可靠连接电动机和电器元件金属外壳的保护接地线。
(7) 连接控制板外部的导线。
(8) 自检。
(9) 检查无误后通电试车。

4. 注意事项

(1) 通电试车前，应熟悉电路的操作顺序，即先合上电源开关 QS，然后按下 $SB_{11}$ 后，再按 $SB_{21}$ 顺序启动；按下 $SB_{22}$ 后，再按下 $SB_{12}$ 逆序停止。

(2) 通电试车时，注意观察电动机、各电器元件及电路各部分工作是否正常。若发现异常情况，必须立即切断电源开关 QS，因为此时停止按钮 $SB_{12}$ 已失去作用。

(3) 安装应在规定的定额时间内完成，同时要做到安全操作和文明生产。

## 实训项目 4  两地控制的具有过载保护接触器自锁正转控制电路的安装与检修

1. 目的要求

掌握两地控制的具有过载保护接触器自锁正转控制电路的安装与检修。

2. 工具、仪表及器材

与训练项目 1 的工具、仪表及器材相同，另外再增加一只同型号规格的按钮和适量按钮线。

3. 实训内容

安装训练根据如图 3-26 所示电路图，画出布置图，然后参照实训项目 1 中的实训内容、注意事项进行安装训练。

检修训练：

根据以下故障现象，同学们之间相互设置故障点、查找故障点，并正确排除故障，把结果填入表 3-3。教师巡视指导并做好现场监护。

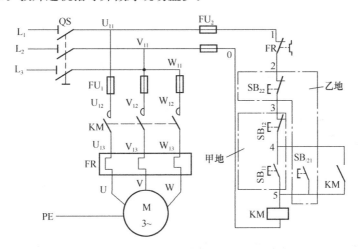

图 3-26  两地控制电路图

## 学习情境3 电气控制的典型电气控制电路

检修结果表    表3-3

| 故障现象 | 故障点 | 排故方法 |
|---|---|---|
| 按下 $SB_{11}$、$SB_{21}$ 电动机都不能启动 | | |
| 电动机只能点动控制 | | |
| 按下 $SB_{11}$ 电动机不启动<br>按下 $SB_{21}$ 能启动 | | |

## 实训项目5 时间继电器自动控制 Y-△ 降压启动控制电路的安装与检修

### 1. 目的要求

掌握时间继电器自动控制 Y-△ 降压启动控制电路的安装与检修。

### 2. 工具、仪表及器材

(1) 工具：测电笔、螺钉旋具、尖嘴钳、斜口钳、剥线钳、电工刀等。

(2) 仪表：5050 型兆欧表、T301-A 型钳形电流表、MF30 型万用表。

(3) 器材：各种规格的导线、紧固体、针形及叉形轧头、金属软管、编码套管等，电器元件见表 3-4。

电器元件明细表    表3-4

| 代号 | 名称 | 型号 | 规　　格 | 数量 |
|---|---|---|---|---|
| M | 三相异步电动机 | Y132M-4 | 7.5kW、380V、15.4A、△接法、1440r/min | 1 |
| QS | 组合开关 | HZ10-25/3 | 三极、25A | 1 |
| $FU_1$ | 熔断器 | RL1-60/35 | 500V、60A、配熔体 35A | 3 |
| $FU_2$ | 熔断器 | RL1-15/2 | 500V、15A、配熔体 2A | 2 |
| $KM_1 \sim KM_3$ | 交流接触器 | CJ10-20 | 20A、线圈电 380V | 3 |
| FR | 热继电器 | JR16-20/3 | 三极、20A、整定电流 15.4A | 1 |
| KT | 时间继电器 | JS7-2A | 线圈电压 380V | 1 |
| $SB_1$、$SB_2$ | 按钮 | LA10-3H | 保护式、380V、5A、按钮数 3 | 1 |
| XT | 端子板 | JD0-1020 | 380V、10A、20 节 | 1 |
| | 走线槽 | | 18mm×25mm | 若干 |
| | 控制板 | | 5mm×400mm×20mm | 1 |

### 3. 实训内容

(1) 安装步骤及工艺要求

安装工艺要求可参照训练项目 4 中的工艺要求进行。其安装步骤如下：

1) 按表 3-4 配齐所用电器元件，并检验元件质量。

2) 画出布置图。

3) 在控制板上按布置图安装电器元件和走线槽，并贴上醒目的文字符号。

4) 在控制板上按图 3-27 电路图进行板前线槽布线，并在线头上套编码套管和冷压接线头。

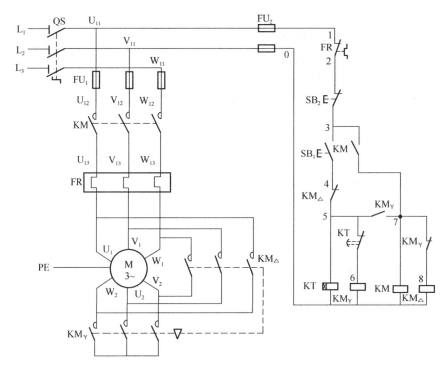

图 3-27 时间继电器自动控制 Y-△降压启动电路图

5) 安装电动机。
6) 可靠连接电动机和电器元件金属外壳的保护接地线。
7) 连接控制板外部的导线。
8) 自检。
9) 检查无误后通电试车。

(2) 检修训练

1) 故障设置在控制电路或主电路中人为设置电气故障两处。
2) 故障检修,其检修步骤及要求如下:

① 用通电试验法观察故障现象。观察电动机、各电器元件及电路的工作是否正常,若发现异常现象,应立即断电检查。
② 用逻辑分析法缩小故障范围,并在电路图上用虚线标出故障部位的最小范围。
③ 用测量法正确、迅速地找出故障点。
④ 根据故障点的不同情况,采取正确的方法迅速排除故障。
⑤ 排除故障后通电试车。

4. 注意事项

1) 用 Y-△降压启动控制的电动机,必须有 6 个出线端子且定子绕组在△形接法时的额定电压等于三相电源线电压。

2) 接线时要保证电动机△形接法的正确性,即接触器 $KM_△$ 主触头闭合时,应保证定子绕组的 $U_1$ 与 $W_2$、$V_1$ 与 $U_2$、$W_1$ 与 $V_2$ 相连接。

3) 接触器 $KM_Y$ 的进线必须从三相定子绕组的末端引入,若误将其首端引入,则在

$KM_Y$ 吸合时，会产生三相电源短路事故。

4) 控制板外部配线，必须按要求一律装在导线通道内，使导线有适当的机械保护，以防止液体、铁屑和灰尘的侵入。在训练时可适当降低要求，但必须以能确保安全为条件，如采用多芯橡皮线或塑料护套软线。

5) 通电校验前要再检查一下熔体规格及时间继电器、热继电器的各整定值是否符合要求。

6) 通电校验必须有指导教师在现场监护，学生应根据电路图的控制要求独立进行校验，若出现故障也应自行排除。

7) 安装训练应在规定定额时间内完成。同时要做到安全操作和文明生产。

8) 检修前要先掌握电路图中各个控制环节的作用和原理，并熟悉电动机的接线方法。

9) 在检修过程中严禁产生和扩大新的故障，否则，要立即停止检修。

10) 检修思路和方法要正确。

11) 带电检修故障时，必须有指导教师在现场监护，并要确保用电安全。

12) 检修必须在定额时间内完成。

## 习 题 与 思 考 题

1 什么叫"自锁"？如果自锁触点因熔焊而不能断开又会怎么样？

2 什么叫"互锁"？在控制电路中互锁起什么作用？

3 电动机正、反转直接启动控制电路中，为什么正反向接触器必须互锁？

4 按钮和接触器双重连锁的控制电路中，为什么不要过于频繁进行正反相直接换接？

5 按下列要求画出三相笼型异步电动机的控制电路：

(1) 既能点动又能连续运转；

(2) 能正反转控制；

(3) 能在两处启停；

(4) 有必要的保护。

6 设计一个控制三台三相异步电动机的控制电路，要求 $M_1$ 启动 20s 后，$M_2$ 自行启动，运行 5s 后，$M_1$ 停转，同时 $M_3$ 启动，再运行 5s 后，3 台电动机全部停转。

7 有两台电动机 $M_1$ 和 $M_2$，要求：

(1) $M_1$ 先启动，$M_1$ 启动 20s 后，$M_2$ 才能启动；

(2) 若 $M_2$ 启动，$M_1$ 立即停转。试画出其控制电路。

# 学习情境4 常用建筑电气设备控制电路分析

**学习导航**

| 学习任务 | 任务4.1 生活给水泵的电气控制<br>任务4.2 排水泵的电气控制<br>任务4.3 消防泵的电气控制<br>任务4.4 排烟风机的电气控制 |
|---|---|
| 能力目标 | 了解常用的生活给水泵、排水泵、消防泵及排烟风机等建筑电气设备的电气控制系统组成,掌握它们的控制原理分析方法与控制方法。 |

## 任务4.1 生活给水泵的电气控制

水是生命之源,人类的生活离不开水,因此供人类生活的建筑物也需要供水。水都是从高处往低处流的,低处的水只有通过加压设备在给水管道中加压,才能被送往高处。因此,现代高层住宅就需要给水泵来给给水管道进行加压,实现对高层住宅的供水,满足人类的生活需求。

在生活给水系统中,自动控制是减轻劳动强度,保证给水系统正常运行和节约能源的重要措施,而对生活给水泵的电气控制则是自动控制中的关键环节,生活给水泵的控制方式有单台、两台(一用一备)、两台自动轮换、三台(两用一备)交替工作和多台恒压供水等五种。一般情况下,生活给水泵的容量都不算大,可以采取全压启动的启动控制方式。

当生活用水量较大时,建筑物外管网的水压经常不能满足需求时,大多采用设置水箱和给水泵的生活给水系统,在水管引入处增设给水泵来进行加压,而给水泵是靠装设在楼顶水箱中的干簧管水位控制器采集水位信号来实现自动控制的,当水位达到自动控制设定的低水位时,给水泵启动进行加压供水,当水位达到自动控制设定的高水位时,给水泵停止工作。本次任务讲述使用干簧管水位控制器的两台给水泵互为备用、备用泵自动投入的电气控制。

### 4.1.1 干簧管水位控制器介绍

干簧管水位控制器适用于对建筑物中的水箱、水塔及水池等开口容器的水位控制或水位报警,它的安装和接线方式如图4-1所示。

它的工作原理是:在塑料管内固定有上、下水位干簧管开关 $SL_1$ 和 $SL_2$,塑料管下端密封防水,触点连线引至接线盒中,在塑料管外部,套有一个能够随着水位移动的浮标,浮标中固定有一个永磁环,当浮标浮动至干簧管开关时,对应的干簧管接受磁信号而触点动作,传递水位信号。干簧管开关触点有常开和常闭两种形式,可通过组合来实现给水或排水时的水位控制及报警。

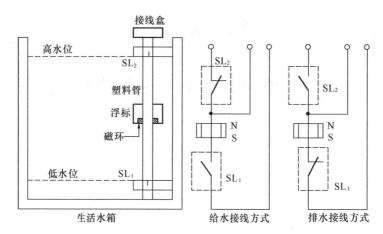

图 4-1 干簧管水位控制器的安装示意图和触点接线方式图

### 4.1.2 主电路分析

主电路如图 4-2 所示,电源采用三相五线制,$M_1$ 为 1 号给水泵,$M_2$ 为 2 号给水泵,$QF_1$ 为该电气控制系统电源总开关,$QF_2$ 为 $M_1$ 的电源开关,$QF_3$ 为 $M_2$ 的电源开关,接触器 $KM_1$ 控制 $M_1$ 的工作与停止,$FR_1$ 实现对 $M_1$ 的过载保护,接触器 $KM_2$ 控制 $M_2$ 的工作与停止,$FR_2$ 实现对 $M_2$ 的过载保护,为了安全,两台给水泵的外壳均接地。

### 4.1.3 控制电路分析

控制电路如图 4-2 所示,电源为 AC220V,FU 为控制电路的短路保护,该电路具有手动控制和自动控制功能,并且具有运行状态指示功能,为了实现手动控制和自动控制的切换,使用了万能转换开关 SA,可以实现互为备用控制,即 1 号给水泵用 2 号给水泵备和 2 号给水泵用 1 号给水泵备控制。

1. 手动控制

把万能转换开关 SA 旋至手动控制挡,以 1 号给水泵的手动控制为例来说明控制原理。

(1) 手动启动控制

当水箱水位达到低水位时,$SL_1$ 常开触点闭合,使得中间继电器 $KA_1$ 的线圈上电,$KA_1$ 的常开触点闭合自锁,由于 SA 处于手动控制挡位,所以 $KM_1$ 和 $KM_2$ 线圈均不会自动得电,1 号给水泵和 2 号给水泵均不会自动启动。

当按下 1 号给水泵手动启动按钮 $SB_1$ 时,$KM_1$ 线圈上电并自锁,主电路中 $KM_1$ 的主触点闭合,于是 1 号给水泵就通电全压启动运行,$HL_1$ 为 1 号给水泵运行状态指示。

(2) 手动停止控制

当按下 1 号给水泵手动停止按钮 $SB_2$ 时,$KM_1$ 线圈断电并解除自锁,主电路中 $KM_1$ 的主触点断开,于是 1 号给水泵就断电而停止,$HL_3$ 为 1 号给水泵停止状态指示。

手动控制状态时,备用泵(2 号给水泵)不能够自动投入运行,可手动投入运行,不能进行过载或故障报警。

2. 自动控制

把万能转换开关 SA 旋至 1 号用 2 号备自动控制挡,以 1 号给水泵用 2 号给水泵备的自动控制为例来说明控制原理。

## 任务 4.1 生活给水泵的电气控制

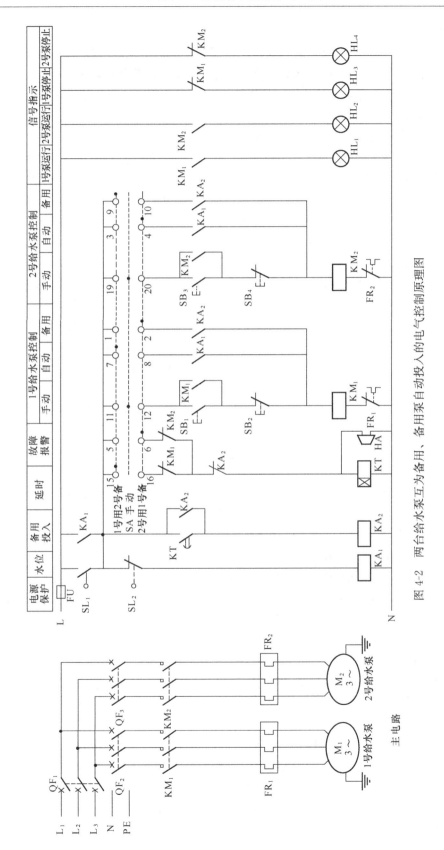

图 4-2 两台给水泵互为备用、备用泵自动投入的电气控制原理图

(1) 自动启动

当水箱水位达到低水位时，$SL_1$ 常开触点闭合，使得中间继电器 $KA_1$ 的线圈上电，$KA_1$ 的常开触点闭合自锁，由于 SA 处于 1 号用 2 号备自动控制挡，所以 $KM_1$ 线圈可以通过 $KA_1$ 常开触点的闭合立即上电，主电路中 $KM_1$ 的主触点闭合，于是 1 号给水泵就通电全压启动运行，$HL_1$ 为 1 号给水泵运行状态指示。

(2) 1 号给水泵过载或故障，2 号给水泵自动投入运行

如果 1 号给水泵在运行过程中出现过载，即 $FR_1$ 的常闭触点断开，或者 $KM_1$ 出现故障时，都能使 $KM_1$ 的线圈断电，主电路中 $KM_1$ 的主触点断开，于是 1 号给水泵就断电而停止，同时 $KM_1$ 的辅助常闭触点恢复初态，使得警铃 HA 通电响铃，同时通电延时继电器 KT 线圈上电，延时 5~10s 后，使得中间继电器 $KA_2$ 的线圈上电并自锁，于是 $KA_2$ 的触点动作，使得 KT 线圈和 HA 断电解除响铃，同时也会使得 $KM_2$ 线圈自动上电，主电路中 $KM_2$ 的主触点闭合，于是 2 号给水泵就通电全压启动运行，$HL_2$ 为 2 号给水泵运行状态指示，实现了 1 号给水泵过载或故障时，备用泵（2 号给水泵）的自动投入。

(3) 自动停止

当水箱水位达到高水位时，$SL_2$ 常闭触点断开，使得中间继电器 $KA_1$ 的线圈断电，$KA_1$ 的常开触点恢复断开状态（初态），解除自锁，使得控制电路断电，使得 $KM_1$ 的线圈或 $KM_2$ 的线圈断电，主电路中主触点断开，给水泵断电而停止工作，完成自动供水任务。

2 号给水泵用 1 号给水泵备的自动控制原理与此类似，请读者自己分析。

## 任务 4.2　排水泵的电气控制

建筑排水系统与建筑给水系统一样重要，主要是排除生活污水、溢水、漏水与消防废水等，排水方案有很多种，一般视情况来确定排水方案。一般生活污水的排水量可以大致预测，如果排水量不大，可以设置一台排水泵来排水，如果排水量比较大，可以设置两台排水泵来排水。采用两台排水泵排水时，工作可靠性高，当排水量不算大时，可以设置为一用一备，即工作泵出现故障时备用泵自动投入工作，也可以是两台工作泵互为备用、自动轮流工作，当排水量比较大时，也可以是两台泵同时工作来加快排水。本次任务以单台排水泵的控制为例，来讲述单台排水泵水位控制及高水位报警电气控制。

### 4.2.1　主电路分析

主电路如图 4-3 所示，电源采用三相五线制，M 为单台排水泵，QF 为该电气控制系统电源总开关，接触器 KM 控制 M 的工作与停止，FR 实现对 M 的过载保护，为了安全，排水泵的外壳接地。

### 4.2.2　控制电路分析

控制电路如图 4-3 所示，电源为 AC220V，HR（红色）为排水泵停止状态指示，HY（黄色）为溢流水位信号指示，HG（绿色）为排水泵运行状态指示，液位继电器的常开触点 $SL_2$ 对应的是开始排水水位，常闭触点 $SL_1$ 对应的是停泵水位，常开触点 $SL_3$ 对应的是溢流水位，K 为楼宇外控继电器的常开触点。具有手动控制和自动控制功能，通过万能转换开关 SA 来实现切换。

## 任务 4.2 排水泵的电气控制

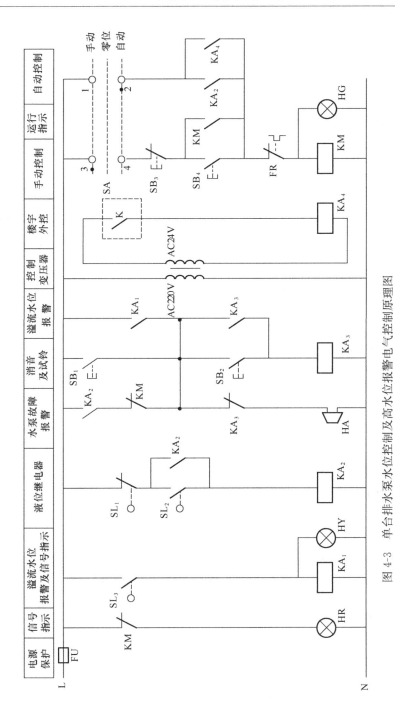

图 4-3 单台排水泵水位控制及高水位报警电气控制原理图

1. 手动控制

万能转换开关 SA 旋至手动控制挡位。

(1) 手动启动

当按下手动启动按钮 $SB_4$ 时，KM 的线圈上电并自锁，主电路中 KM 的主触点闭合，排水泵全压启动运行，并具有运行状态指示（HG）。

(2) 手动停止

当按下手动停止按钮 $SB_3$ 时，KM 的线圈断电并解除自锁，主电路中 KM 的主触点断开，排水泵断电而停止工作，并具有停止状态指示（HR）。

(3) 过载保护

如果排水泵在运行过程中出现过载，则热继电器 FR 动作，使得 KM 的线圈断电并解除自锁，主电路中 KM 的主触点断开，排水泵断电而停止工作，从而实现过载保护。

2. 自动控制

万能转换开关 SA 旋至自动控制挡位。

(1) 自动启动

当水池水位达到开始排水水位时，液位继电器的常开触点 $SL_2$ 闭合，使得中间继电器 $KA_2$ 的线圈上电并自锁，$KA_2$ 的常开触点闭合，使得 KM 的线圈立即上电，主电路中 KM 的主触点闭合，排水泵自动全压启动运行，并具有运行状态指示（HG）。

(2) 自动停止

随着排水泵的工作，水池的水位逐渐下降，当达到停泵水位时，液位继电器的常闭触点 $SL_1$ 断开，使得中间继电器 $KA_2$ 的线圈断电并解除自锁，$KA_2$ 的常开触点断开（恢复初态），使得 KM 的线圈立即断电，主电路中 KM 的主触点断开，排水泵自动断电而停止，并具有停止状态指示（HR）。

(3) 排水泵故障报警

排水泵在运行期间若出现故障使得 KM 不能正常工作时，使得警铃 HA 上电而报警。

(4) 溢流水位报警及信号指示

当排水泵工作期间，污水量或雨水量较大，达到溢流水位时，液位继电器的常开触点 $SL_3$ 闭合，使得中间继电器 $KA_1$ 的线圈上电，$KA_1$ 的常开触点闭合，使得警铃 HA 上电而报警，同时有溢流水位信号指示（HY）。

(5) 消除报警音及试铃控制

当 HA 上电响铃报警时，按下消除报警音按钮 $SB_2$，使得中间继电器 $KA_3$ 线圈上电并自锁，$KA_3$ 的常闭触点断开，使得警铃 HA 断电而消声。

排水泵正常运行状态下，若按下警铃试铃控制按钮 $SB_1$，使得警铃 HA 上电而响铃，松开按钮 $SB_1$，使得警铃 HA 断电而消声，说明警铃正常。

(6) 楼宇外控

在自动控制状态下，当楼宇智能化控制系统发出启动排水泵指令时，即楼宇外控继电器 K 的常开触点闭合，使得中间继电器 $KA_4$ 的线圈上电，$KA_4$ 的常开触点闭合，使得 KM 的线圈立即上电，主电路中 KM 的主触点闭合，排水泵自动全压启动运行，并具有运行状态指示（HG）。

(7) 过载保护

如果排水泵在运行过程中出现过载，则热继电器 FR 动作，使得 KM 的线圈断电并解除自锁，主电路中 KM 的主触点断开，排水泵断电而停止工作，从而实现过载保护。

## 任务 4.3　消防泵的电气控制

建筑消防系统对人类的居住安全具有重要作用，高层建筑物的消防系统主要立足于通过在高层建筑物内设置的灭火系统自救为主，而移动式消防车在扑救高层建筑物火灾中仅起辅助作用。消防给水电气控制系统是建筑设备控制系统中不可缺少的重要组成部分，它主要有以水作灭火介质的室内消火栓灭火系统、自动喷水灭火系统等。高层建筑物室外消防给水管道不能满足室内消防给水系统对水量和水压的需求，因此需要设置具有消防用水泵和消防水箱的室内消火栓给水系统。每层楼的消火栓内应设置能直接启动消防水泵的按钮，以便在火灾发生时能够及时启动消防水泵进行加压供水来灭火。每层楼的消火栓内设置的消防水泵启动按钮应采取保护措施，防止误操作，比如将其安装在消火栓箱内，或者放在有机玻璃或塑料板保护的小壁龛内。消防水泵一般都要配置两台，互为备用，备用泵可以自动投入。

本次任务介绍消火栓用两台消防泵互为备用，备用泵自动投入的电气控制。

### 4.3.1　主电路分析

主电路如图 4-4 所示，电源采用三相五线制，$M_1$ 为 1 号消防泵，$M_2$ 为 2 号消防泵，$QF_1$ 为该电气控制系统电源总开关，$QF_2$ 为 $M_1$ 的电源开关，$QF_3$ 为 $M_2$ 的电源开关，接触器 $KM_1$ 控制 $M_1$ 的工作与停止，$FR_1$ 实现对 $M_1$ 的过载保护，接触器 $KM_2$ 控制 $M_2$ 的工作与停止，$FR_2$ 实现对 $M_2$ 的过载保护，为了安全，两台消防泵的外壳均接地。

### 4.3.2　控制电路分析

控制电路如图 4-4 所示，电源为 AC220V，$HL_1$ 为控制电路电源状态指示，FU 为控制电路的短路保护，该电路具有手动控制和自动控制功能，并且具有运行状态指示功能，为了实现手动控制和自动控制的切换，使用了万能转换开关 $SA_1$，可以实现互为备用控制，即 1 号消防泵用 2 号消防泵备和 2 号消防泵用 1 号消防泵备控制。

1. 手动控制

把万能转换开关 $SA_1$ 旋至手动控制挡，同时把检修开关旋至运行挡位，这两台消防泵的手动控制设置成了两地控制，即在工作现场可以手动启动和停止消防泵，也可以在控制室手动启动和停止消防泵。现以 1 号消防泵的手动控制为例来说明控制原理。

（1）手动启动控制

当按下 1 号消防泵手动启动按钮 $SB_3$ 或 $SB_4$ 时，$KM_1$ 线圈上电并自锁，主电路中 $KM_1$ 的主触点闭合，于是 1 号消防泵就通电全压启动运行，$HL_2$ 为 1 号消防泵运行状态指示。

（2）手动停止控制

当按下 1 号消防泵手动停止按钮 $SB_1$ 或 $SB_2$ 时，$KM_1$ 线圈断电并解除自锁，主电路中 $KM_1$ 的主触点断开，于是 1 号消防泵就断电而停止。

手动控制状态时，备用泵（2 号给水泵）不能够自动投入运行，可手动投入运行，把 $SA_2$ 旋至闭合位置，可进行管网压力高、水箱水位低及检修时的报警。

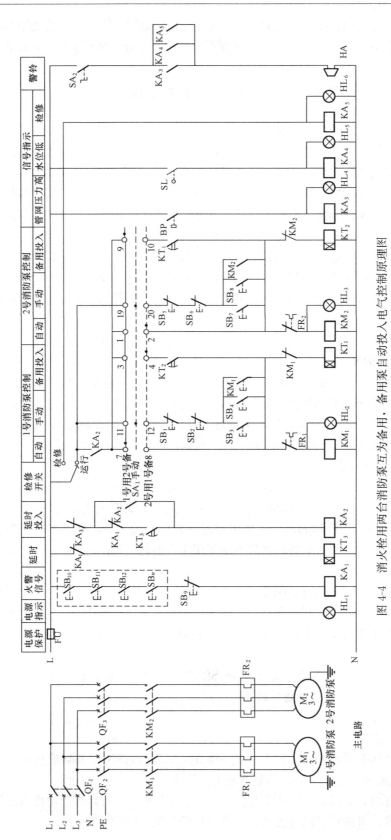

图 4-4 消火栓用两台消防泵互为备用、备用泵自动投入电气控制原理图

(3) 管网压力高、水箱水位低及检修时的报警控制

当通过消防泵的工作，管网压力已高，已不需要再加压时，压力继电器的常开触点 BP 闭合，使得中间继电器 $KA_3$ 线圈上电，$KA_3$ 的常开触点闭合，警铃 HA 上电而响铃，同时有管网压力高信号指示（$HL_4$），工作人员根据声光报警得知报警原因后可手动停泵。同时可通过把 $SA_2$ 旋至断开位置，来消除报警铃声。

当消防水箱里储备的消防用水达到设定的低水位时，液位继电器的 SL 常闭触点闭合，使得中间继电器 $KA_4$ 线圈上电，$KA_4$ 的常开触点闭合，警铃 HA 上电而响铃，同时有水箱水位低信号指示（$HL_5$），工作人员根据声光报警得知报警原因后可手动启动消防泵。同时可通过把 $SA_2$ 旋至断开位置，来消除报警铃声。

当把检修开关旋至检修位置时，手动控制与自动控制均失效，此时中间继电器 $KA_5$ 线圈上电，$KA_5$ 的常开触点闭合，使得警铃 HA 上电而响铃，同时有检修信号指示（$HL_6$），工作人员根据声光报警得知报警原因后，可通过把 $SA_2$ 旋至断开位置，来消除报警铃声。

2. 自动控制

把万能转换开关 $SA_1$ 旋至 1 号用 2 号备自动控制挡，以 1 号消防泵用 2 号消防泵备的自动控制为例来说明控制原理。

(1) 自动启动

正常情况下，即无火灾时，每层楼消火栓箱内的用于启动消防泵的常开按钮 $SB_n$ 通过消火栓内玻璃壁龛的压迫而处于闭合状态，使得中间继电器 $KA_1$ 线圈上电，$KA_1$ 的常闭触点断开，使得 $KA_2$ 线圈断电，$KA_2$ 的常开触点不能闭合，使得 $SA_1$ 的自动控制挡位不能上电。

当某楼层有火灾时，报警人员敲碎保护 $SB_n$ 的有机玻璃或塑料板后，$SB_n$ 断开，使得中间继电器 $KA_1$ 线圈断电，$KA_1$ 的常闭触点闭合（恢复初态），使得通电延时继电器 $KT_3$ 线圈上电，开始延时一定时间后，$KT_3$ 的延时常开触点闭合，使得 $KA_2$ 线圈上电并自锁，$KA_2$ 的常开触点闭合，由于 $SA_1$ 处于 1 号用 2 号备自动控制挡，使得接触器 $KM_1$ 的线圈立即上电，主电路中 $KM_1$ 的主触点闭合，使得 1 号消防泵通电而自动全压启动运行，同时有 1 号消防泵运行状态指示（$HL_2$）。

(2) 1 号消防泵过载或故障，2 号消防泵自动投入运行

如果 1 号消防泵在运行过程中出现过载，即 $FR_1$ 的常闭触点断开，或者 $KM_1$ 出现故障时，都能使 $KM_1$ 的线圈断电，主电路中 $KM_1$ 的主触点断开，于是 1 号消防泵就断电而停止，同时 $KM_1$ 的辅助常闭触点恢复初态，使得通电延时继电器 $KT_1$ 线圈上电，延时 5~10s 后，$KT_1$ 的延时常开触点闭合，使得 $KM_2$ 线圈自动上电，主电路中 $KM_2$ 的主触点闭合，于是 2 号消防泵就通电全压启动运行，$HL_3$ 为 2 号消防泵运行状态指示，实现了 1 号消防泵过载或故障时，备用泵（2 号消防泵）的自动投入。

(3) 自动停止

随着消防泵的运行，消防给水管网的压力逐渐升高，达到设定压力值时，已完成加压任务，可以停止消防泵，此时压力继电器的常开触点 BP 闭合，使得中间继电器 $KA_3$ 线圈上电，同时有管网压力高信号指示（HL4），$KA_3$ 的常闭触点断开，使得中间继电器 $KA_2$ 的线圈断电并解除自锁，于是 $KA_2$ 的常开触点断开（恢复初态），使得 $SA_1$ 的 1 号

用2号备自动控制挡断电,使得KM$_1$或KM$_2$的线圈断电,主电路中KM$_1$或KM$_2$的主触点断开,使得消防泵自动停止工作。

消防过程是一个特殊的控制过程,当自动控制状态下的消防过程结束后,检修人员要把检修开关旋至检修位置,对电气控制线路进行检修,恢复每个楼层的消火栓箱中的消防泵启动按钮SB$_n$的闭合状态。

(4) 管网压力高、水箱水位低及检修时的报警控制

自动控制状态下的管网压力高、水箱水位低及检修时报警控制与手动控制状态下的控制原理相同。

2号消防泵用1号消防泵备的自动控制原理与此类似,请读者自己分析。

## 任务4.4 排烟风机的电气控制

当建筑物发生火灾时,火灾中对人体伤害最严重的是高温烟雾,火灾死伤者中大多数是因为烟雾中毒或者窒息死亡的,因为烟雾是由固体和气体所形成的混合物,含有有毒、刺激性气体,所有火灾发生时防火防烟及排烟就特别重要。

排烟就是利用机械力的作用,把烟气排至室外,排烟的部位一般是着火区和疏散通道,着火区排烟的目的是将火灾产生的烟气排至室外,有利于着火区的人员疏散及救火人员的救火,疏散通道的排烟目的是排除可能侵入的烟气,以保证疏散通道无烟或者少烟,这样有利于人员疏散及救火人员的通行。正压送风排烟是利用排烟风机把一定量的室外空气送入房间或者通道内,使室内保持一定的空气压力或者门洞处有一定的空气流速,来避免烟气侵入。

排烟风机在消防系统中属于防排烟系统,结构上具有一定的隔热和耐火性能,应设在建筑物防火分区的风机房内。设备用电源要采用自动控制方式,与消防控制中心联动。

本次任务讲述排烟(正压送风)风机的电气控制。

### 4.4.1 排烟防火阀介绍

排烟防火阀(YF)是一种消防部件,一般设置在排烟风机和排烟管道连接处,具有排烟阀和防火阀双重功能,它共有四种类型,分别是:常开型、常闭型、远程控制型和自动复位型。对于常闭型排烟防火阀,平时阀门处于闭合状态,可手动开启和手动复位关闭,当火灾发生时,可通过消防控制中心控制的DC24V供电的电动执行机构使阀门开启,阀门开启的同时有无源触点的动作,可用来同时启动排烟风机正压送风排烟,当排烟管道内烟气温度达到280℃时,阀门靠装有易熔金属的温度熔断器而自动关闭,切断烟雾气流,防止火灾蔓延。

### 4.4.2 主电路分析

主电路如图4-5所示,电源采用三相五线制,M为单台排烟风机,QF为该电气控制系统电源总开关,接触器KM控制M的工作与停止,FR实现对M的过载保护,出于安全考虑,给水泵的外壳接地。

## 任务 4.4 排烟风机的电气控制

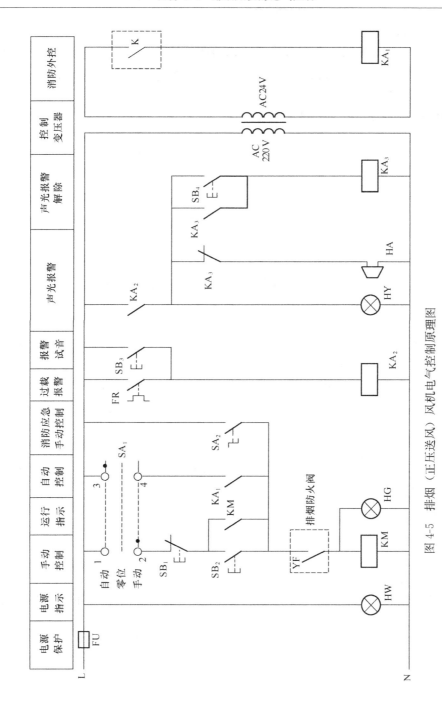

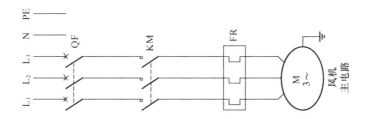

图 4-5 排烟（正压送风）风机电气控制原理图

### 4.4.3 控制电路分析

控制电路如图 4-5 所示，电源为 AC220V，HW（白色）为控制电路电源状态指示，HG（绿色）为排烟风机运行状态指示，HY（黄色）为过负荷报警信号指示。K 为楼宇消防控制中心继电器的常开触点。

该控制电路具有手动控制和自动控制功能，通过万能转换开关 $SA_1$ 来实现切换。

1. 手动控制

万能转换开关 $SA_1$ 旋至手动控制挡位，手动开启排烟防火阀 YF，其无源常开触点闭合，为排烟风机的手动启动做好准备。

（1）手动启动

当按下手动启动按钮 $SB_2$ 时，KM 的线圈上电并自锁，主电路中 KM 的主触点闭合，排烟风机全压启动运行，并具有运行状态指示（HG）。

（2）手动停止

当按下手动停止按钮 $SB_1$ 时，KM 的线圈断电并解除自锁，主电路中 KM 的主触点断开，排烟风机断电而停止工作。

（3）过载报警控制

如果排烟风机在运行过程中出现过载，则热继电器 FR 动作，使得中间继电器 $KA_2$ 线圈上电，$KA_2$ 的常开触点闭合使得警铃 HA 上电而响铃，同时有过载报警信号指示（HY），工作人员根据声光报警获知报警原因后可手动停止排烟风机，同时可通过按下报警消音按钮 $SB_4$，使得 $KA_3$ 线圈上电并自锁，$KA_3$ 的常闭触点断开，警铃 HA 断电而消音。

（4）消防应急手动控制

当把转换开关 $SA_2$ 旋至闭合位置时，可以使 KM 的线圈上电，主电路中 KM 的主触点闭合，排烟风机全压紧急启动运行，当把转换开关 $SA_2$ 旋至断开位置时，可以使 KM 的线圈断电，主电路中 KM 的主触点断开，排烟风机全压紧急停止。

2. 自动控制

万能转换开关 $SA_1$ 旋至自动控制挡位，平时排烟风机就应该处于自动控制状态。

（1）自动启动

当建筑物发生火灾时，楼宇消防控制中心通过电动执行机构使排烟防火阀的阀门自动开启，其无源常开触点闭合，为排烟风机的自动启动做好准备。同时楼宇消防控制中心继电器 K 的常开触点闭合，使得中间继电器 $KA_1$ 的线圈上电，$KA_1$ 的常开触点闭合，使得 KM 的线圈立即上电，主电路中 KM 的主触点闭合，排烟风机自动全压启动运行，并具有运行状态指示（HG）。

（2）自动停止

当排烟风机在工作，可排烟管道中的烟气温度达到 280℃ 时，排烟防火阀门靠装有易熔金属的温度熔断器而自动关闭，切断烟雾气流，防止火灾蔓延。同时排烟防火阀的无源常开触点断开，使得 KM 的线圈立即断电，主电路中 KM 的主触点断开，排烟风机自动停止工作。

（3）过载报警控制

排烟风机在自动控制运行状态下，若出现过载，报警控制原理与手动控制时相同。

## 单 元 小 结

本单元共有四个任务，分别讲述了生活给水泵、排水泵、消火栓用消防泵及排烟风机的电气控制，讲述了它们的电气控制原理。本单元讲述的电气控制线路是继电—接触器电气控制基本环节在电气控制系统中的典型应用。

通过对生活给水泵电气控制线路的分析，讲述了干簧管水位控制器的工作原理，介绍了两台给水泵互为备用，备用泵自动投入的电气控制方法与电气控制原理。

通过对排水泵电气控制线路的分析，讲述了排水泵常用工作方式，介绍了单台排水泵水位控制及高水位报警的电气控制方法与电气控制原理。

通过对消火栓用消防泵电气控制线路的分析，讲述了电动机的多地点控制的控制方法与控制原理，室内消火栓系统的组成，消火栓用两台消防泵互为备用，备用泵自动投入的电气控制方法与电气控制原理。

通过对排烟风机电气控制线路的分析，讲述了排烟防火阀的类型与原理，排烟风机与消防控制中心的联动方法，排烟（正压送风）风机的电气控制方法与电气控制原理。

通过本单元的学习，可以了解常用建筑电气设备的组成及电气控制方法与电气控制原理，可以了解继电—接触器电气控制基本环节在电气控制系统中的典型应用。

## 能 力 训 练

### 实训项目1：单台生活给水泵两地控制电气控制线路安装与调试

1. 实训目的
(1) 熟悉生活给水泵。
(2) 熟悉继电—接触器电气控制线路的设计方法与设计步骤。
(3) 熟悉继电—接触器电气控制线路安装与调试方法。
(4) 熟悉电动机的两地控制方法。

2. 控制要求
(1) 给水泵启动时为全压启动，停止时为自由停止。
(2) 在工作现场与集中控制室都可以手动启动和停止给水泵。
(3) 有必要的短路保护、过载保护及信号指示。

3. 实训步骤
(1) 根据控制要求绘制电气控制原理图。
(2) 正确选用生活给水泵与所用低压电器。
(3) 列写元器件清单，并准备好器材。
(4) 进行电气控制线路安装与调试。
(5) 编写使用说明书。
(6) 写实训报告。

4. 能力及标准要求

(1) 能够独自完成项目内容设计与施工。
(2) 电气施工符合电气安全规范要求。
(3) 能够实现控制目标,且安全可靠。

### 实训项目2:双速风机电气控制线路安装与调试

1. 实训目的
(1) 熟悉双速风机。
(2) 熟悉继电—接触器电气控制线路的设计方法与设计步骤。
(3) 熟悉继电—接触器电气控制线路安装与调试方法。
(4) 熟悉双速风机的控制方法。
2. 控制要求
(1) 双速风机启动时为全压启动,停止时为自由停止。
(2) 可以进行手动控制和自动控制。
(3) 通风时低速运行,火灾时高速运行。
(4) 可以与消防控制中心联动。
(5) 有必要的短路保护、过载保护、互锁保护及信号指示。
3. 实训步骤
(1) 根据控制要求绘制电气控制原理图。
(2) 正确选用双速风机与所用低压电器及排烟防火阀。
(3) 列写元器件清单,并准备好器材。
(4) 进行电气控制线路安装与调试。
(5) 编写使用说明书。
(6) 写实训报告。
4. 能力及标准要求
(1) 能够独自完成项目内容设计与施工。
(2) 电气施工符合电气安全规范要求。
(3) 能够实现控制目标,且安全可靠。

### 实训项目3:星—三角降压启动两台给水泵互为备用,备用泵自动投入电气控制线路安装与调试

1. 实训目的
(1) 熟悉星—三角降压启动生活给水泵。
(2) 熟悉继电—接触器电气控制线路的设计方法与设计步骤。
(3) 熟悉继电—接触器电气控制线路安装与调试方法。
(4) 熟悉星—三角降压启动生活给水泵的控制方法。
2. 控制要求
(1) 两台给水泵启动时均为星—三角降压启动,停止时为自由停止。
(2) 可以进行手动控制和自动控制。
(3) 工作泵故障或过载,备用泵可自动投入。

(4) 可以进行故障或过载报警。
(5) 有必要的短路保护、过载保护、互锁保护及信号指示。

3. 实训步骤
(1) 根据控制要求绘制电气控制原理图。
(2) 正确选用生活给水泵与所用低压电器。
(3) 列写元器件清单,并准备好器材。
(4) 进行电气控制线路安装与调试。
(5) 编写使用说明书。
(6) 写实训报告。

4. 能力及标准要求
(1) 能够独自完成项目内容设计与施工。
(2) 电气施工符合电气安全规范要求。
(3) 能够实现控制目标,且安全可靠。

# 习 题 与 思 考 题

1. 建筑室内给水系统可以分哪几类?
2. 建筑室内给水系统都由哪几部分构成?
3. 在确定室内生活给水系统的供水方案时需要考虑哪些因素?
4. 生活给水泵在生活给水系统中具有什么作用?
5. 简述干簧管水位控制器工作原理。
6. 请针对图 4-2 两台生活给水泵的电气控制原理图分析以下故障可能的原因并说说检修方案:
(1) 1 号给水泵可手动控制,不可自动控制;
(2) 水箱达到设定水位后不能自动停泵;
(3) 工作泵能正常工作,而备用泵不能自动投入。
7. 建筑室内排水系统可以分哪几类?
8. 建筑室内排水系统都由哪几部分构成?
9. 液位继电器是如何检测液位的?
10. 排水泵在排水系统中具有什么作用?

# 下篇 可编程控制器部分

# 学习情境 5　PLC 概述

**学习导航**

| 学习任务 | 任务 5.1　PLC 的发展简史及定义<br>任务 5.2　PLC 的特点、分类及应用<br>任务 5.3　PLC 的基本组成及工作原理 |
|---|---|
| 能力目标 | 了解可编程控制器的由来、定义、分类及特点，熟悉 PLC 的硬件组成，掌握 PLC 的工作过程与工作原理。 |

## 任务 5.1　PLC 的发展简史及定义

### 5.1.1　PLC 的发展

20 世纪 60 年代，计算机技术已经开始应用于工业控制，但由于计算机技术较复杂、编程难度高、难以适应恶劣的工业环境，未能在工业控制中广泛应用。在可编程控制器（PLC）问世之前，继电器—接触器控制在工业控制领域中占有主导地位。

继电器—接触器控制系统是采用固定接线的硬件实现逻辑控制的，这种控制系统的体积大、耗电多、可靠性差、寿命短、运行速度不高等缺点明显，尤其是对生产工艺多变的系统适应性更差，如果生产任务或工艺发生变换，就必须重新设计，改变硬件结构，这样会造成时间和资金的浪费。为了解决上述问题，早在 1968 年，美国最大的汽车制造商通用汽车公司（GM），为适应汽车型号不断翻新，以求在激烈竞争的汽车工业中占有优势，试图寻找一种新型的工业控制器，以尽可能减少重新设计和更换继电器控制系统的硬件及接线，减少时间，降低成本。因而设想把计算机的完备功能以及灵活性、通用性好等优点和继电器—接触器控制系统的简单易懂、操作方便、价格便宜等优点融入新的控制系统中，并且要求新的控制装置编程简单，使得不熟悉计算机的人员也能很快地掌握它的使用技术。针对上述设想，通用公司特拟定了以下十项技术要求并公开招标。即：

(1) 编程简单，可在现场修改程序；
(2) 硬件维护方便，采用插件式结构；
(3) 可靠性高于继电器控制装置；
(4) 体积小于继电器控制装置；
(5) 可将数据直接送入计算机；
(6) 用户程序存储器容量至少可以扩展到 4kB；
(7) 输入可以是交流 115V（市电）；
(8) 输出为交流 115V，能直接驱动电磁阀、交流接触器等；
(9) 通用性强，扩展方便；

(10) 成本上可与继电器-接触器控制系统竞争。

1969 年，美国数字设备公司（DEC 公司）根据 GM 公司招标的技术要求研制出了世界上第一台可编程控制器，并在 GM 公司汽车自动装配线上试用，获得成功。这项新技术的成功使用，在工业界产生了巨大的影响，其后，日本、德国等国相继引进了这项新技术，1971 年，日本研制出了第一台 PLC。我国从 1974 年开始研制，1977 年，研制成功了以微处理器 MC14500 为核心的 PLC，并开始在工业上应用。

### 5.1.2 PLC 的定义

由于 PLC 在不断发展，因此，对他进行确切的定义是比较困难的。在 PLC 发展的最初阶段，虽然融入了计算机的优点，但实际上只能完成顺序控制，仅有逻辑运算、定时、计数等控制功能。当时人们称其为可编程序逻辑控制器，简称 PLC（Programmable Logical Controller）。

随着微处理器技术的发展，可编程控制器得到了迅速发展，其功能越来越强大，各厂商对 PLC 有各自的定义，为了规范国际市场，国际电工委员会（IEC）于 1985 年 1 月制定了 PLC 的标准，并给他作了如下定义：

"可编程控制器是一种数字运算操作的电子系统，专为在工业环境下应用而设计，它采用可编程序的存储器，用来在其内部存储执行逻辑运算、顺序控制、定时、计数和算术运算等操作命令，并通过数字式、模拟式的输入和输出，控制各种类型的机械或生产过程。可编程控制器及其有关的外部设备，都应按易于工业控制系统连成一个整体，易于扩充其功能的原则而设计"。实际上，PLC 是一台工业控制的计算机。

## 任务 5.2  PLC 的特点、分类及应用

### 5.2.1 PLC 的特点

PLC 是综合了计算机的优点以及继电器、接触器控制的简单、易懂等特点设计而制造的，能更好地适应工业环境并且较好地解决了工业控制领域中普遍关心的可靠、安全、灵活、方便、经济等问题。其主要特点如下：

1. 可靠性高、抗干扰能力强

由于 PLC 是专门为工业环境下应用而设计的，因此，在设计时从硬件和软件上都采取了抗干扰的措施，提高了其可靠性。在硬件上，主要采用了屏蔽、滤波、隔离等措施提高其可靠性，在软件方面，采用了故障检测、信息保护和恢复等措施，使得 PLC 有很强的抗干扰能力，其平均无故障时间达到数万小时以上。

2. 编程简单、易学、便于掌握

PLC 是由继电器-接触器控制系统发展而来的一种新型的工业自动化装置，它的设计就是面向工业企业中一般电气工程技术人员的，采用易于理解和掌握的梯形图语言，以及面向工业控制的简单指令。这种梯形图语言继承了传统继电器控制电路的表达形式（如线圈、触点、动合、动断），非常直观、形象，不需要专门的计算机知识就可轻松地掌握。

3. 硬件配套齐全，用户使用方便，适应性强

PLC 产品已经标准化、系列化、模块化，各种硬件装置品种齐全，用户可方便地进行配置，组成不同功能、不同规模的系统。PLC 的安装接线也很方便，一般用接线端子

连接外部接线,其有较强的带负载能力,可以直接驱动一般的电磁阀和交流接触器。对于一个控制系统,当控制要求改变时,只需修改程序,就能变更控制功能,能快速地适应工艺条件的变化。

4. 系统设计、安装、调试周期短

PLC 的梯形图程序一般采用顺序控制设计法,这种编程方法简单、便于掌握,同样的控制系统,梯形图的设计时间比继电器控制系统电路图的设计时间要少得多。

PLC 用软件功能取代了继电器控制系统中大量的中间继电器、时间继电器、计数器等器件,使控制柜的安装、接线工作量大大减少。

PLC 的用户程序可以在实验室模拟调试,模拟调试好后再将 PLC 控制系统在生产现场进行联机调试,使得调试方便、快速、安全,大大缩短了调试周期。

5. 维护工作量小、维护方便

可编程控制器的故障率很低,而且有完善的自诊断和显示功能,一旦发生故障,可以根据报警信息,迅速查明原因。如果是 PLC 本身,则可用更换模块的方法排除故障,这样提高了维护的工作效率,可以保证生产的正常运行。

6. 体积小、重量轻、能耗低

可编程控制器是将微电子技术应用于工业设备的产品,其结构紧凑、体积小、质量轻、功耗低,目前超小型的 PLC 外形尺寸仅为 100mm×100mm,重量为 150g,由于 PLC 体积小很容易装入机械内部,是实现机电一体化的理想控制设备。

### 5.2.2 PLC 的分类

目前,PLC 的种类很多,其实现的功能、内存容量、控制规模、外形等方面存在着较大的差异,因此,PLC 的分类没有严格的统一标准,可按如下几种方式分类。

1. 按结构形式分类

(1) 整体式 PLC:整体式 PLC 的 CPU、存储器、I/O 安装在同一机体内,这种结构的 PLC 的特点是结构简单、体积小、价格低。从外观上看是一个长方形箱体,又称箱式 PLC。微型和小型 PLC 一般为整体式结构,如西门子 S7-200 系列(图 5-1)。

(2) 组合式 PLC:组合式 PLC 为总线结构,其总线做成总线板,上面有若干个总线槽,每个总线槽上可安装一个 PLC 模块,不同的模块有不同的功能。这种形式的 PLC 系统构成灵活性较高,可构成具有不同控制规模和功能的 PLC,价格相对较高,如 S7-400。

2. 按控制规模分类

为了适应不同工业生产过程的应用要求,可编程控制器能够处理的输入、输出信号数是不一样的,一般将一路信号叫作

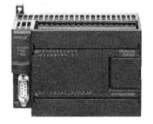

图 5-1 西门子 S7-200

一个点,输入、输出点数(I/O 点数)是衡量 PLC 控制规模的重要参数。按 I/O 点数的多少将 PLC 分为小型、中型、大型三种类型。

(1) 小型 PLC:I/O 总点数一般在 256 点以下,用户程序存储器容量为 4kB 以下。一般以开关量控制为主,高性能的小型 PLC 具有通信能力和模拟量处理能力。这类 PLC 价格低廉、体积较小,适用于单台设备和开发机电一体化产品,如西门子 S7-200 系列。

(2) 中型 PLC:I/O 总点数在 256~2048 点之间,用户程序存储器容量为 4~16kB。

中型PLC不仅有开关量和模拟量的控制功能，还具有更强的数字计算能力，通信功能和模拟量处理能力较强大。中型机适用于复杂的逻辑控制系统以及连续生产线的过程控制场合，如西门子S7-300系列（图5-2）。

（3）大型PLC：I/O总点数在2048点以上，内存容量在16kB以上。大型PLC具有计算、控制和调节的功能，还具有强大的网络结构和通信联网功能，大型机适用于设备自动化控制、过程自动化控制和过程监控系统，如西门子S7-400系列（图5-3）。

图5-2　S7-300系列PLC　　　　　图5-3　S7-400系列PLC
1—电源；2—CPU；3—信息模块；4—机架　　1—电源；2—CPU；3—信息模块；4—机架

3. 按实现的功能分类

（1）低档PLC：具有逻辑运算、定时、计数、顺序控制、通信等功能。

（2）中档PLC：除了具有低档PLC的功能外，还具有算术运算、数据处理、子程序、中断处理等功能。

（3）高档PLC：除了具有中档PLC的功能外，还具有带符号的算术运算、矩阵运算、函数、表格、显示、打印等功能。

**5.2.3　PLC的应用**

可编程控制器是以微处理器为核心，综合了计算机技术、自动控制技术和通信技术发展起来的一种工业自动控制装置。它具有可靠性高、体积小、功能强、程序设计简单、维护方便等一系列优点，因此，PLC在冶金、化工、机械、印刷、电力、电子、交通等领域中广泛应用，根据其特点，可将应用形式归纳为以下几种类型。

1. 开关量逻辑控制

PLC具有强大的逻辑运算能力，可以实现各种简单和复杂的逻辑控制，这是PLC最基本、最广泛的应用领域。

2. 模拟量控制

在工业生产过程中，需要对许多连续变化的物理量，如温度、压力、流量、液位等进行模拟量控制，PLC中配置有A/D和D/A转换器，在控制过程中，需要进行模拟量与数字量的转换，从而控制被控对象。

3. 定时和计数控制

PLC具有很强的定时和计数功能，可为用户提供几十甚至上百个、上千个定时器和计数器。对于其计时的时间和计数值可由用户编制程序时任意设定，如果对频率较高的信号进行计数，则可以选择高速计数器。

4. 过程控制

目前，大部分 PLC 都配备了 PID 控制模块，可进行闭环过程控制，当控制过程中某一个变量出现偏差时，PLC 能按照 PID 算法计算出正确的输出去控制生产过程，把变量计算保持在一定的数值上。过程控制广泛应用于钢铁冶金、精细化工、锅炉控制、热处理等场合。

5. 数据处理

大部分 PLC 都具有数据处理的能力，可实现算术运算、数据比较、数据传送、数据移位、数据转换、数据显示打印等功能，一些新型的 PLC 还可以进行浮点运算和函数运算等操作。

6. 通信和联网

PLC 采用通信技术，可以实现多台 PLC 之间的同位连接、PLC 与计算机之间的通信，采用 PLC 和计算机之间的通信连接，可用计算机作为上位机，PLC 为下位机进行通信，来完成数据的处理和信息的交换，实对整个生产过程的信息控制和管理。

## 任务 5.3　PLC 的基本组成及工作原理

### 5.3.1　PLC 的基本组成

可编程控制器的结构多种多样，但其组成的一般工作原理基本相同，都是以微处理器为核心的结构，其功能的实现不仅基于硬件的作用，更要基于软件的支持，实质上是一个新型的工业控制计算机。

可编程控制器主要由中央处理器（CPU）、存储器（RAM、ROM）、输入输出单元（I/O）、电源、编程器等组成，其结构如图 5-4 所示。

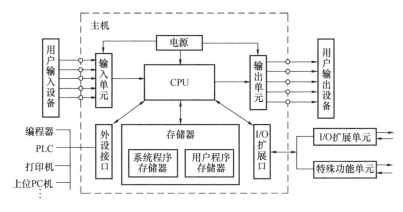

图 5-4　PLC 基本构成图

1. 中央处理器（CPU）

中央处理器（CPU）是 PLC 的控制中枢，相当于其心脏，是 PLC 的核心部分，包括微处理器和控制接口电路，微处理器是 PLC 的运算控制中心，由它实现逻辑运算，协调控制系统内部各部分工作。CPU 的作用如下：

(1) 接受、存储用户程序。
(2) 按扫描方式接受来自输入单元的数据和各信息状态，并存入相应的数据存储区。
(3) 执行监控程序和用户程序，完成数据和信息的逻辑处理，产生相应的内部信号，完成用户指令规定的各种操作。
(4) 响应外部设备的请求。

2. 存储器

存储器是 PLC 存放系统程序、用户程序和运行数据的单元。可分为系统程序存储器和用户程序存储器，系统程序存储器存放系统管理程序，一般采用 ROM（只读存储器）或 EPROM（可擦除的只读存储器），PLC 出厂时，系统程序已经固化在存储器中，用户不能修改；用户程序存储器用于存放用户的应用程序，一般采用 EPROM、EEPROM 或 RAM（随机存储器），用户根据实际控制需要，用 PLC 的编程语言编写应用程序，通过编程器输入到 PLC 的用户程序存储器。

3. 输入输出接口

实际生产过程中的信号电平是多种多样的，被控对象所需的电平也是千差万别，而 PLC 所处理的信号只能是标准电平，正是通过 PLC 的输入/输出（I/O）接口电路实现了这些信号电平的转换。I/O 单元实际上是 PLC 与被控对象之间传递输入输出信号的接口部件，具有良好的光电隔离和滤波作用。接到 PLC 输入接口的输入器件是各种开关（光电开关、压力开关、行程开关等）、按钮、传感器等；PLC 的输出接口往往是与被控对象相连接，这些被控对象有电磁阀、接触器、指示灯、小型电动机等。

(1) 输入接口电路

各种 PLC 的输入电路大多相同，通常有三种输入类型：①直流（12～24V）输入；②交流（100～120V、200～240V）输入；③交直流输入。外部输入器件通过 PLC 输入接口与 PLC 相连。

PLC 的输入电路中有光电隔离、RC 滤波器，用以消除输入信号的抖动和外部噪声干扰。当输入器件被激励时，一次电路中流过电流，输入指示灯亮，光耦合器接通，晶体管从截止状态变为饱和导通状态，这是一个数据输入过程。如图 5-5～图 5-7 是一个直流输入端内部接线示意图。

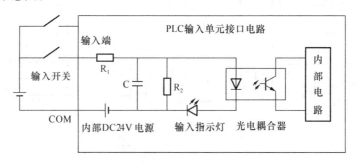

图 5-5  直流输入电路

(2) 输出接口电路

PLC 的输出有三种形式：①继电器输出；②晶体管输出；③晶闸管输出。图 5-8～图 5-10 给出了 PLC 的三种输出形式电路图。

## 任务 5.3　PLC 的基本组成及工作原理

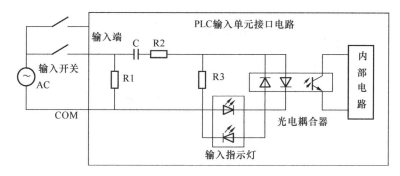

图 5-6　交流输入电路

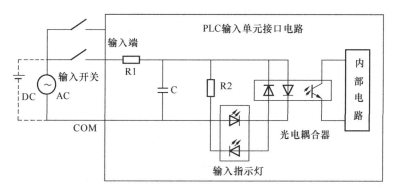

图 5-7　交/直流输入电路

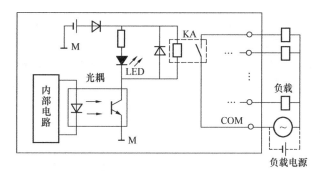

图 5-8　继电器型输出电路

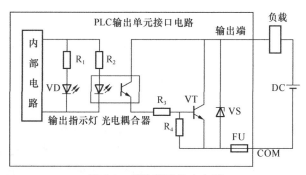

图 5-9　晶体管型输出电路

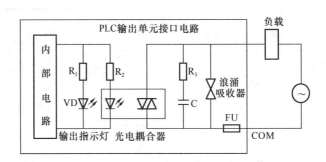

图 5-10 晶闸管型输出电路

继电器输出型为 PLC 最为常用电路，当 PLC 内部 CPU 有输出时，接通或断开输出电路中继电器的线圈，继电器的触点闭合或断开，通过该触点控制外部负载电路的通断，他既可以带直流负载也可以带交流负载。很显然，继电器输出是利用了继电器的触点将 PLC 的内部电路与外部负载电路进行了电气隔离。

晶体管输出型电路是通过光电耦合使晶体管截止或饱和以控制外部负载电路的通和断，并同时对 PLC 内部电路和输出晶体管电路进行了电气隔离，它只能接直流负载。

双向晶闸管输出型电路是采用了光触发型双向晶闸管，使 PLC 内部电路和外部电路进行了电气隔离，这种晶闸管电路只能接交流负载。

输出电路的负载电源由外部提供，每一点的负载电流因输出形式的不同而不同，负载电流一般不超过 2A，个别型号的 PLC 每点负载电流可高达 8~10A。

4. 电源

PLC 的电源在整个系统中起着十分重要的作用，模块化的 PLC 是独立的电源模块，整体式 PLC 的电源集成在箱体内。它的作用是把外部供应的电源变换成系统内部各单元所需电源。有的电源单元还向外提供直流电源，给开关量输入单元连接的现场电源开关使用。电源单元还包括掉电保护电路和后备电池电源，以保证 RAM 在外部电源断电后存储的内容不会丢失。PLC 电源一般为高精度的开关电源，其特点是输入电压范围宽、体积小、质量轻、效率高、抗干扰性能好。

5. 编程器

编程器是 PLC 的重要外围设备，它可用于输入程序、编辑程序、调试程序、监控程序，还可以在线测试 PLC 的工作状态和参数，是人机交互的窗口。

编程器分为简易编程器和智能编程器。简易编程器一般由简易键盘、发光二极管阵列或液晶显示器等组成，它的体积小、价格便宜，可以直接插在 PLC 的编程器插座上，也可以用专用的电缆与 PLC 相连。它不能直接输入和编辑梯形图程序，只能通过连机编辑的方式，将用户的梯形图语言转化成机器语言的助记符（指令语句表）的形式，再用键盘将指令语句表程序一条一条地写入到 PLC 的存储器中。

智能编程器又称图形编程器，一般由微处理器、键盘、显示器及总线接口组成，它可以直接生成和编辑梯形图程序，使用起来直观、方便，但价格偏高，操作也比较复杂。智能编程器大多数是便携式的，它本质上是一台专用便携式计算机，使用它可以在线编程，也可以离线编程，可以将用户程序存储在编程器自己的存储器中，它也可以很方便地与 PLC 的 CPU 模块互传程序，并可将程序写入专用 EPROM 存储卡中。

## 任务 5.3 PLC 的基本组成及工作原理

随着个人计算机的普及，编程器的最新发展趋势就是使用专用的编程软件，在个人计算机上允许用户生成、编辑、储存和打印梯形图程序及其他形式的程序。这种编程的一个最大特点就是充分利用计算机的资源，大大降低了编程器的成本。各大 PLC 制造商都开发了功能完善的编程软件，在软件上甚至具有仿真功能。不用 PLC，在 PC 机装上具有仿真功能的编程软件就能调试程序，能及时发现系统中存在的问题，并加以修改，这样，可以缩短系统设计、安装和调试的总工期。

### 5.3.2 PLC 的工作原理

PLC 是一台工业控制计算机，它的工作原理与计算机的工作原理是基本一致的，通过执行用户程序来完成用户任务，实现控制目的。但是 PLC 与计算机的工作方式有所不同，计算机一般是采用等待命令的工作方式，而 PLC 是采用循环扫描的工作方式，即顺序地逐条扫描用户程序的操作，根据程序运行的结果，输出逻辑线圈的通断，但该线圈的触点并不立即动作，而必须等用户程序全部扫描结束后，才同时将输出动作信息全部送出执行。扫描一遍用户程序的时间叫作一个扫描周期。

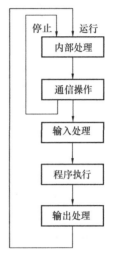

图 5-11 PLC 工作流程图

PLC 在一个扫描周期内的工作过程分为内部处理、通信操作、输入处理、程序执行、输出处理五个阶段。如图 5-11 所示。

当 PLC 处于停止（STOP）状态时，只进行内部处理和通信操作等服务内容，在 PLC 处于运行（RUN）状态时，从内部处理、通信操作、程序输入、程序执行、程序输出，一直进行循环扫描。在内部处理阶段，PLC 检查 CPU 模块的硬件是否正常，复位监视定时器等。在通信操作阶段，PLC 与一些智能模块通信、响应编程器键入的命令，更新编程器的显示内容。当 PLC 运行时，对用户程序进行循环扫描，如图 5-12 的三个阶段：输入采样阶段、程序执行阶段、输出刷新阶段。

1. 输入采样阶段

输入采样也叫输入处理，PLC 的 CPU 不能直接与外部接线端子联系，送到 PLC 输

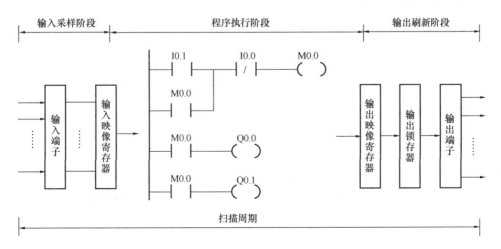

图 5-12 PLC 扫描工作过程

入端子上的输入信号经电平转换、光电隔离、滤波处理等一系列电路进入缓冲器等待采样，没有 CPU 采样的"允许"，外部信号不能进入输入映像寄存器。在此阶段，PLC 以扫描方式，按顺序读入所有输入端子的通断状态，并将读入的信息存入内存中所对应的输入映像寄存器，在此输入映像寄存器被刷新，接着进入程序执行阶段。在程序执行阶段，输入映像寄存器与外界隔离，即使输入信号发生变化，其映像寄存器的内容也不会发生变化，只有在下一个扫描周期的输入采样阶段才能读入信息。可见，PLC 在执行程序和处理数据时，不直接使用现场当时的输入信号，而使用本次采样时输入映像寄存器中的数据。

2. 程序执行阶段

PLC 在用户程序执行阶段，CPU 按由上而下的顺序依次扫描用户的梯形图程序。扫描每一条梯形图支路时，又是由左到右先上后下的顺序对由触点构成的控制线路进行逻辑运算，并根据逻辑运算的结果，刷新该逻辑线圈在系统 RAM 存储区中对应的状态，或者刷新该输出线圈在 I/O 映像区中对应位的状态；或者确定是否要执行该梯形图所规定的特殊功能指令。

3. 输出刷新阶段

CPU 扫描用户程序结束后，就进入输出刷新阶段，在此期间，CPU 将输出映像寄存器中的内容集中转存到输出锁存器，然后输出到各相应的输出端子，再经输出电路驱动相应的被控负载，这才是 PLC 的实际输出，输出设备的状态要保持一个扫描周期。

扫描周期是 PLC 的一个很重要的指标，小型 PLC 的扫描周期一般为十几毫秒到几十毫秒，PLC 的扫描时间取决于扫描速度和用户程序的长短。毫秒级的扫描时间对于一般工业设备通常是可以接受的，PLC 的响应滞后是允许的。但是对于某些 I/O 快速响应的设备，则应采取相应的处理措施。如选用高速 CPU，提高扫描速度、采用快速响应模块、高速计数器模块以及不同的中断处理等措施减少滞后时间。影响 I/O 滞后的主要原因有输入滤波器的惯性。输出继电器触点的惯性；程序执行的时间；程序设计不当的附加影响等。对用户来说，选择了一个 PLC、合理的编制程序是缩短响应时间的关键。

### 5.3.3 PLC 的编程语言

PLC 是一台工业控制计算机，不光有硬件，软件也必不可少。PLC 的软件分为系统软件和用户软件。

系统软件包括系统的管理程序、用户指令的解释程序、供系统调用的专用标准程序块等。系统管理程序用以完成机内运行相关时间分配、存储空间分配管理及系统自诊断等工作。用户指令的解释程序用以完成用户指令变换为机器码的工作系统软件在 PLC 出厂时就装入机内，永久保存，用户不需要修改。

用户软件是用户为达到某种控制目的，采用 PLC 厂商提供的编程语言自主编制的应用程序。至今为止还没有一种能适应各种 PLC 的通用的编程语言，不同厂家，甚至不同型号的 PLC 的编程语言也只能适应自己的产品。目前 PLC 常用的编程语言有梯形图编程语言、指令语句表编程语言、顺序功能图编程语言、高级编程语言。

1. 梯形图编程语言 LAD（Ladder Diagram）

梯形图编程语言是一种以图形符号及图形符号在图中的相互关系表示控制关系的编程

## 任务 5.3 PLC 的基本组成及工作原理

语言,是从传统的继电器控制电路图演变而来的。也可以说,梯形图编程语言是在电气控制系统中常用的继电器-接触器逻辑控制基础上简化了符号演变而来的。它直观、形象、实用,电气技术人员容易接受,是目前国内使用得最多的一种 PLC 语言。如图 5-13、图 5-14 分别为继电器控制电路图和 PLC 梯形图。

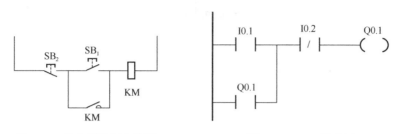

图 5-13 继电器控制电路图       图 5-14 PLC 梯形图

电气控制符号与梯形图符号对照关系如表 5-1。

电气控制符号与梯形图符号对照关系表　　　　　　　　　　表 5-1

| 名　　称 | | 梯形图符号 |
| --- | --- | --- |
| 触点 | 1 闭合触点(常开触点) | ─┤├─ |
| | 0 闭合触点(常闭触点) | ─┤/├─ |
| 线圈 | | ─( )─ |
| 数据处理指令 | | ─□─ |
| 母线 | | ├──……──┤ |

由图 5-14 可见,两种控制电路逻辑含义是一样的,但具体表达方式上却有本质的区别。PLC 梯形图中的继电器、定时器、计数器不是物理器件,而是用软件实现的软器件,这些器件实际上是存储器中的存储位。相应位为"1"状态,表示继电器线圈通电或常开触点闭合或常闭触点断开。这种程序使用方便,修改灵活,是继电器—接触器电气控制线路硬接线无法比拟的。在 PLC 控制系统中,由按钮、开关等输入元件提供的输入信号,以及由 PLC 提供的电磁阀、指示灯等负载的输出信号都只有两种完全相反的工作状态,通与断,他们分别和逻辑代数中的"1"和"0"相对应。

用梯形图语言编制的 PLC 程序叫梯形图,梯形图网络由多个梯级组成,每个输出软器件可构成一个梯级,每个梯级可由多个支路构成,但右边的元件必须是输出元件,一般每个支路可容纳的编程软器件个数和每个网络最多允许的分支路数都有一定的限制。梯形图中竖线类似继电器控制线路的电源线,习惯上称作为母线,左边的叫左母线,右边的叫右母线,母线是不接任何电源的。梯形图中没有真实的物理电流,而仅仅是概念电流(虚电流)或称为假想电流。假想电流只能从左到右流动,层次改变只能先上后下。在编制梯形图时,只有一个梯级编制完整后才能继续后面的程序编制。

2. 指令语句表程序 STL(Statement List)

指令语句表是一种与计算机汇编语言相类似的助记符编程方式,用一系列操作指令组成的语句表将控制程序描述出来，并通过编程器送到 PLC 中，指令表语言和梯形图有严格的对应关系，对指令表编程不熟悉的人可先画出梯形图，再转换成语句表，另一方面，程序编制完毕后装入机器内运行时，简易编程器都不具有直接读取梯形图的功能，梯形图程序只能改写成指令表才能送入 PLC 内运行。不同厂家的 PLC 指令语句表使用的助记符不相同，因此，一个相同功能的梯形图，书写的语句表并不相同。语句程序表举例如图 5-15 所示：

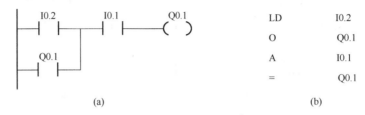

图 5-15　梯形图和其对应的指令语句表
(a)梯形图；(b)指令语句表

语句表是由若干条语句组成的程序，语句是程序的最小独立单元。每个控制功能由一条或几条语句组成的用户程序来完成，语句是规定 CPU 如何动作的指令，它的作用和微机的指令一样。PLC 的一条指令语句由两部分组成，即操作码和操作数。操作码用助记符表示(如 LD，表示逻辑运算开始；O 表示或等)，用来说明要执行的功能，告诉 CPU 该进行什么操作；例如逻辑运算的与、或、非；算术运算的加、减、乘、除；时间或条件控制中的计时、计数、移位等功能。操作数一般由标识符和参数组成。标识符表示操作数的类别，例如表明是输入继电器、输出继电器、定时器、计数器、数据寄存器等，参数表明操作数的地址或一个预先设定值。要说明的是，有的语句只有操作码，而没有操作数，称为无操作数指令。

3. 顺序功能图语言

用梯形图或指令语句表方式编程固然为广大电气技术人员接受，但对于一个复杂的控制系统，尤其是顺序控制程序，由于内部的联锁、互动关系极其复杂，其梯形图往往长达数百行，通常要由熟练的电气工程师才能编制出这样的程序。另外，如果在梯形图上不加上注释，则这种梯形图的可读性会大大降低。而顺序功能图的编程方法可将一个复杂的控制过程分解为一些小的工作状态，对这些小状态的功能分别处理后，再把这些小状态依一定的顺序控制要求连接组合成整体的控制程序(图 5-16)。

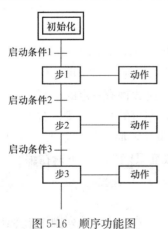

图 5-16　顺序功能图

4. 高级语言

在一些大型的 PLC 中，为了完成一些较为复杂的控制，采用功能很强的微处理器和大容量存储器，使用高级语言进行编程，将逻辑控制、模拟控制、数值计算和通信功能结合在一起。有的 PLC 采用 BASIC 语言，有的采用类似于 PASCAL 语言的专用语言。采用高级语言编程后，用户可以像使用 PC 机一样操作 PLC，在功能上除了可以完成逻辑运算功能外，还可以进行 PID 调节、数据采集和处理、上位机通信等。

目前各种类型的 PLC 一般都能同时使用两种或两种以上的语言，而且大多数 PLC 都能同时使用梯形图和指令表。不同厂家和不同类型的 PLC 的梯形图、指令语句都有些差异，使用符号也不尽相同，各个厂家不同系列、不同型号的 PLC 是互不兼容的，但其编程的基本原理和方法是相同或相仿的。

## 单 元 小 结

本单元通过讲述 PLC 发展过程及应用领域，使学者能轻松地了解、掌握 PLC。任务 5.1 通过介绍 PLC 的发展及其与电气控制系统的比较，体现了 PLC 在电气控制领域的优越性；任务 5.2 介绍了 PLC 的特点及分类，以及在工程领域中的应用，体现了 PLC 可靠性高、抗干扰能力强等特点，任务 5.3 通过 PLC 硬件组成及软件环境的介绍，进一步说明了可编程控制器是一台工业控制计算机，体现了 PLC 的强大功能及应用价值。

通过本单元的学习，可以了解 PLC 的发展、特点、应用领域，使后续课程的学习有明确的目标。

## 能 力 训 练

### 实训项目 1：认识 PLC

（实训室）认识 PLC 模块，能准确区别 PLC 的输入、输出端子；熟悉实训室实训器材。

### 实训项目 2：掌握 PLC 的类型

根据 PLC 的输入/输出点数，能区别不同类型的 PLC，有什么功能。

### 实训项目 3：列举用 PLC 控制的例子

通过实训器材的认识学习，能较深入地掌握 PLC 组成及结构。举出日常生活中或工业领域中用 PLC 控制的例子。

## 习 题 与 思 考 题

1. 简述 PLC 的定义。
2. PLC 的硬件由哪几部分组成？各部分的作用及功能是什么？
3. PLC 的主要特点有哪些？
4. PLC 的输出接口电路有几种输出方式？各有什么特点？
5. PLC 的分类是怎样划分的？
6. 简述 PLC 的工作过程，何谓扫描周期？它主要受什么影响？
7. PLC 有几种编程语言？

# 学习情境 6　PLC 的技术性能指标及编程软器件

**学习导航**

| 学习任务 | 任务 6.1　S7-200 系列小型 PLC 概述<br>任务 6.2　PLC 的主要技术性能指标<br>任务 6.3　PLC 的编程软器件 |
|---|---|
| 能力目标 | 了解可编程控制器的主要性能指标，掌握其编程软器件，并能熟练运用。 |

## 任务 6.1　S7-200 系列小型 PLC 概述

### 6.1.1　S7 系列 PLC 家族概况

S7 系列可编程控制器是由德国西门子电气公司研制开发的可编程控制器。在我国的应用相当广泛，在冶金、化工、印刷等领域都有应用。西门子公司的产品包括 LOGO、S7-200、S7-300、S7-400 等产品。S7 系列 PLC 体积小、速度快、标准化、具有网络通信能力，功能强，可靠性高。产品可分为微型 PLC（S7-200），小规模性能要求的 PLC（S7-300）和高性能要求的 PLC（S7-400）等。其 I/O 点数、运算速度、存储容量及网络功能的发展趋势如图 6-1 所示。

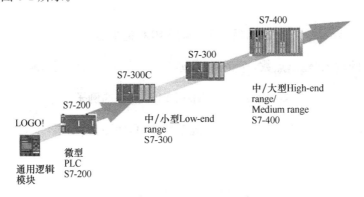

图 6-1　S7 家族 PLC

### 6.1.2　S7-200 系列 PLC 介绍

S7-200 系列 PLC 适用于各行各业，各种场合中的检测、监测及控制的自动化。S7-200 系列的强大功能使其无论在独立运行中，或相连成网络皆能实现复杂控制功能。因此 S7-200 系列具有极高的性价比。

S7-200 系列出色表现在以下几个方面：

极高的可靠性；极丰富的指令集；易于掌握；便捷的操作；丰富的内置集成功能；实时特性；强劲的通信能力；丰富的扩展模块。

## 任务 6.1  S7-200 系列小型 PLC 概述

S7-200 系列在集散自动化系统中充分发挥其强大功能。使用范围可覆盖从替代继电器的简单控制到更复杂的自动化控制。应用领域极为广泛,覆盖所有与自动检测,自动化控制有关的工业及民用领域,包括各种机床、机械、电力设施、民用设施、环境保护设备等。如:冲压机床、磨床、印刷机械、橡胶化工机械、中央空调、电梯控制、运动系统。其 CPU 外形如图 6-2 所示。

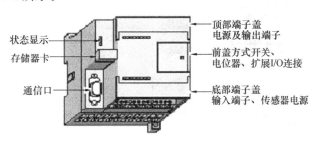

图 6-2  S7-200 系列 PLC 外形图

S7-200 系列 PLC 提供的 CPU 有 CPU221、CPU222、CPU224、CPU224XP、CPU226、CPU226XM。其规格及特点如表 6-1 所示。

S7-200 系列 CPU 类型表    表 6-1

| CPU 系列号 | 产品图片 | 描述 | 选型型号 |
| --- | --- | --- | --- |
| CPU221 | | DC/DC/DC;6 点输入/4 点输出 | 6ES7 211-0AA23-0XB0 |
| | | AC/DC/继电器;6 点输入/4 点输出 | 6ES7 211-0BA23-0XB0 |
| CPU222 | | DC/DC/DC;8 点输入/6 点输出 | 6ES7 212-1AB23-0XB0 |
| | | AC/DC/继电器;8 点输入/6 点输出 | 6ES7 212-1BB23-0XB0 |
| CPU224 | | DC/DC/DC;14 点输入/10 点输出 | 6ES7 214-1AD23-0XB0 |
| | | AC/DC/继电器;14 点输入/10 点输出 | 6ES7 214-1BD23-0XB0 |
| CPU224XP | | DC/DC/DC;14 点输入/10 点输出;2 输入/1 输出共 3 个模拟量 I/O 点 | 6ES7 214-2AD23-0XB0 |
| | | AC/DC/继电器;14 点输入/10 点输出;2 输入/1 输出共 3 个模拟量 I/O 点 | 6ES7 214-2BD23-0XB0 |

续表

| CPU系列号 | 产品图片 | 描述 | 选型型号 |
|---|---|---|---|
| CPU226 | | DC/DC/DC；24点输入/16点晶体管输出 | 6ES7 216-2AD23-0XB0 |
| | | AC/DC/继电器；24点输入/16点输出 | 6ES7 216-2BD23-0XB0 |
| CPU226XM | | DC/DC/DC；24点输入/16点晶体管输出 | 6ES7 216-2AF22-0XB0 |
| | | AC/DC/继电器；24点输入/16点输出 | 6ES7 216-2BF22-0XB0 |

注：DC/DC/DC——24VDC电源/24VDC输入/24VDC输出；
AC/DC/继电器——100~230VAC电源/24VDC输入/继电器输出。

## 任务6.2 PLC的主要技术性能指标

PLC的主要性能指标是衡量和选用PLC的重要依据，它由两大部分组成，即硬件指标和软件指标。

1. 硬件指标

硬件指标包括一般指标、输入特性和输出特性。为了适应工业现场的恶劣条件，可编程控制器对环境的要求很低，一般的工业现场都能满足这些要求。

2. 软件指标

软件指标包括运行方式、速度、程序容量、元件种类和数量、指令类型。

不同机型的PLC其软件指标也不尽相同，软件指标的高低反映PLC的运算规模。软件指标的另一部分就是指令的类型，PLC的各种运算功能都是由这些指令的种类和功能决定的。表6-2为S7-200 CPU的技术性能指标。

**S7-200 CPU的技术性能指标** 表6-2

| 特性 | CPU 221 | CPU 222 | CPU 224 | CPU 224XP | CPU 226 |
|---|---|---|---|---|---|
| 本机I/O<br>• 数字量<br>• 模拟量 | 6入/4出<br>— | 8入/6出<br>— | 14入/10出<br>— | 14入/10出<br>2入/1出 | 24入/16出<br>— |
| 最大扩展模块数量 | 0个模块 | 2个模块 | 7个模块 | 7个模块 | 7个模块 |
| 数据存储区 | 2048字节 | 2048字节 | 8192字节 | 10240字节 | 10240字节 |
| 掉电保持时间 | 50h | 50h | 100h | 100h | 100h |

续表

| 特性 | CPU 221 | CPU 222 | CPU 224 | CPU 224XP | CPU 226 |
|---|---|---|---|---|---|
| 程序存储器：<br>• 可在运行模式下编辑<br>• 不可在运行模式下编辑 | 4096 字节<br>4096 字节 | 4096 字节<br>4096 字节 | 8192 字节<br>12288 字节 | 12288 字节<br>16384 字节 | 16384 字节<br>24576 字节 |
| 高速计数器：<br>• 单相<br><br>• 双相 | 4 路 30kHz<br><br>2 路 20kHz | 4 路 30kHz<br><br>2 路 20kHz | 6 路 30kHz<br><br>4 路 20kHz | 4 路 30kHz<br>2 路 200kHz<br>3 路 20kHz<br>1 路 100kHz | 6 路 30kHz<br><br>4 路 20kHz |
| 脉冲输出(DC) | 2 路 20kHz | 2 路 20kHz | 2 路 20kHz | 2 路 100kHz | 2 路 20kHz |
| 模拟电位器 | 1 | 1 | 2 | 2 | 2 |
| 实时时钟 | 配时钟卡 | 配时钟卡 | 内置 | 内置 | 内置 |
| 通信口 | 1×RS-485 | 1×RS-485 | 1×RS-485 | 2×RS-485 | 2×RS-485 |
| 浮点数运算 | 有 | 有 | 有 | 有 | 有 |
| I/O 映象区 | 256<br>128 入/128 出 | 256<br>128 入/128 出 | 256<br>128 入/128 出 | 256<br>128 入/128 出 | 256<br>128 入/128 出 |
| 布尔指令执行速度 | 0.22μs/指令 | 0.22μs/指令 | 0.22μs/指令 | 0.22μs/指令 | 0.22μs/指令 |
| 外形尺寸(mm) | 90×80×62 | 90×80×62 | 120.5×80×62 | 140×80×62 | 190×80×62 |

## 任务 6.3  PLC 的编程软器件

### 6.3.1  S7 系列 PLC 编程软器件

PLC 在软件设计中需要各种各样的逻辑器件和运算器件，称为编程器件，以完成 PLC 程序所赋予的逻辑运算、算术运算、定时、计数等功能。这些器件与 PLC 的监控程序、用户的应用程序合作，会产生或模拟出不同的类似于硬件继电器的功能，为了区别，通常称为 PLC 的编程软器件。它不是物理意义上的实物继电器，而是一定的存储单元与程序相结合的产物。每一个器件赋予一个名称，例如输入继电器、输出继电器、定时器、计数器等，同类器件又有多个，给每个器件一个编号，以便区分。下面以 S7-200 PLC 为例，介绍 PLC 常用编程软器件的名称、用途、数量、编号和使用方法。

1. 输入继电器 I

输入继电器与 PLC 的输入端相连，专门用于接收或存储外部开关量信号。输入继电器是光电隔离的电子开关，其线圈、动合触点、动断触点与传统的硬继电器表示方法一样，它能提供无数对常开、常闭触点用于内部编程，输入继电器的状态只能由外部信号驱动改变，而无法用程序驱动。所以在梯形图中只见其触点而不会出现输入继电器线圈符号。另外，输入继电器触点只能用于内部编程，无法驱动外部负载。

2. 输出继电器 Q

输出继电器的输出端是 PLC 向外部传送信号的接口。它也可以提供无数对常开、常闭触点用于内部编程，输出继电器的线圈状态由程序驱动，每一个输出继电器的外部常开触点与 PLC 的一个输出点相连，直接驱动外部负载。如图 6-3 是输入、输出继电器的梯形图和等效电路示意图。

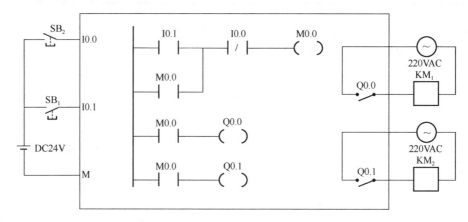

图 6-3　输入、输出继电器的梯形图和等效电路图

3．通用型辅助继电器 M

PLC 内部有很多辅助继电器，其作用相当于继电器控制系统中的中间继电器，用于状态暂存、辅助移位运算及特殊功能。辅助继电器线圈也是由程序驱动，能提供无数对常开、常闭触点用于内部编程。这些触点不能直接驱动外部负载。

4．特殊辅助继电器 SM

有些辅助继电器具有特殊功能或用来存储系统的状态变量、控制参数和信息，把它称为特殊辅助继电器。如 SM0.0 为 PLC 运行恒为 ON 的特殊继电器；SM0.1 为 PLC 为运行时的初始化脉冲，当 PLC 开始运行时只接通一个扫描周期的时间。

5．状态继电器 S

状态继电器是 PLC 在步进顺控系统实现控制的重要内部元件，状态继电器与辅助继电器一样，有无数的常开和常闭触点，在顺控程序中任意使用。

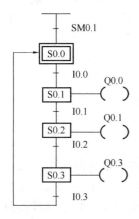

图 6-4　顺序功能图

图 6-4 为由状态继电器组成的顺序功能图（状态转移图）。其原理如下：当 PLC 上电后，初始状态继电器 S0.0 则为 ON，若不启动 I0.0，即 I0.0 为 OFF 时，S0.1、S0.2、S0.3 均为 OFF，外部负载无响应。当 I0.0＝ON 时，则 S0.1＝ON，Q0.0＝ON，同时 S0.0＝OFF，系统开始向下运动。当条件 I0.1＝ON 时，S0.2＝ON，Q0.1＝ON，S0.1＝OFF，当条件 I0.2＝ON 时，S0.3＝ON，Q0.3＝ON，S0.2＝OFF。从上述中可以看出，系统在运行过程中，其实就是状态继电器依转移条件不断向下转移的过程。

6．定时器 T

定时器在可编程控制器中的作用相当于一个时间继电器，是重要的编程软器件，其工作过程与继电器－接触器控制系统中的时间继电器的原理基本相同，在使用时要先输入时间设定值，当定时器的输入条件满足时开始计时，当前值从 0 开始按一定的时间单位增加，当定时器的当前值达到设定值时，定时器的触点动作。

7. 计数器 C

计数器用来累计输入脉冲的个数，在实际应用中，经常对产品进行计数，使用时要先输入它的设定值。如输入一个设定值到计数器，当输入条件满足时，计数器开始对输入脉冲的上升沿计数，当计数达到设定值时，其常开触点闭合，常闭触点断开。

8. 高速计数器 HC

一般计数器的计数频率受扫描周期的影响，不能太高，而高速计数器可累计比 CPU 的扫描速度更快的计数。高速计数器的当前值是一个双字节（32 位）的整数，且为只读值。

9. 累加器 AC

累加器是用来暂存数据的寄存器，它可以用来存放运算数据、中间数据和结果。PLC 提供 4 个 32 位累加器，分别为 AC0、AC1、AC2 和 AC3，并可进行读写操作。

10. 变量存储器 V

变量存储器用来存储变量，它可以存放程序执行过程中逻辑操作的中间结果，也可以使用变量存储器来保存与工序或任务相关的其他数据。

11. 局部变量存储器 L

局部变量存储器用来存放局部变量。局部变量与变量存储器所存储的全局变量十分相似，主要区别在于全局变量是全局有效的，而局部变量是局部有效的。L 一般在子程序中应用。

12. 模拟量输入 AI

S7-200 将模拟量值（如温度）转换成 1 个字长（16 位）的数据。可以用区域标志符（AI）、数据长度（W）及字节的起始地址来存取这些值。因为模拟值输入为 1 个字长，且从偶数位字节（如 0、2、4）开始。所以必须用偶数字节地址（如 AIW0、AIW2、AIW4）来存取这些值。模拟量输入值为只读数据，模拟量转换的实际精度是 12 位。

13. 模拟量输出 AQ

S7-200 把 1 个字长（16 位）数字值按比例转换为电压或电流，可以用区域标志（AQ）、数据长度（W）及字节的起始地址来改变这些值。因为模拟量为 1 个字长，且从偶数字节（0、2、4）开始。所以必须用偶数字节地址（如 AQW0、AQW2、AQW4）来存取这些值。

### 6.3.2 寻址方式

1. 直接寻址

直接寻址是直接指出元件名称的寻址方式。直接寻址时，操作数的地址应按规定的格式表示，指令中，数据类型应与指令符相匹配。

在 S7-200 中，可以存放操作数的存储区有输入映像寄存器（I）存储区、输出映像寄存器（Q）存储区、变量（V）存储区、位存储器（M）存储区、顺序控制器（S）存储区、特殊存储器（SM）存储区、局部存储器（L）存储区、定时器（T）存储区、计数器（C）存储区、累加器（AC）存储区、高速计数器（HC）存储区、模拟量输入（AI）和模拟量输出（AQ）存储区。S7-200 将编程元件统一归为存储器单元，存储单元按字节进行编址，无论所寻址的是何种数据类型，通常应指出它在所在存储区域和在区域内的字节地址。每个单元都有唯一的地址，地址用名称和编号两部分组成，元件名称（区域地址符号）如表 6-3 所示。

元件名称及区域地址　　　　　　　　　　　表 6-3

| 元件符号（名称） | 所在数据区域 | 位寻址格式 | 其他寻址格式 |
| --- | --- | --- | --- |
| I(输入继电器) | 数字量输入映像位区 | Ax.y | ATx |
| Q(输出继电器) | 数字量输入映像位区 | Ax.y | ATx |
| M(通用辅助继电器) | 内部存储器标志位区 | Ax.y | ATx |
| SM(特殊标志继电器) | 特殊存储器标志位区 | Ax.y | ATx |
| S(顺序控制继电器) | 顺序控制继电器存储器区 | Ax.y | ATx |
| V(变量存储器) | 变量存储器区 | Ax.y | ATx |
| L(局部变量存储器) | 局部存储器区 | Ax.y | ATx |
| T(定时器) | 定时器存储器区 | Ay | 无 |
| C(计数器) | 计数器存储器区 | Ay | 无 |
| AI(模拟量输入映像寄存器) | 模拟量输入存储器区 | 无 | ATx |
| AQ(模拟量输出映像寄存器) | 模拟量输出存储器区 | 无 | ATx |
| AC(累加器) | 累加器区 | Ay | 无 |
| HC(高速计数器) | 高速计数器区 | Ay | 无 |

在 S7-200 系统中，可以按位、字节、字和双字对存储单元寻址，各操作数范围见表 6-2 所示。位寻址举例如图 6-5 所示，字节寻址举例如图 6-6 所示。

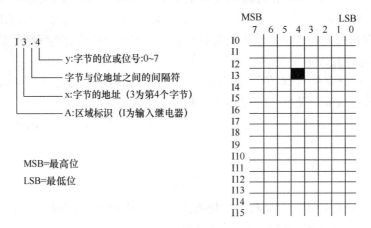

图 6-5　位寻址举例

2. 间接寻址

在一条指令中，如果操作码后面的操作数是以一个数据所在地址的地址形式出现的，这种指令的寻址方式就叫作间接寻址。间接寻址在处理内存连续地址中的数据时非常方便，而且可以缩短程序所生成的代码的长度，使程序更加灵活。

用间接寻址方式存取数据的工作方式有建立指针、间接存取和修改指针三种。

## 任务6.3 PLC的编程软器件

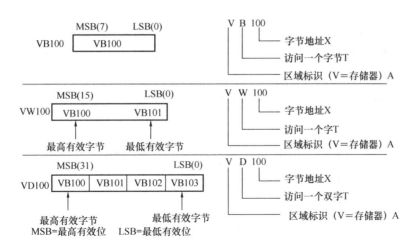

注：B—Byte；W—Word；D—Double Word。

图 6-6 字节寻址举例

(1) 建立指针

间接寻址前，应先建立指针，必须用双字节传送指令（MOVD），指针中存放存储器的某个地址。以指针中的内容值为地址就可以进行间接寻址，其格式如下：

MOVD &VB200，VD302

MOVD &MB10，AC2

MOVD &C2，LD14

其中，"&"为地址符号，它与单元编号结合使用表示所对应单元的32位物理地址；VB200只是一个直接地址的编号，并非其物理地址。指令中的第二个地址数据长度必须是双字节，如VD、LD、AC。

建立指针时，只能使用变量存储器（V）、局部存储器（L）或累加器（AC1、AC2、AC3）作为指针，AC0不能用作间接寻址的指针。

(2) 间接存取

指令中在操作数的前面加"＊"表示该操作数为一个指针。指针指出的是操作数所在的地址，而不是数值。

下面两条指令是建立指针和间接存取的应用方法：

MOVD &VB200，AC0

MOVW ＊AC0，AC1

(3) 修改指针

修改指针的用法如下：

MOVD &VB200，AC0    建立指针

INCD AC0           修改指针，加1

INCD AC0           修改指针，再加1

MOVW ＊AC0，AC1     读指针

如图6-7所示，创建了一个指向VB200的指针，存取了数据，并增加了指针。

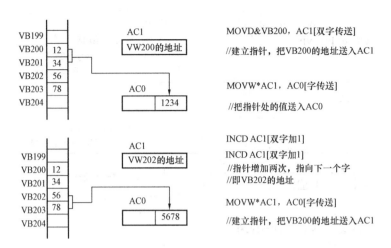

图 6-7 指针存取数据举例

## 单 元 小 结

本单元主要讲述 S7 系列 PLC 家族，以及 S7-200 系列 PLC 的主要性能指标、编程软器件及寻址方式。任务 6.1 通过介绍 S7 系列 PLC 家族使读者能深入地了解 S7 系列 PLC 的发展趋势；任务 6.2 讲述了 PLC 的硬件指标及软件指标，通过对 PLC 性能指标的学习，能够较好地在日常生活及工程领域中应用；任务 6.3 讲述 S7-200 系列 PLC 编程软器件及寻址方式，分别介绍了软器件的作用及应用，为后续的编程奠定了良好的基础。在学习情境 7 的过程中，建议结合学习情境 11 的编程软件学习，有助于尽快掌握编程。

## 能 力 训 练

### 实训项目 1：合理选择 PLC 主机与扩展模块

一个控制系统需要 12 点数字量输入、30 点数字量输出、7 点模拟量输入和 2 点模拟量输出。试问：

1. 可以选用哪种主机型号？
2. 如何选择扩展模块？
3. 各模块按什么顺序连接到主机？请画出连接图。

### 实训项目 2：通过实训熟练掌握 PLC 编程软器件

列出 S7-200 的编程软器件及每个软器件的作用。

## 习 题 与 思 考 题

1. S7-200 系列 PLC 主机中有哪些主要编程元件？

## 习 题 与 思 考 题

2. S7-200 系列 PLC 有哪些型号的 CPU？
3. 什么是软元件，S7-200 提供了哪些类型的软元件？
4. PLC 中软继电器的主要特点是什么？
5. 为什么 PLC 的触点可以使用无数次？
6. S7-200 有哪几种寻址方式，试说明。

# 学习情境 7  PLC 的基本指令及应用

**学习导航**

| 学习任务 | 任务 7.1  PLC 基本指令<br>任务 7.2  PLC 指令的编程与应用 |
|---|---|
| 能力目标 | 掌握可编程控制器的基本编程指令，并能熟练运用，编制简单程序。 |

## 任务 7.1  PLC 基本指令

### 7.1.1  逻辑取及线圈输出指令 LD、LDN、＝

1. LD 取指令：逻辑运算的开始，用于与母线连接的常开触点，在分支起点处也可使用。其 LAD 和 STL 格式见图 7-1。

2. LDN 取反指令：用法与取指令相同，只是 LDN 对常闭触点。其 LAD 和 STL 格式如图 7-2 所示。

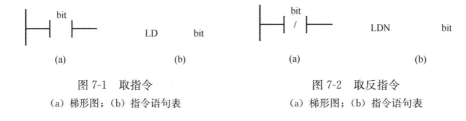

图 7-1  取指令　　　　　　　　　图 7-2  取反指令
(a) 梯形图；(b) 指令语句表　　　(a) 梯形图；(b) 指令语句表

3. ＝输出指令：线圈驱动指令。其 LAD 和 STL 格式如图 7-3。

图 7-3  输出指令
(a) 梯形图；(b) 指令语句表

【例 7-1】输入输出指令应用举例。图 7-4 为对应的梯形图和指令语句表。

输入、输出指令的使用说明：

（1）LD、LDN 指令的操作数可以是输入继电器（I）、输出继电器（Q）、辅助继电器（M）、特殊辅助继电器（SM）、定时器（T）、计数器（C）、变量存储器（V）、状态继电器（S）、局部变量寄存器（L）。

（2）LD、LDN 除了用于与母线相连的常开或常闭触点的逻辑运算的开始，也可以在

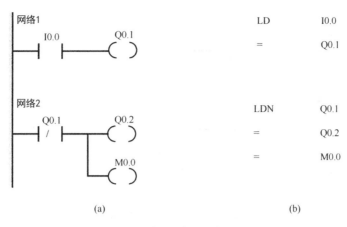

图 7-4 输入/输出指令应用
(a) 梯形图；(b) 指令语句表

分支电路块的开始使用 LD、LDN 指令。

(3) 并联的＝指令可连续使用任意次。

(4) 线圈输出指令＝不能驱动输入继电器 I。

(5) 在同一程序中不能使用双线圈输出，即同一个元器件在同一程序中只使用一次线圈输出。

### 7.1.2 触点串联指令

1. A 与指令：用于单个常开触点的串联连接。指令格式：A  bit

其 LAD 和 STL 指令格式应用如图 7-5。

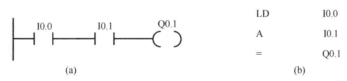

图 7-5 与指令
(a) 梯形图；(b) 指令语句表

2. AN 与反指令：用于单个常闭触点的串联连接。指令格式：AN  bit

其 LAD 和 STL 指令格式如图 7-6。

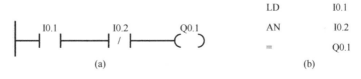

图 7-6 与反指令
(a) 梯形图；(b) 指令语句表

【例 7-2】触点串联指令的应用举例。图 7-7 为对应的梯形图和指令语句表。

触点串联指令使用说明：

(1) 指令 A、AN 的操作数可为：I、Q、M、SM、T、C、V、S、L（位）。

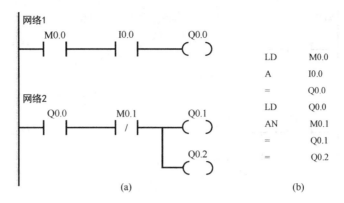

图 7-7 触点串联指令应用
(a) 梯形图；(b) 指令语句表

(2) A、AN 是单个触点串联连接指令，可连续使用，但在用梯形图编程时会受到打印宽度和屏幕显示的限制，S7-200PLC 编程软件中规定的串联触点使用上限为 11 个。

### 7.1.3 触点并联指令

1. O 或指令：用于单个常开触点的并联连接。指令格式：O  bit

其 LAD 和 STL 指令格式应用如图 7-8。

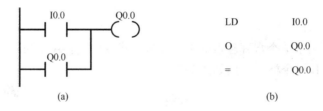

图 7-8 或指令
(a) 梯形图；(b) 指令语句表

2. ON 或反指令：用于单个常闭触点的并联连接。指令格式：ON  bit

其 LAD 和 STL 指令格式如图 7-9。

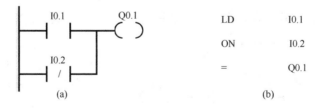

图 7-9 或反指令
(a) 梯形图；(b) 指令语句表

【例 7-3】触点并联指令的应用举例。图 7-10 为对应的梯形图和指令语句表。

触点并联指令使用说明：

(1) O、ON 指令的操作数为：I、Q、M、SM、T、C、V、S、和 L。

(2) 单个触点的 O、ON 指令可连续使用。

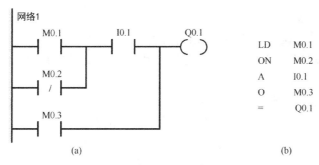

图 7-10 触点并联指令应用
（a）梯形图；（b）指令语句表

### 7.1.4 块或指令 OLD

用于串联电路块的并联连接，指令格式：OLD
其 LAD 和 STL 格式应用如图 7-11。

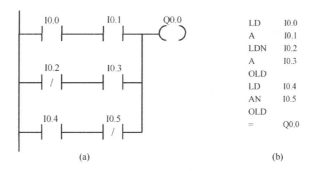

图 7-11 块或指令应用
（a）梯形图；（b）指令语句表

块或指令使用说明：
(1) 串联电路块是指两个或两个以上触点的串联连接。
(2) 串联电路块并联连接时，分支的开始用 LD 或 LDN 指令。
(3) OLD 指令无操作数。

### 7.1.5 块与指令 ALD

用于并联电路块的串联连接，指令格式：ALD
其 LAD 和 STL 格式应用如图 7-12。

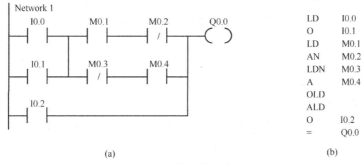

图 7-12 块与指令应用
（a）梯形图；（b）指令语句表

块与指令使用说明：
(1) 并联电路块是指两个或两个以上触点的并联连接。
(2) 并联电路块串联连接时，分支的开始用 LD 或 LDN 指令。
(3) ALD 指令无操作数。

### 7.1.6 置位与复位指令 Set Reset

1. Set 置位指令：从 bit 开始的 N 个元件置 1 并保持。
其 LAD 和 STL 格式如图 7-13。

2. Reset 复位指令：从 bit 开始的 N 个元件清零并保持。其 LAD 和 STL 指令格式如图 7-14。

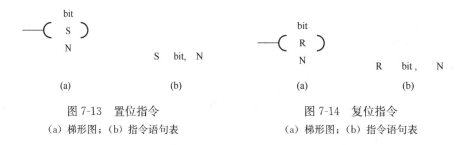

图 7-13　置位指令　　　　　　　　图 7-14　复位指令
（a）梯形图；（b）指令语句表　　　（a）梯形图；（b）指令语句表

【例 7-4】图 7-15 为 S/R 指令的应用。

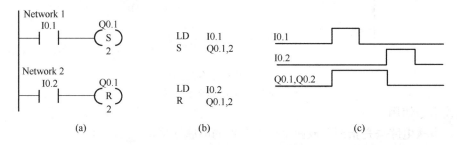

图 7-15　置位/复位指令
（a）梯形图；（b）指令语句表；（c）时序图

置位/复位指令使用说明：
(1) S/R 指令的操作数为：I、Q、M、SM、T、C、V、S 和 L。
(2) N 的常数范围为 1～255，N 也可以为 VB、IB、QB、MB、SMB、SB、LB、AC、常数、*VD、*AC、*LD。一般情况下使用常数。
(3) 位元件一旦被置位，就保持接通状态；一旦被复位，就保持断电状态。
(4) 如果对计数器和定时器复位，则计数器和定时器的当前值被清零。

### 7.1.7 边沿脉冲指令

1. 上升沿脉冲指令 EU：指某一操作数的状态由 0 变到 1（上升沿）的边沿过程，可产生一个扫描周期的脉冲。这个脉冲可以用来启动一个控制程序，也可以启动一个运算过程或结束一个控制。其 LAD 和 STL 指令格式如图 7-16。

2. 下降沿脉冲指令 ED：指某一位操作数的状态由 1 变为 0（下降沿）的边沿过程，可产生一个周期的脉冲。这个脉冲可以用来启动一个控制程序，也可以启动一个运算过程或结束一个控制。其 LAD 和 STL 指令格式如图 7-17。

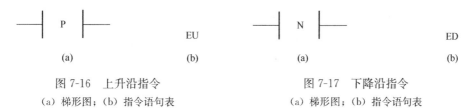

图 7-16 上升沿指令　　　　　　　　　图 7-17 下降沿指令
(a) 梯形图；(b) 指令语句表　　　　　　(a) 梯形图；(b) 指令语句表

【例 7-5】图 7-18 为边沿脉冲指令的应用

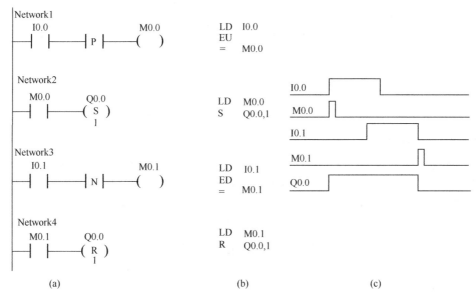

图 7-18 边沿脉冲指令应用
(a) 梯形图；(b) 指令语句表；(c) 时序图

### 7.1.8 取反指令 NOT

取反指令用于对某一位的逻辑值取反，无操作数。其 LAD 和 STL 指令格式如图 7-19。

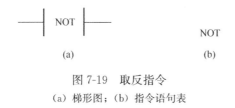

图 7-19 取反指令
(a) 梯形图；(b) 指令语句表

【例 7-6】图 7-20 为 NOT 指令的应用
NOT 指令使用说明：
(1) NOT 指令是将使用 NOT 电路之前的运算结果取反。
(2) 在能编制 A、AN 指令步的位置可使用 INV。
(3) 在 O、ON 指令步的位置不能使用 INV。

(a)

```
LD    I0.0
A     I0.1
=     Q0.0
NOT
=     Q0.1
```

(b)

(c)

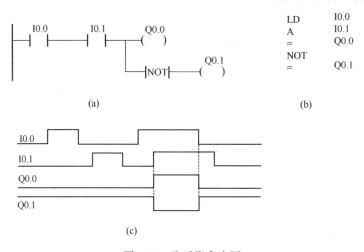

图 7-20　取反指令应用

（a）梯形图；（b）指令语句表；（c）时序图

### 7.1.9　立即指令

立即指令是为了提高 PLC 对输入/输出的响应速度而设置的，它不受 PLC 循环扫描工作方式的影响，允许对输入输出点进行快速直接存取，即不等程序执行完毕，在执行的过程中即可刷新输出。例如：用立即指令访问输出 Q 时，立即将新值写入实际输出点和对应的输出影响寄存器。立即指令有以下四种类型。

1. 立即输入指令：其 LAD 和 STL 指令格式如图 7-21 所示。

应用时，在每个标准触点指令的后面加“I”，就是立即触点指令。指令执行时，立即读取物理输入点的值，但是不刷新对应映像寄存器的值。这类指令包括：LDI、LDNI、AI、ANI、OI 和 ONI。其操作数都是 I。

2. 立即输出指令：其 LAD 和 STL 指令格式如图 7-22 所示。

(a)　(b)

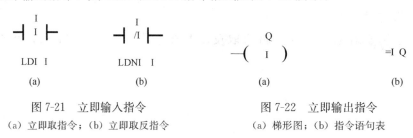

图 7-21　立即输入指令

（a）立即取指令；（b）立即取反指令

=I Q

(a)　(b)

图 7-22　立即输出指令

（a）梯形图；（b）指令语句表

＝I 指令的操作数为 Q。

3. 立即置位指令：其 LAD 和 STL 指令格式如图 7-23。

用立即置位指令访问输出点时，从指令指出的位（bit）开始的 N 个（最多为 128 个）物理输出触点被立即置位，同时，相应地输出映像寄存器的内容也被刷新。

4. 立即复位指令：其 LAD 和 STL 指令格式如图 7-24。

用立即复位指令访问输出点时，从指令指出的位（bit）开始的 N 个（最多为 128 个）物理输出触点被立即复位，同时，相应地输出映像寄存器的内容也被刷新。

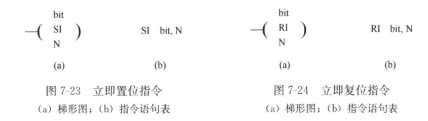

图 7-23 立即置位指令　　　　　图 7-24 立即复位指令
（a）梯形图；（b）指令语句表　　（a）梯形图；（b）指令语句表

【例 7-7】图 7-25、图 7-26 为立即指令的应用

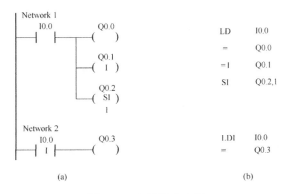

图 7-25 立即指令应用

（a）梯形图；（b）指令语句表

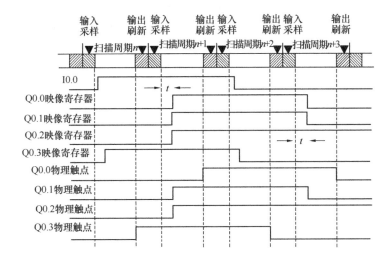

图 7-26 立即指令使用时序图

### 7.1.10　逻辑堆栈操作指令 LPS　LRD　LPP

堆栈是一组能够存储和取出数据的暂存单元，其特点是"先进后出，后进先出"每一次进行入栈操作，新值放入栈顶，栈底值丢失；每一次进行出栈操作，栈顶值弹出，栈底值补进随机数。S7-200 PLC 使用了一个 9 层堆栈来处理所有逻辑操作，逻辑堆栈指令主要用来完成对触点进行的复杂连接，将连接点的结果存储起来，以方便连接点后面电路的编程。

1. 逻辑入栈指令 LPS

在梯形图的分支结构中，用于生成一条新的母线，其左侧为原理的主逻辑块，右侧为新的逻辑块，完整的逻辑块从此开始。使用 LPS 指令时，本指令为分支的开始，以后必须有分支结束指令，即 LPS 与 LPP 必须成对出现。

2. 逻辑读栈指令 LRD

在梯形图的分支结构中，当左侧为主逻辑块时，开始第二个后边有更多的从逻辑块的编程。

3. 逻辑出栈指令 LPP

在梯形图的分支结构中，用于将 LPS 生成的一条新的母线进行恢复。

4. 装入堆栈指令 LDS、n

n 的范围：0~8 的整数。

图 7-27 为说明执行逻辑入栈、读栈、出栈和"LDS 3"指令的操作过程示意图。

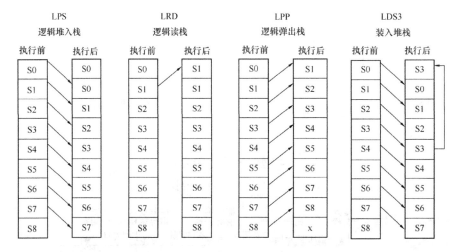

图 7-27　堆栈操作原理图

【例 7-8】图 7-28 为一层堆栈电路

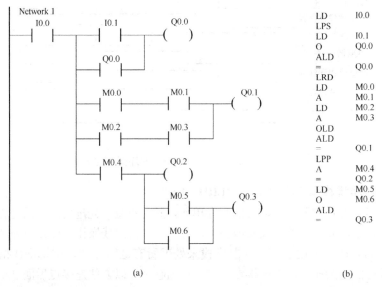

图 7-28　一层堆栈电路图
(a) 梯形图；(b) 指令语句表

【例 7-9】图 7-29 为二层堆栈电路

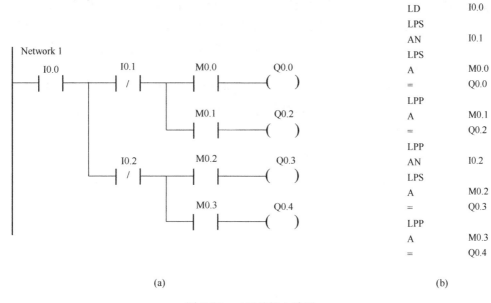

图 7-29 二层堆栈电路图
(a) 梯形图；(b) 指令语句表

【例 7-10】图 7-30 为四层堆栈电路

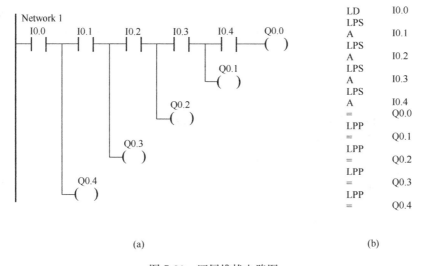

图 7-30 四层堆栈电路图
(a) 梯形图；(b) 指令语句表

堆栈指令使用说明：
(1) LPS 和 LPP 指令必须成对使用。
(2) 堆栈层数应少于 9 层，也就是说 LPS、LPP 指令连续使用时应少于 9 次。
(3) LPS、LRD、LPP 指令无操作数。

### 7.1.11 定时器

定时器是 PLC 中很重要的编程元件之一，在可编程控制器中的作用相当于一个时间继电器，它有一个设定值、一个当前值以及无数个触点（位）。触点可以无数次使用，定时器的工作是将 PLC 内的 1ms、10ms、100ms 等的时钟脉冲相加，当它的当前值等于设定值时，定时器的输出触点动作。

S7-200 系列 PLC 有 256 个定时器，其地址编号最大为 255，这 256 个定时器按工作方式的不同分为三种类型：接通延时定时器（TON）、有记忆接通延时定时器（TONR）、断开延时定时器（TOF）。

其 LAD 和 STL 格式分别如图 7-31 所示。

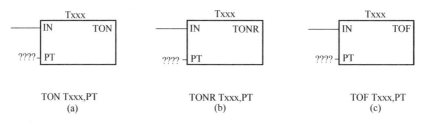

图 7-31　定时器
(a) 接通延时定时器；(b) 有记忆接通延时定时器；(c) 断开延时定时器

IN：表示输入的是一个位置逻辑信号，起使能输入端的作用。

Txxx：表示定时器的编号，常数 0～255。

PT：定时器的初值，数据类型为 INT 型（整型）。操作数可为 VW、IW、QW、MW、SW、SMW、LW、AIW、T、C、AC、*VD、*AC、*LD 或常数，其中常数最为常用。

**1. 接通延时定时器（TON）**

输入端 IN 接通时，接通延时定时器开始计时，当定时器当前值等于或大于设定值 PT 时，该定时器位被置为 1。定时器累计值达到设定时间后，继续计时，一直计到最大值 32767。输入端 IN 断开时，定时器复位，即当前值为 0。

定时器的实际设定时间 T＝设定值(PT)×分辨率。

例如：TON 指令使用 T38（100ms 分辨率的定时器），设定值为 10，则所设定时间 T＝10×100ms＝1000ms＝1s

**2. 有记忆接通延时定时器（TONR）**

输入端 IN 接通时，有记忆接通延时定时器开始计时，当定时器当前值等于或大于设定值 PT 时，该定时器位被置为 1。定时器累计值达到设定时间后，继续计时，一直计到最大值 32767。

输入端 IN 断开时，定时器的当前值保持不变，定时器位不变。输入端 IN 再次接通时，定时器当前值从原保持值开始继续向上计时，即可累计多次输入信号的接通时间。保持的当前值可利用复位指令（R）清除。

**3. 断开延时定时器（TOF）**

输入端 IN 接通时，定时器位被置为 1 并把当前值设为 0。输入端 IN 断开时，定时器开始计时，当计时当前值等于设定值，定时器位断开为 0，并且停止计时。

## 任务 7.1　PLC 基本指令

定时器按分辨率分为 1ms、10ms、100ms 定时器，定时器的编号一旦确定，其分辨率也随之确定，其编号和分辨率关系如表 7-1 所示。

定时器的分辨率和编号　　　　　　　　表 7-1

| 定时器类型 | 分辨率(ms) | 计时范围(s) | 定时器号 |
| --- | --- | --- | --- |
| TONR | 1 | 32.767 | T0、T64 |
| TONR | 10 | 327.67 | T1~T4、T65~T68 |
| TONR | 100 | 3276.7 | T5~T31、T69~T95 |
| TON、TOF | 1 | 32.767 | T32、T96 |
| TON、TOF | 10 | 327.67 | T33~T36、T97~T100 |
| TON、TOF | 100 | 3276.7 | T37~T63、T101~T255 |

【**例 7-11**】接通延时定时器 TON 应用举例，如图 7-32 所示。

其初值设为 10，T37 为 100ms 定时器，当 I0.0 有效时，定时器开始计时，计到 10× 100ms=1s 时，状态被置 1，即常开触点接通，Q0.0 有输出，其后当前值继续增加，但不影响输出的状态位，当 I0.0 断开时，T37 复位，当前值清 0，状态位也清 0。

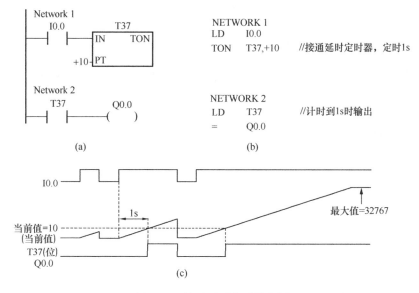

图 7-32　接通延时定时器应用
(a) 梯形图；(b) 指令语句表；(c) 时序图

【**例 7-12**】有记忆接通延时定时器 TONR 应用举例，如图 7-33 所示。

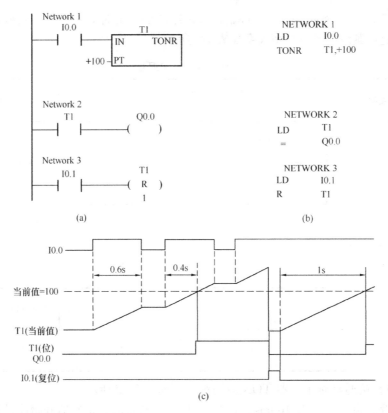

图 7-33 有记忆接通延时定时器应用
(a) 梯形图；(b) 指令语句表；(c) 时序图

【例 7-13】断开延时定时器 TOF 应用举例，如图 7-34 所示。

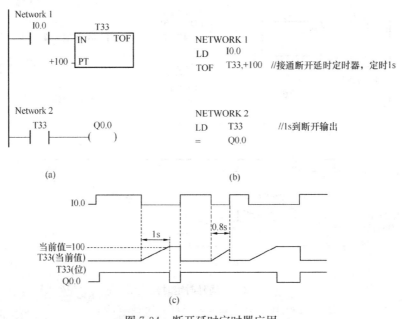

图 7-34 断开延时定时器应用
(a) 梯形图；(b) 指令语句表；(c) 时序图

### 7.1.12 计数器

计数器用来累计输入脉冲的次数，是应用非常广泛的编程元件，在实际应用中，经常用来对产品进行计数。计数器与定时器的结构和使用基本相似，编程时输入它的预设值 PV（计数的次数），计数器累计它的脉冲输入端电位上升沿（正跳变）个数，当计数器达到预设值 PV 时，发出中断请求信号，以便 PLC 作出相应的处理。

S7-200 系列 PLC 有 3 种计数器指令：增计数 CTU、减计数 CTD 和增减计数 CTUD。指令操作数有 4 方面：编号、预设值、脉冲输入和复位输入。

1. 增计数 CTU

其 LAD 和 STL 指令格式如图 7-35 所示。

CU—加计数器脉冲输入端。

R—复位输入端。

PV—设定值，数据类型为 INT 型。寻址范围可以是 VW、IW、QW、MW、SW、SMW、LW、AIW、T、C、AC、*VD、*AC、*LD 和常数。

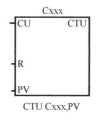

图 7-35 增计数器

增计数器工作时，在输入脉冲的每个上升沿，计数器值加 1，当前值达到设定值时，计数器被置位 ON，当前值继续计数到 32767 停止。当复位输入（R）有效时，计数器自动复位，当前值变为 0。

【例 7-14】图 7-36 为增计数器应用。

2. 减计数 CTD

其 LAD 和 STL 指令格式如图 7-37 所示。

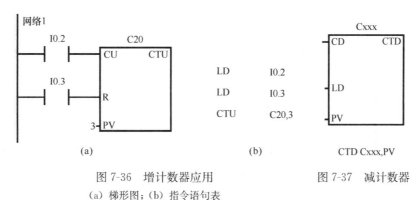

图 7-36 增计数器应用　　图 7-37 减计数器
(a) 梯形图；(b) 指令语句表

CD—减计数器脉冲输入端。

LD—装载复位输入端，只用于减计数器。

PV—设定值，数据类型为 INT 型。寻址范围可以是 VW、IW、QW、MW、SW、SMW、LW、AIW、T、C、AC、*VD、*AC、*LD 和常数。

当装载输入端（LD）有效时，计数器复位并把设定值（PV）装入当前值寄存器（CV）中，当计数输入端（CD）有一个上升沿信号时，计数器从设定值开始作递减计数，直至计数器当前值等于 0 时，停止计数，同时计数器位被置位。减计数器指令无复位端，它是在装载输入端（LD）接通时，使计数器复位并把设定值装入当前值寄存器中。

【例 7-15】图 7-38 为减计数器应用。

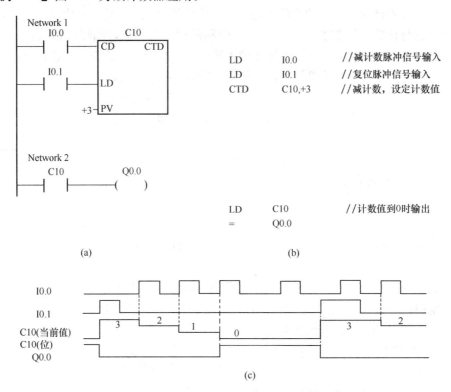

图 7-38 减计数器应用
(a) 梯形图；(b) 指令语句表；(c) 时序图

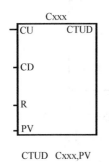

图 7-39 增减计数器

3. 增减计数 CTUD

其 LAD 和 STL 指令格式如图 7-39 所示。

CU—加计数器脉冲输入端。

CD—减计数器脉冲输入端。

R—复位输入端。

PV—设定值，数据类型为 INT 型。寻址范围可以是 VW、IW、QW、MW、SW、SMW、LW、AIW、T、C、AC、*VD、*AC、*LD 和常数。

该指令有两个脉冲输入端：CU 输入端用于递增计数，CD 输入端用于递减计数。首次扫描，计数器位 OFF，当前值为 0。在 CU 输入的每个上升沿，计数器当前值增加 1，作加计数；在 CD 输入的每个上升沿，都使计数器当前值减 1，作减计数，当前值达到预设值时，计数器位 ON。

增减计数器计数到 32767（最大值）后，下一个 CU 输入的上升沿将使当前值跳变为最小值（−32768）；反之，当前值达到最小值（−32768）时，下一个 CD 输入的上升沿将使当前值跳变为最大值（32767）。复位输入有效或执行复位指令时，计数器自动复位，即计数器位 OFF，当前值为 0。

【例 7-16】图 7-40 为增减计数器应用。

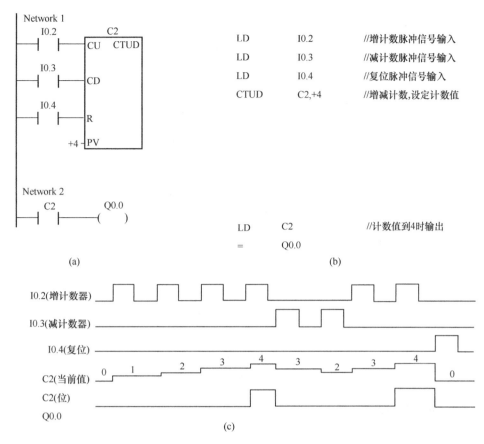

图 7-40 增减计数器应用
(a) 梯形图；(b) 指令语句表；(c) 时序图

## 任务 7.2 PLC 指令的编程与应用

### 7.2.1 梯形图的编程规则

(1) 编制梯形图时，按自上而下，从左到右的方式编制，尽量减少程序步数。

(2) 梯形图的每一行都是从左母线开始，然后是各种触点的逻辑连接，最后以线圈结束，触点不能放到线圈的右边。如图 7-41 所示。

图 7-41 梯形图画法 1
(a) 错误；(b) 正确

(3) 在同一程序中，避免双线圈输出，双线圈输出非常容易引起误动作。

(4) 多上左串，应把串联多的电路块尽量放在最上边，把并联多的电路块尽量放在最左边，如图 7-42 所示。

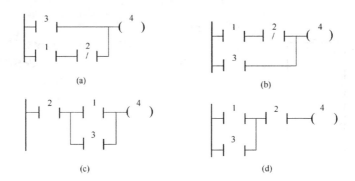

图 7-42 梯形图画法2

(a) 需要块或指令；(b) 不需要块或指令；(c) 需要块与指令；(d) 不需要块与指令

（5）应尽量节省指令，如图 7-43 所示。

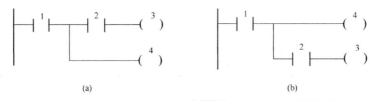

图 7-43 梯形图画法3

(a) 需要多重输出指令；(b) 不需要多重输出指令

### 7.2.2 基本指令应用

**1. 电动机连续运行控制电路**

按下启动按钮 $SB_1$，电动机自锁正转；按下停止按钮 $SB_2$，电动机停转。其继电器控制电路图、梯形图、实验接线图和时序图分别如图 7-44。

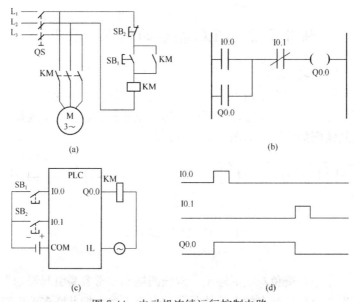

图 7-44 电动机连续运行控制电路

(a) 电气控制电路图；(b) 梯形图；(c) PLC 外部接线图；(d) 时序图

从图 7-44 的分析过程可知，当启动按钮 $SB_1$ 被按下时 I0.0 接通，Q0.0 置 1，这时电动机连续运行，需要停车时，按下停车按钮 $SB_2$，串联在 Q0.0 线圈回路中的 I0.1 常闭触点断开，Q0.0 置 0，电动机失电停车，所以，上述电路也叫自锁控制电路。

2. 电动机可逆运行控制电路

该电路是在单向运转电路的基础上增加一个反转控制按钮和一只反转接触器，在实际运行过程中，考虑正转、反转两个接触器不能同时接通，在两个接触器的控制回路中分别串入另一个接触器的常闭触点，即形成互锁电路。对应的梯形图控制程序如图 7-45 所示。

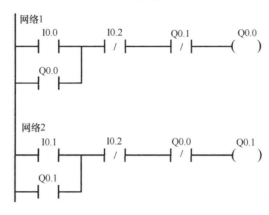

图 7-45 电动机可逆运行梯形图

3. 瞬时接通/延时断开电路

瞬时接通/延时断开电路要求在输入信号有效时，马上有输出、输入信号无效后，输出信号延时一段时间停止。其梯形图、指令语句表、时序图分别见图 7-46。

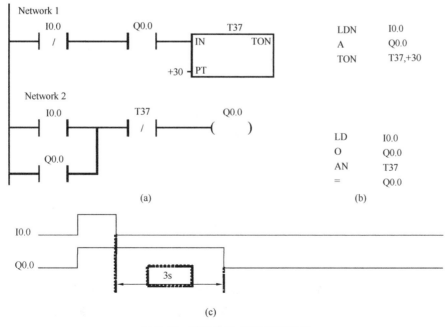

图 7-46 瞬时接通/延时断开电路
(a) 梯形图；(b) 指令语句表；(c) 时序图

在梯形图程序中用到一个编号为 T37 的定时器,在 I0.0 有输入的瞬间,Q0.0 有输出并保持,当 I0.0 变为 OFF 时,T37 开始计时,3s 后定时器触点闭合,使输出 Q0.0 断开。即 I0.0 断开后,Q0.0 延时 3s 断开。

4. 延时接通/延时断开电路

延时接通/延时断开电路要求在输入信号有效时,延时一段时间输出信号才接通;输入信号断开后,输出信号延时一段时间才断开。与瞬时接通/延时断开电路相比,在该电路中多加了一个输入延时,如图 7-47 所示。

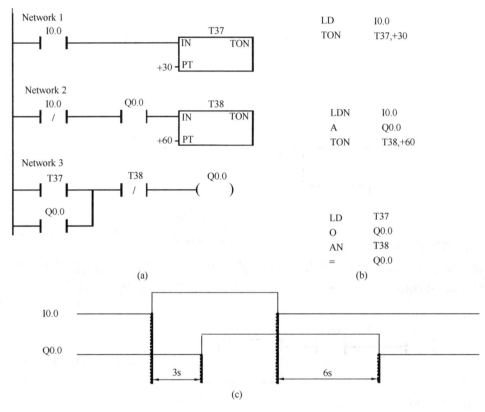

图 7-47 延时接通/延时断开电路
(a) 梯形图;(b) 指令语句表;(c) 时序图

5. 分频电路

图 7-48 所示为二分频电路,梯形图、语句表和时序图如下。

梯形图中用了三个辅助继电器,编号分别是 M0.0、M0.1、M0.2。当输入 I0.1 在 $t_1$ 时刻接通(ON),此时内部辅助继电器 M0.0 上将产生单脉冲。然而输出线圈 Q0.0 在此之前并未得电,其对应的常开触点处于断开状态。因此,扫描程序至第 3 行时,尽管 M0.0 得电,内部辅助继电器 M0.2 也不可能得电。扫描至第 4 行时,Q0.0 得电并自锁。此后这部分程序虽然多次扫描,但由于 M0.0 仅接通一个扫描周期,M0.2 不可能得电。Q0.0 对应的常开触点闭合,为 M0.2 的得电做好了准备。等到 $t_2$ 时刻,输入 I0.1 再次接通(ON),M0.0 上再次产生单脉冲。因此,在扫描第 3 行时,内部辅助继电器 M0.2 条件满足得电,M0.2 对应的常闭触点断开。执行第 4 行程序时,输出线圈 Q0.0 失电,输出信号消失。以后，虽然 I0.1 继续存在，但由于 M0.0 是单脉冲信号，虽多次扫描第 4 行，输出线圈 Q0.0 也不可能得电。在 $t_3$ 时刻，输入 I0.0 第三次出现（ON），M0.0 上又产生单脉冲，输出 Q0.0 再次接通。$t_4$ 时刻，输出 Q0.0 再次失电……得到输出正好是输入信号的二分频。这种逻辑每当有控制信号时，就将状态翻转，因此也可以用作触发器。

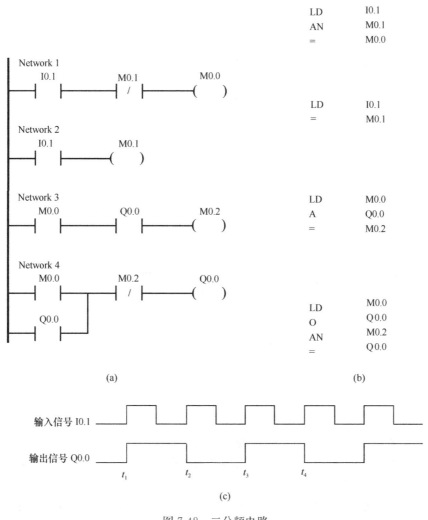

图 7-48 二分频电路
(a) 梯形图；(b) 指令语句表；(c) 时序图

6. 振荡电路

图 7-49 为用定时器控制的振荡电路的梯形图、指令语句表和时序图，当输入 I0.0 接通时，输出闪烁，接通和断开交替进行，接通时间为 1s，由定时器 T38 设定；断开时间为 2s，由定时器 T37 设定。

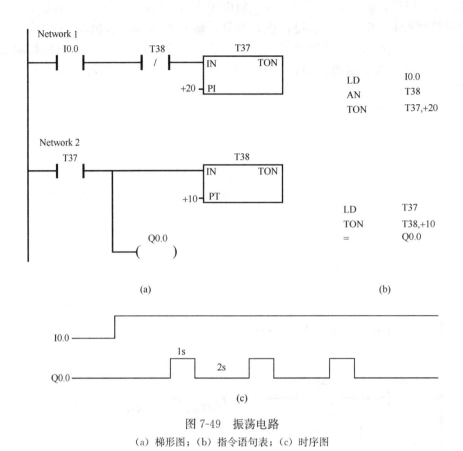

图 7-49 振荡电路
(a) 梯形图；(b) 指令语句表；(c) 时序图

## 单 元 小 结

本单元主要讲述 S7-200 系列 PLC 的基本指令，这些指令是 PLC 编程的基础，通过学习，熟练掌握各种指令在梯形图和语句表编程中的使用方法。任务 7.1 介绍 S7-200 系列 PLC 基本指令的梯形图及语句表格式，特别重点介绍了定时器和计数器的应用，熟练掌握其使用方法是掌握 PLC 基本指令的关键；任务 7.2 简单介绍了 S7-200 程序控制指令，控制指令主要控制程序的执行顺序；任务 7.3、7.4 是通过前面对基本指令的学习，将基本指令应用于实际，进一步加深对 PLC 的理解与记忆。

## 能 力 训 练

### 实训项目 1：PLC 控制两台电机的分时启动

使用置位、复位指令，编写两套电动机的控制程序，两套程序的要求如下：

控制两台电动机，电动机 $M_1$ 先启动，才能启动电动机 $M_2$，停止时，电动机 $M_1$、

$M_2$ 同时停止。

要求编写梯形图程序集指令语句表,并通过软件验证。

### 实训项目 2:抢答器的 PLC 控制

试设计一个抢答器程序电路。主持人提出问题宣布开始后,三个答题人按动按钮,仅仅是最早按的人面前的信号灯亮。一个题目终了时,主持人按动复位按钮,为下一轮抢答做出准备。

### 实训项目 3:广告灯的 PLC 控制

某广告牌有四个广告灯,当按下启动按钮后,第一盏灯点亮,亮 1s 后灭,同时第二盏灯点亮,持续 1s 后熄灭,同时第三盏灯点亮,持续 1s 后熄灭,同时第四盏灯点亮,持续 1s 后熄灭,过 1s 后四盏灯同时点亮持续 1s,再过 1s,重复前面的过程。

要求:

1. 画灯点亮过程的时序图。
2. 根据时序图编写梯形图。
3. 画实训接线图。
4. 实训验证。

# 习 题 与 思 考 题

1. 画出下列语句表所对应的梯形图。

LD    I0.0
O     I1.2
LD    I1.3
ON    I0.2
OLD
LD    M10.2
A     Q0.3
LD    I1.0
AN    Q1.3
OLD
ALD
LD    M100.3
A     M10.5
=     Q0.0

2. 写出下列梯形图对应的指令语句表。

网络1

```
   I0.0      I0.1      I0.2         Q0.0
───┤├───┬───┤/├───┬───┤├──────────( )
   Q0.0  │         │    I0.3         Q0.1
───┤├────┤         └───┤├──────────( R )
         │                            2
         │   M0.2              M0.0
         ├───┤/├──────────────( )
         │
         │   I0.4
         └───┤├──────────────(END)
```

网络2

```
   SM0.5              C12
───┤├───┤P├────────┤CU    CTU├
   I0.5
───┤├──────────────┤R         ├
              +16──┤PV        ├
```

3. 设计 PLC 控制的两台电动机，要求按下启动按钮后第一台电动机启动运行，10s 后第二台自动启动并运行，20s 后两台同时停止。

4. 有 3 台电动机，要求启动时每隔 10s 依次启动一台，每台电动机运转 30min 后自动停止，运行中可用停止按钮将 3 台电动机同时停止。

5. 喷泉的 PLC 控制电路设计：设有 A、B、C 三组喷头，要求按下启动按钮后，A 组先喷 5s，A 停止的同时 B、C 同时喷，5s 后 B 停止，再过 5s，C 停止，而 A、B 同时喷，再过 2s，C 也喷，A、B、C 同时喷 5s 后全部停止，再过 3s 重复前面的过程，当按下"停止"按钮时，马上停止。

# 学习情境 8　顺控指令及应用

**学习导航**

| 学习任务 | 任务 8.1　功能图、步进顺控指令及其应用<br>任务 8.2　多分支功能图<br>任务 8.3　功能图及顺序控制指令的应用举例 |
|---|---|
| 能力目标 | 掌握可编程控制器的功能图、步进顺控指令，并能熟练运用，编制简单程序。 |

## 任务 8.1　功能图、步进顺控指令及其应用

### 8.1.1　功能图

功能图也称为状态转移图、顺序功能图或功能流程图。在实际应用中，一个控制过程可以分为若干个阶段，每个阶段称为状态。状态与状态之间由转换分隔。相邻的状态具有不同的运作。当相邻状态之间的转换条件得到满足时，就实现转换。即上面状态的运作结束而下一状态的动作开始。可用功能图来描述控制系统的控制过程，是专用于工业顺序控制程序设计的一种功能性语言，能较直观地显示工业控制中的基本顺序。

状态转移图如图 8-1 所示，状态器是功能图基本的软元件，矩形框中可写上该状态的状态器元件编号。

其中：

双线的矩形框为初始状态，初始状态是功能图运行的起点，一个控制系统至少要有一个初始状态。

单线矩形框表示系统正常运行的状态。根据控制系统是否运行，状态可以为动态和静态两种。动状态是指当前正在运行的状态，静状态是指当前没有运行的状态。

相邻两个状态器之间有一条短线，表示转移条件，当转移条件满足时，则从上一个状态转移到下一个状态，而上一个状态自动复位。

功能图的绘制必须满足以下规则：

（1）状态与状态不能直接相连，必须用转移分开。

（2）转移与转移不能相连，必须用状态分开。

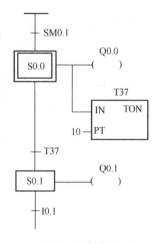

图 8-1　状态转移图

（3）状态与转移、转移与状态之间的连接采用有向线段，从上向下画时，可以省略箭头；当有向线段从下向上画时，必须画上箭头，以表示方向。

（4）一个功能图至少要有一个初始状态。

### 8.1.2 顺控指令及其应用

顺序控制指令是 PLC 生产厂家为用户提供的可使功能图编程简单化和规范化的指令。S7-200 PLC 提供了三条顺序控制指令，其中最后一条顺序状态结束指令 SCRE 使用较少，其 STL 和 LAD 格式如图 8-2 所示。

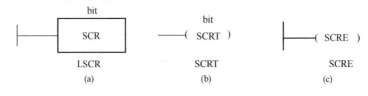

图 8-2 顺控指令
(a) 顺序状态开始；(b) 顺序控制转移；(c) 顺序状态结束

从图 8-2 可以看出，顺序控制指令的操作元件为状态器 S，每一个 S 位都表示功能图中的一种状态。S 的范围为 S0.0～S31.7。

从 LSCR 指令开始到 SCRE 指令结束的所有指令组成一个顺序控制器（SCR）段。LSCR 指令标记一个 SCR 段的开始，当该段的状态器置位时，允许该 SCR 段工作。SCR 段必须用 SCRE 指令结束。当 SCRT 指令的输入端有效时，一方面置位下一个 SCR 段的状态器，以便使下一个 SCR 段开始工作；另一方面又同时使该段的状态器复位，使该段停止工作。由此可以总结出每一个 SCR 程序段一般有以下三种功能：

(1) 驱动处理。即在该段状态有效时，要做什么工作，有时也可能不做任何工作。

(2) 指定转移条件和目标。即满足什么条件后状态转移到何处。

(3) 转移源自动复位功能。状态发生转移后，置位下一个状态的同时，自动复位原状态。

【例 8-1】顺序控制指令应用举例如图 8-3 所示：

在该例中，初始化脉冲 SM0.1 用来置位 S0.0 及把 S0.0 状态激活；在 S0.0 状态的 SCR 段中可以置位控制的初始状态或复位状态。等条件 I0.0 满足后状态发生移位，I0.0 即为状态转移条件，并将 S0.1 状态激活。置位 1，同时使原初始状态 S0.0 复位。

状态 S0.1 的 SCR 段，要做的工作是输出 Q0.0，当条件 I0.1 满足时，状态从状态 S0.1 转移到状态 S0.2，同时状态 S0.1 复位。就这样直到条件 I0.3 满足，状态从状态 S0.3 转移回到状态 S0.0，控制结束。

顺序控制指令使用说明：

(1) 顺序指令仅对元件 S 有效，顺序继电器 S 也具有一般继电器的功能，所以对它们能够使用其他指令。

(2) SCR 段程序能否执行取决于状态器（S）是否被置位，SCRE 与下一个 LSCR 之间的指令逻辑不影响下一个 SCR 段程序的执行。

(3) 不能把同一个 S 位用于不同程序中，如在主程序中用了 S0.1，则在子程序中就不能再使用它。

(4) 在 SCR 段中不能使用 JMP 和 LBL 指令，即不允许跳入、跳出或在内部跳转，但可以在 SCR 段附近使用跳转和标号指令。

(5) 在 SCR 段中不能使用 FOR、NEXT 和 END 指令。

## 任务 8.1 功能图、步进顺控指令及其应用

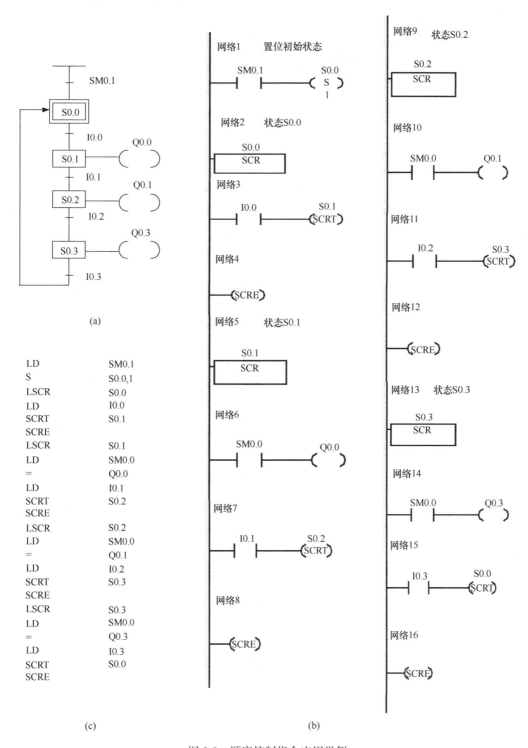

图 8-3 顺序控制指令应用举例
(a) 功能图；(b) 梯形图；(c) 指令语句表

（6）在状态发生转移后，所有的 SCR 段的元器件一般也要复位，如果希望继续输出，可使用置位/复位指令。

（7）在使用功能图时，状态的编号可以不按顺序编排。

（8）S7-200PLC 的顺序控制程序段中，不支持多线圈输出，如程序中出现多个 Q0.0 的线圈，则以后面线圈的状态优先输出。

## 任务8.2 多分支功能图

### 8.2.1 可选择的分支与汇合

在生产实际中，对具有多流程的工作要进行流程选择或者分支选择。即一个控制流可能转入多个可能的控制流中的某一个，但不允许多路分支同时执行。到底进入哪一个分支取决于控制流前面的转移条件哪一个为真。选择性分支与汇合的功能图和梯形图如图 8-4 所示。

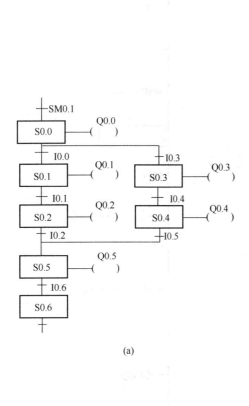
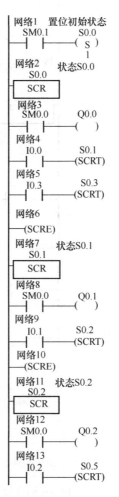
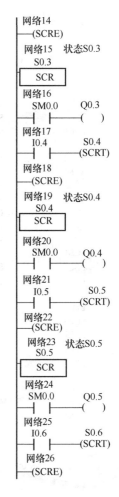

图 8-4 可选择性分支与汇合
(a) 功能图；(b) 梯形图

### 8.2.2 并行性分支与汇合

一个顺序控制状态必须分成两个或多个不同分支控制状态流，这就是并发性分支或并行分支。但一个控制状态流分成多个分支时，所有的分支控制状态流必须同时激活。当多个控制流产生的结果相同时，可以把这些控制流合并成一个控制流，即并行性分支的汇合。同时结束若干个顺序也用双水平线表示。

如图 8-5 所示为并行分支与汇合应用的功能图和梯形图。并行分支连接时，要同时使

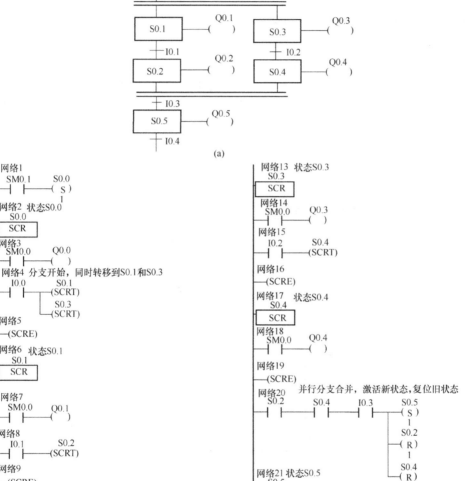

图 8-5 并行性分支与汇合应用举例
（a）功能图；（b）梯形图

所有分支状态转移到新的状态，完成新状态的启动。另外在状态 S0.2 和 S0.4 的 SCR 中，由于没有使用 SCRT 指令，所以 S0.2 和 S0.4 的复位不能自动进行，最后要用复位指令对其进行复位。这种处理方法在并行分支的连接合并时经常用到，而且在并行分支连接合并前的最后一个状态往往是"等待"过渡状态，他们要等待所有并行分支都为活动状态后一起转移到新的状态。这些"等待"状态不能自动复位，他们的复位就要使用复位指令来完成。

## 任务8.3 功能图及顺序控制指令的应用举例

### 8.3.1 简单机械手的 PLC 自动控制

机械手工作示意图如图 8-6，机械手将工件从 A 位置向 B 位置移送。机械手上升、下降与左移、右移都是由双线圈两位电磁阀驱动气缸来实现的。抓手对物件的松开、夹紧是由一个单线圈两位电磁阀驱动气缸完成，只有在电磁阀通电时抓手才能夹紧。该机械手工作原点在左上方，按下降、夹紧、上升、右移、下降、松开、上升、左移的顺序依次运行。如图 8-6 所示：

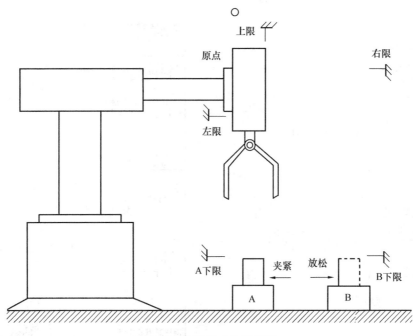

图 8-6 机械手工作示意图

机械手开始处于原点位置，此时必须是压住左限位和上限位，而且抓手是松开的，当接收到开始信号时，机械手下降，碰到下限位时，机械手抓工件，设置一定的时间，机械手开始上升，碰到上限位时，开始右移，碰到右限位时，机械手开始下降，碰到下限位机械手松开释放工件，延时一段时间后接着上升，碰到上限位时开始左移，再碰到左限位完成一个周期。如此循环进行，就把工件从 A 位置搬到 B 位置，其功能图及梯形图如图 8-7、图 8-8 所示。

## 任务 8.3 功能图及顺序控制指令的应用举例

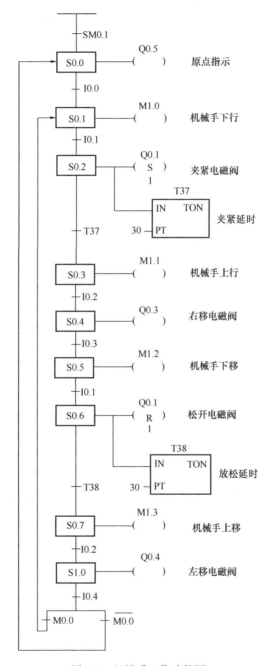

图 8-7 机械手工作功能图

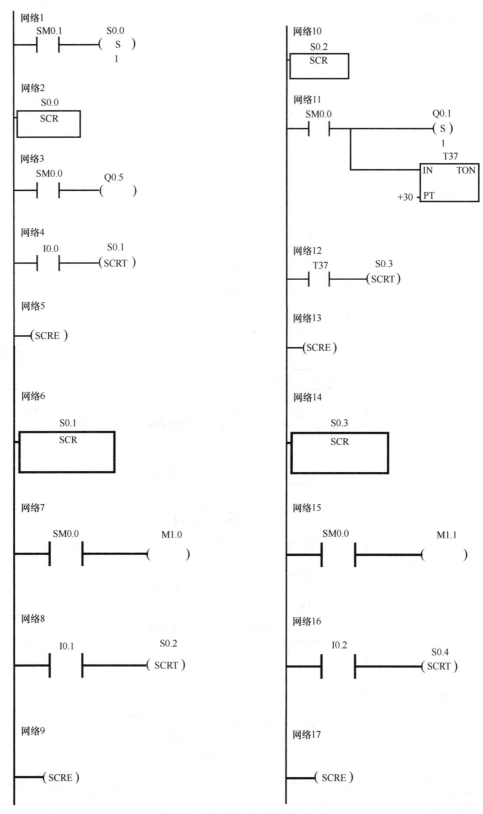

图 8-8 机械手工作梯形图（一）

## 任务 8.3 功能图及顺序控制指令的应用举例

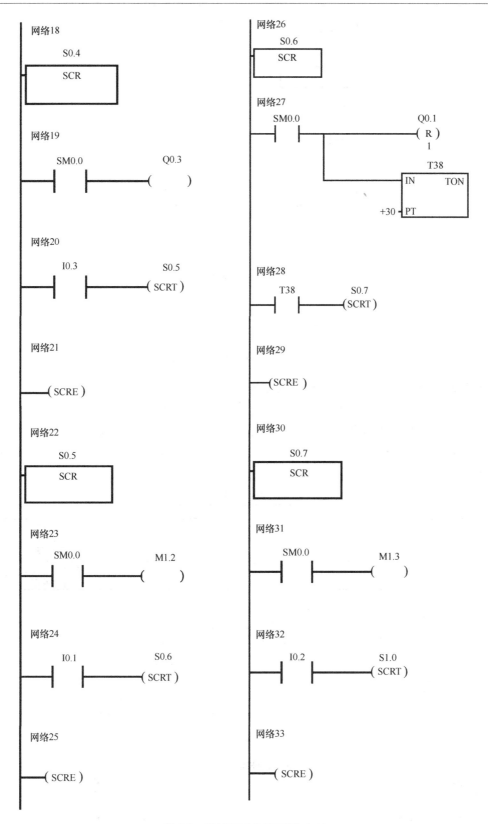

图 8-8 机械手工作梯形图（二）

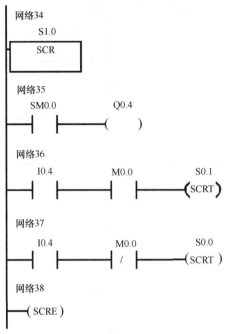

图 8-8 机械手工作梯形图（三）

### 8.3.2 十字路口交通信号灯的 PLC 控制

图 8-9 为人行道和马路的信号灯系统，当行人过马路时，可按下分别安装在马路两侧的按钮 I0.0 或 I0.1，则交通灯（红灯、黄灯、绿灯 3 种类型）系统按图 8-10 所示形式工作，在工作期间按钮按下都不起作用，根据控制要求对系统进行输入点、输出点地址分配，如表 8-1 所示。

地址分配　　　　　　　　　　　　　　　　　表 8-1

| 输入 | | 输出 | |
|---|---|---|---|
| I0.0 | 人行道南面按钮 | Q0.0 | 马路绿灯 |
| I0.1 | 人行道北面按钮 | Q0.1 | 马路黄灯 |
| | | Q0.2 | 马路红灯 |
| | | Q0.3 | 人行道红灯 |
| | | Q0.4 | 人行道绿灯 |

图 8-9　十字路口人行道和马路信号灯示意图　　　　图 8-10　信号灯工作过程

## 任务 8.3 功能图及顺序控制指令的应用举例

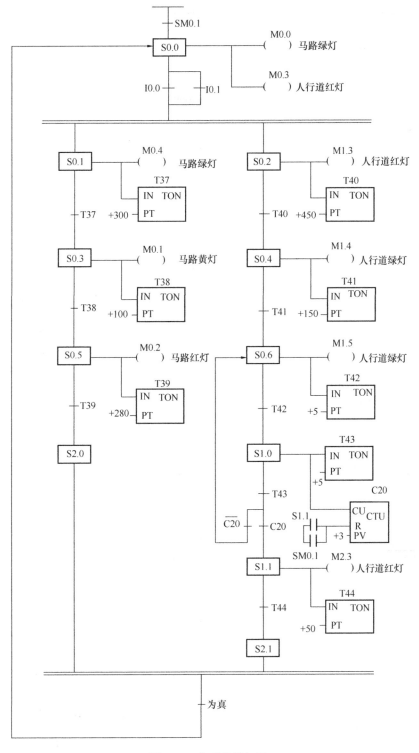

图 8-11 交通信号灯图

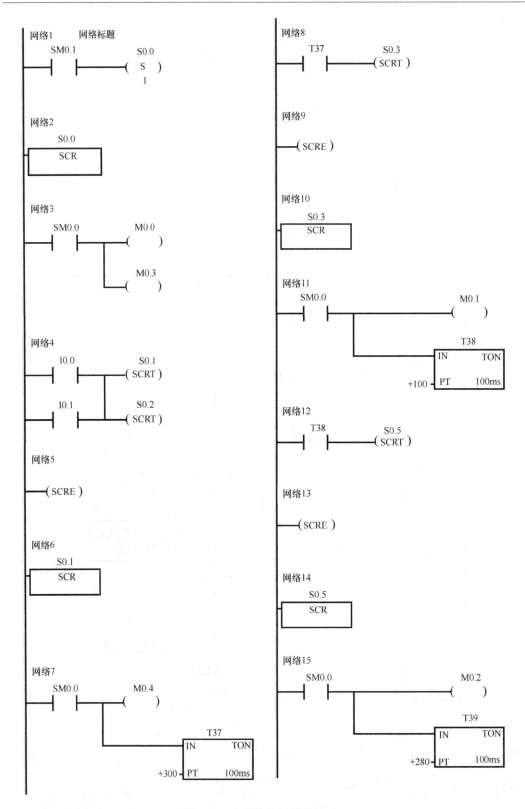

图 8-12 交通信号灯梯形图（一）

## 任务 8.3 功能图及顺序控制指令的应用举例

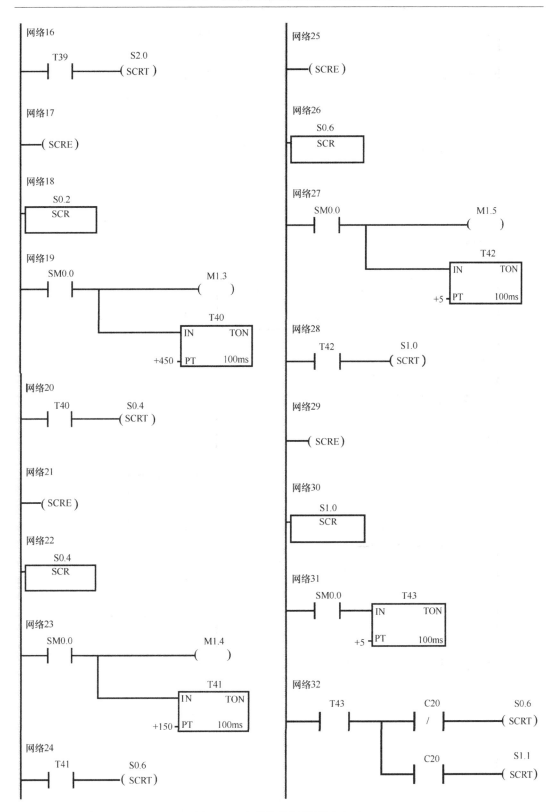

图 8-12 交通信号灯梯形图（二）

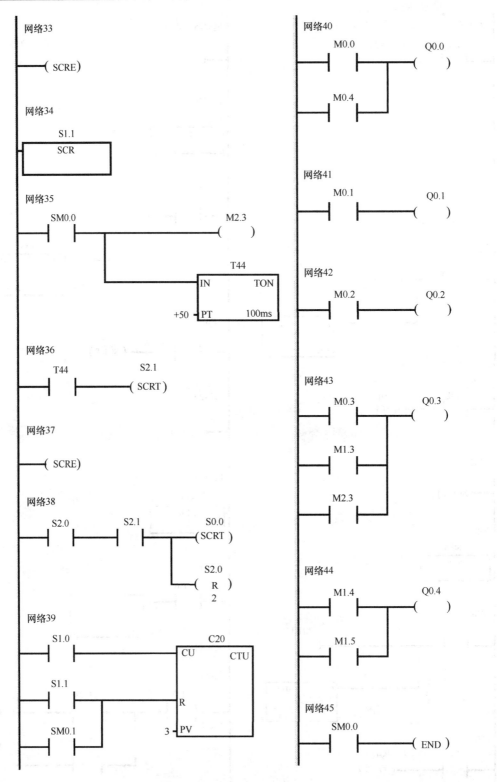

图 8-12 交通信号灯梯形图（三）

## 单 元 小 结

本单元主要讲述 S7-200 系列 PLC 的功能图、顺序控制指令及其应用,在基本指令的基础上进一步加强学习,通过本单元的学习,将较复杂的控制程序简化。功能图较直观,学者容易接受。任务 8.1 介绍 S7-200 系列 PLC 功能图及顺控指令的,通过两者的相互转化,加强了对顺控指令的记忆及运用;任务 8.2 介绍了多分支状态转移图的处理;任务 8.3 讲述了功能图及顺序控制指令的应用举例,通过日常生活中的案例,进一步加强功能图及顺控指令的实践应用。

## 能 力 训 练

### 实训项目 1:自动装卸线的 PLC 控制

设计一条用 PLC 控制的自动装卸线,其装卸操作过程如下:

1. 料车在原位,显示原点位置;按下启动按钮后自动线开始工作。
2. 加料定时 5s,加料结束。
3. 延时 1s,料车上升。
4. 上升到位,自动停止。
5. 延时 1s,料车自动卸料。
6. 卸料 10s,料车复位并下降。
7. 下降到原位,料车自动停止移动。

实训要求:

1. 写出 I/O 端子分配表。
2. 编写功能图控制程序及梯形图。
3. 通过实训验证并调试。

### 实训项目 2:多个灯顺序闪烁的控制

按以下要求实现多个灯顺序发光与闪烁的控制。

灯 1:启动后发光,当灯 2 发光 1s 后或灯 3 发光 2s 后熄灭。

灯 2、灯 3:在灯 1 发光 2s 后,若开关 $SA_1$ 断开,则灯 2 发光,若开关 $SA_1$ 接通,则灯 3 发光;不论灯 2 或灯 3 发光,3s 后都熄灭。

灯 4:灯 2、灯 3 熄灭后发光,2s 后熄灭。

灯 4 熄灭后,又重新灯 1 至灯 4 的发光过程;循环 2 次后停止运行。(可再次启动)

要求:

1. 用按钮 $SB_1$ 作启动控制,按钮 $SB_2$ 作停止控制。
2. 编写功能图控制程序及梯形图。
3. 通过实训验证并调试。

## 习 题 与 思 考 题

1. 什么是功能图？功能图主要由哪些元素组成？
2. 顺序控制指令有哪些功能？
3. 功能图的主要类型有哪些？
4. 写出图 8-4、图 8-5 对应的指令语句表。
5. 有 3 台电机 $M_1$、$M_2$、$M_3$ 按下启动按钮后 $M_1$ 启动，1min 后 $M_2$ 启动，然后再过 1min 后 $M_3$ 启动。按下停止按钮后，逆序停止。即 $M_3$ 先停，30s 后 $M_2$ 停，再 30s 后 $M_1$ 停。试用功能图方法编程。要求画出功能图、梯形图，并写出语句表。
6. 设计一个居室通风系统控制程序，使 3 个居室的通风自动轮流地打开和关闭，轮换时间为 1h。
要求：编写控制系统的功能图及梯形图。

# 学习情境 9  PLC 功能指令及应用

**学习导航**

| 学习任务 | 任务 9.1  功能指令概述<br>任务 9.2  功能指令及应用 |
|---|---|
| 能力目标 | 了解 S7-200 PLC 常用功能指令的表示形式及应用方法。 |

## 任务 9.1  功能指令概述

PLC 除了具有丰富的基本指令外，还具有丰富的功能指令，现在的 PLC 实际上就是一个计算机控制系统，为了满足工业控制的需要，PLC 的生产厂家为 PLC 增添了数据处理、通信等具有特定功能的指令，这些指令被称为功能指令。

PLC 的初步学习者，要通过读程序、编程序和调试程序来学习 PLC 的功能指令的应用，从而达到灵活应用的目的。

### 9.1.1  功能指令的表示形式及操作说明

在 PLC 的指令系统中，有些指令在梯形图中是用方框来表示的，这些具有特定功能又用方框来表示的指令被称作"指令盒"，又被称作"功能块"。

指令盒的使能输入端 EN 和输入端 IN 均在左边，使能输出端 ENO 和输出端 OUT 均在右边。指令盒的操作数分为输入操作数（IN）和输出操作数（OUT），输入操作数（IN）又称源操作数，输出操作数（OUT）又称目标操作数，S7-200 PLC 中大多数功能指令的操作数类型如下：

字节型操作数：VB，IB，QB，MB，SB，SMB，LB，AC，*VD，*LD，*AC 和常数。

字型操作数：VW，IW，QW，MW，SW，SMW，LW，AC，T，C，*VD，*LD，*AC 和常数。

双字型操作数：VD，ID，QD，MD，SD，SMD，LD，AC，*VD，*LD，*AC 和常数。

当使能端 EN 与左侧"母线"接通时，该指令便被执行，如果指令执行没有错误，使能输出端 ENO 就被置位，并将能流向下传递，因此指令盒指令可以串联应用，ENO 可以作为允许位表示指令成功被执行。

### 9.1.2  功能指令的分类及操作注意事项

功能指令主要包括两大类，一类属于最基本的数据操作，例如数据的传送，数据的比较、移位，数学运算及逻辑运算等；另一类功能指令与子程序、程序跳转、循环等 PLC 的高级应用有关，这些功能指令的出现，极大地拓宽了 PLC 的应用范围，增强了 PLC 编程的灵活性。

功能指令在操作前要明确其具有什么功能，要明确 EN 为使能输入端，ENO 为使能输出端，要明确输入操作数与输出操作数的数据类型。

## 任务9.2 功能指令及应用

### 9.2.1 数据传送指令及应用

数据传送指令主要用于 PLC 内部编程元件之间的数据传送，主要包括单个数据传送、数据块传送和字节交换指令。

1. 单个数据传送指令

单个数据传送指令被执行时传送一个数据，传送数据的类型包括字节（B）传送，字（W）传送、双字（DW）传送和实数（R）传送。不同的数据类型应采用不同的传送指令。

（1）字节传送指令 MOV_B

该指令的 LAD 格式如图 9-1 所示，EN 为使能输入端，IN 为数据输入端，OUT 为数据输出端，ENO 为使能输出端。MOV_B 指令的功能是当使能输入端 EN 有效时（即与左侧"母线"接通时），将由 IN 指定的一个 8 位字节数据传送到 OUT 指定的字节单元中。输入、输出操作数的数据类型为字节型。

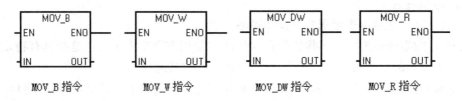

图 9-1 单个数据传送指令 LAD 格式

（2）字传送指令 MOV_W

该指令的 LAD 格式如图 9-1 所示，EN 为使能输入端，IN 为数据输入端，OUT 为数据输出端，ENO 为使能输出端。MOV_W 指令的功能是当使能输入端 EN 有效时（即与左侧"母线"接通时），将由 IN 指定的一个 16 位字数据传送到 OUT 指定的字单元中。输入、输出操作数的数据类型为字型。

（3）双字传送指令 MOV_DW

该指令的 LAD 格式如图 9-1 所示，EN 为使能输入端，IN 为数据输入端，OUT 为数据输出端，ENO 为使能输出端。MOV_DW 指令的功能是当使能输入端 EN 有效时（即与左侧"母线"接通时），将由 IN 指定的一个 32 位双字数据传送到 OUT 指定的双字存储单元中。输入、输出操作数的数据类型为双字型。

（4）实数传送指令 MOV_R

该指令的 LAD 格式如图 9-1 所示，EN 为使能输入端，IN 为数据输入端，OUT 为数据输出端，ENO 为使能输出端。MOV_R 指令的功能是当使能输入端 EN 有效时（即与左侧"母线"接通时），将由 IN 指定的一个 32 位实数双字数据传送到 OUT 指定的双字存储单元中。输入、输出操作数的数据类型为实数型。

【例9-1】字节传送指令MOV_B的应用示例程序如图9-2所示。

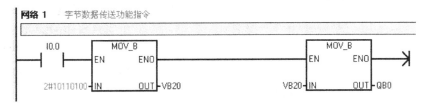

图9-2 字节数据传送指令应用示例程序

图9-2中的字节数据传送指令盒，EN为使能输入端，IN为数据输入端，OUT为数据输出端，ENO为使能输出端，当EN与左侧"母线"接通时，该字节数据传送指令就被执行，输入端送入的二进制字节数据10110100就被传送到变量存储器VB20中。

如果前面的字节数据传送指令盒的使能输出端ENO连接下一个字节数据传送指令的使能输入端EN，则当前面的指令被执行时，后面的功能指令也被执行，于是VB20中的数据又被传送到输出映像寄存器QB0中，指令被执行后的监控结果如图9-3所示。

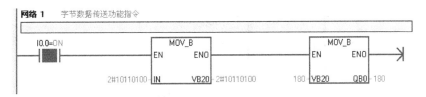

图9-3 字节数据传送指令被执行的监控结果

二进制数据10110100转换为十进制数据就是180。

【例9-2】实数传送指令MOV_R的应用示例程序如图9-4所示。

图9-4中，当PLC的输入端I0.0有信号输入时，MOV_R指令的使能输入端EN就与左侧的"母线"接通，MOV_R指令就被执行，IN输入端的实数2.56就被传送到VD100存储单元中，指令执行后的程序状态监控结果如图9-5所示。其他单个数据传送指令的应用与此类似，请读者自己分析。

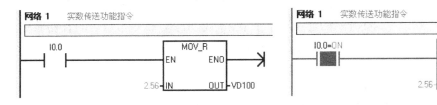

图9-4 实数传送指令应用示例程序　　图9-5 实数传送指令被执行的监控结果

2. 块传送指令

数据传送指令中的块传送指令可用来一次传送多个同一类型的数据，一次最多可将255个数据组成一个数据块来传送，数据块的数据类型可以是字节块、字块和双字块。

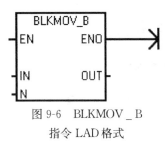

图 9-6 BLKMOV_B 指令 LAD 格式

字节块传送指令 BLKMOV_B 的 LAD 格式如图 9-6 所示，EN 为使能输入端，ENO 为使能输出端，IN 为数据输入端，N 为字节型数据，表示块的长度，OUT 为数据输出端。BLKMOV_B 指令的功能是当使能输入端 EN 有效时（即与左侧的"母线"接通），把以 IN 为字节起始地址的 N 个字节型数据传送到以 OUT 为起始地址的 N 个字节存储单元中。

【例 9-3】字节块传送指令 BLKMOV_B 的应用示例程序如图 9-7 所示。

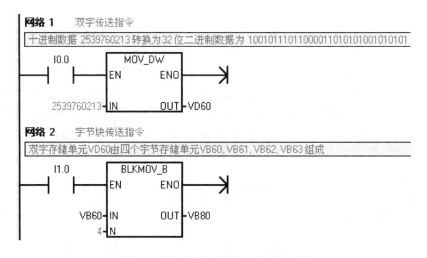

图 9-7 字节块传送指令应用示例程序

图 9-7 中，当 PLC 的输入端 I0.0 有信号输入时，MOV_DW 指令的使能输入端 EN 就与左侧的"母线"接通，MOV_DW 指令就被执行，IN 输入端的十进制数 2539760213 就被传送到 VD60 存储单元中，双字存储单元 VD60 由字节存储单元 VB60、VB61、VB62 和 VB63 组成，于是 VB60 中存放的二进制数据为 10010111，VB61 中存放的二进制数据为 01100001，VB62 中存放的二进制数据为 10101010，VB63 中存放的二进制数据为 01010101。

当 PLC 的输入端 I1.0 有信号输入时，BLKMOV_B 指令的使能输入端 EN 就与左侧的"母线"接通，BLKMOV_B 指令就被执行，于是从 VB60 开始的连续四个字节存储单元中的数据被传送到以 VB80 开始的连续四个字节存储单元中，指令执行后的各存储单元中的数据监控结果如图 9-8 所示。其他数据块传送指令的应用与此类似，请读者自己分析。

3. 字节交换指令

字节交换指令 SWAP 的 LAD 格式如图 9-9 所示，该指令专用于对 1 个字长（16 位）的字型数据进行处理，SWAP 指令的功能是当使能输入端 EN 有效时，将数据输入端 IN 字存储单元中的字型数据的高位字节和低位字节进行交换，结果在存入该字存储单元中。

状态表

|  | 地址 | 格式 | 当前值 |
|---|---|---|---|
| 1 | VB60 | 二进制 | 2#1001_0111 |
| 2 | VB61 | 二进制 | 2#0110_0001 |
| 3 | VB62 | 二进制 | 2#1010_1010 |
| 4 | VB63 | 二进制 | 2#0101_0101 |
| 5 | VB80 | 二进制 | 2#1001_0111 |
| 6 | VB81 | 二进制 | 2#0110_0001 |
| 7 | VB82 | 二进制 | 2#1010_1010 |
| 8 | VB83 | 二进制 | 2#0101_0101 |

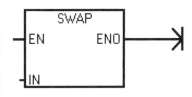

图 9-8　BLKMOV _ B 指令执行后各存储单元中的数据

图 9-9　SWAP 指令 LAD 格式

**【例 9-4】** 字节交换指令 SWAP 的应用示例程序如图 9-10 所示。

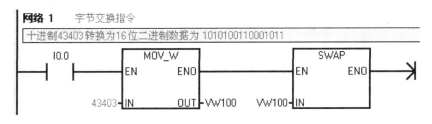

图 9-10　SWAP 指令应用示例

图 9-10 中，当 PLC 的输入端 I0.0 有信号输入时，MOV _ W 指令的使能输入端 EN 就与左侧的“母线”接通，MOV _ W 指令就被执行，IN 输入端的十进制数 43403 就被传送到 VW100 存储单元中，同时 MOV _ W 指令的使能输出端 ENO 被置位，SWAP 指令的使能输入端 EN 有效，使得 VW100 存储单元中高位字节（2＃1010 _ 1001）和低位字节（2＃1000 _ 1011）进行互换，并把结果又存入 VW100 单元中。SWAP 指令被执行后 VW100 存储单元中的数据监控结果如图 9-11 所示。

状态表

|  | 地址 | 格式 | 当前值 |
|---|---|---|---|
| 1 | VW100 | 二进制 | 2#1000_1011_1010_1001 |
| 2 |  | 有符号 |  |

图 9-11　SWAP 指令执行后 VW100 存储单元中的数据监控结果

### 9.2.2　比较指令及应用

比较指令是将两个数值或字符串（IN1 和 IN2）按照指定条件进行比较，条件成立时，触点就闭合，比较指令在实际应用中为上、下限控制以及为数值条件判断提供了方便。

比较指令的类型有：字节比较，整数比较，双字整数比较，实数比较和字符串比较。数值比较指令的运算符有：＝、＞、＞＝、＜、＜＝、＜＞6 种，例如字节型比较指令的

LAD 格式如图 9-12 所示，而字符串的比较只有＝和<>两种，运算符的含义如下：

＝ 表示：比较 IN1 是否等于 IN2。
＞ 表示：比较 IN1 是否大于 IN2。
＞＝ 表示：比较 IN1 是否大于等于 IN2。
＜ 表示：比较 IN1 是否小于 IN2。
＜＝ 表示：比较 IN1 是否小于等于 IN2。
＜＞ 表示：比较 IN1 是否不等于 IN2。

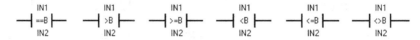

图 9-12 六种字节比较指令的 LAD 格式

在比较指令应用时，被比较的两个数的数据类型要相同，字节比较用于比较两个字节型整数值 IN1 和 IN2 的大小，字节比较是无符号的。整数比较用于比较两个一个字长的整数值 IN1 和 IN2 的大小，整数比较是有符号的，其范围是 16♯8000～16♯7FFF。双字整数比较用于比较两个双字长整数值 IN1 和 IN2 的大小，它们的比较也是有符号的，其范围是 16♯80000000～16♯7FFFFFFF。实数比较用于比较两个双字长实数值 IN1 和 IN2 的大小，实数比较是有符号的，负实数的范围是－1.175495E－38～－3.402823E＋38，正实数的范围是＋1.175495E－38～＋3.402823E＋38。字符串比较用于比较两个字符串数据是否相同，字符串的长度不能超过 254 个字符。

【例 9-5】整数比较指令的应用示例程序如图 9-13 所示。

图 9-13 中，当递增计数器 C16 的数值等于 7 时，整数比较指令符合条件，触点闭合，使得 Q0.0 输出。该比较指令被执行时的程序状态监控结果如图 9-14 所示。其他比较指令的应用与此类似，请读者自己分析。

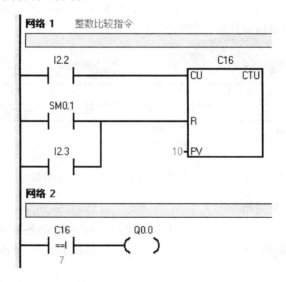

图 9-13 整数比较指令应用示例程序

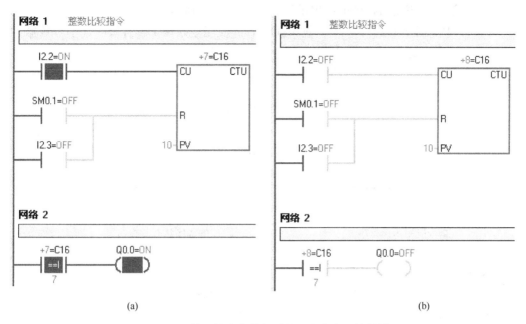

(a) (b)

图 9-14 整数比较指令执行时的程序状态监控结果
(a) 条件满足时的监控结果；(b) 条件不满足时的监控结果

### 9.2.3 逻辑运算指令及应用

逻辑运算指令是对要操作的数据（IN1 和 IN2）按照二进制位进行逻辑运算，主要包括逻辑与、逻辑或、逻辑非、逻辑异或等操作。逻辑运算可以实现对字节、字和双字型数据的运算。这里以字节逻辑运算指令为例来介绍应用，其他与此类似，请读者自己分析。

字节逻辑运算指令包括字节逻辑与指令 WAND_B，字节逻辑或指令 WOR_B，字节逻辑异或指令 WXOR_B 和字节逻辑非指令 INV_B。它们的 LAD 指令格式如图 9-15 所示。

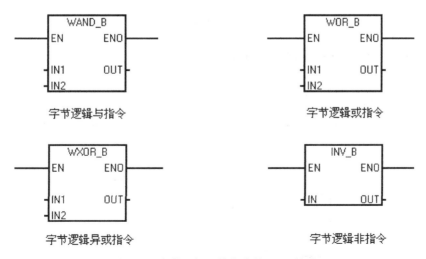

图 9-15 字节逻辑运算指令的 LAD 格式

【例 9-6】字节逻辑与指令的应用示例程序如图 9-16 所示。

图 9-16 中，当字节逻辑与指令 WAND_B 的使能输入端 EN 有效时，字节数据 IN1 和 IN2 按位进行与运算（有 0 出 0，全 1 出 1），并把运算的结果存储在 VB20 存储单元中，该指令执行时的程序状态监控结果如图 9-17 所示。

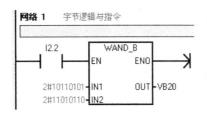 

图 9-16  字节逻辑与  　　　　图 9-17  字节逻辑与指令执行时
指令应用示例程序　　　　　　　　的程序状态监控结果

### 9.2.4 数学运算指令及应用

目前各种型号的 PLC 普遍具有较强的数学运算功能，在对 S7-200 PLC 数学运算指令的应用中要注意存储单元的分配，数学运算指令包括加法、减法、乘法、除法和一些常用的数学函数指令。

1. 加法指令

加法指令是对两个有符号数（IN1 和 IN2）进行相加操作，它包括整数加法指令、双整数加法指令和实数加法指令，LAD 格式如图 9-18 所示。

图 9-18  加法指令的 LAD 格式

【例 9-7】实数加法指令的应用示例程序如图 9-19 所示。

实数加法指令用于两个双字长（32 位）的实数相加，并把运算结果（32 位）存储到 OUT 指定的存储单元中。图 9-19 中，当实数加法运算指令的使能输入端 EN 有效时，两个实数 2.56 和 23.12 进行加法运算，运算结果存储在 VD200 存储单元中，指令执行结果如图 9-20 所示。

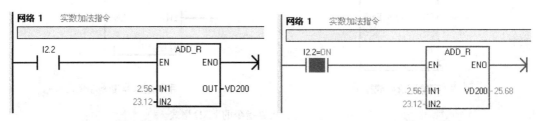

图 9-19  实数加法指令　　　　图 9-20  实数加法指令执行时的
应用示例程序　　　　　　　　　　程序状态监控结果

整数加法（16 位）指令与双整数加法（32 位）指令的应用与此类似。加法运算结果对特殊继电器的影响是：结果为 0 时 SM1.0 置位，结果溢出时 SM1.1 置位，结果为负数时，SM1.2 置位。

2. 减法指令

减法指令是对两个有符号数（IN1 和 IN2）进行相减操作，它包括整数减法指令，双整数减法指令和实数减法指令，LAD 格式如图 9-21 所示。

图 9-21 减法指令的 LAD 格式

【例 9-8】整数减法指令的应用示例程序如图 9-22 所示。

整数减法指令用于两个字长（16 位）的实数相减，并把运算结果（16 位）存储到 OUT 指定的单元中。图 9-22 中，当实数减法运算指令的使能输入端 EN 有效时，两个整数 45 和 －13 进行减法运算，运算结果存储在 VW300 存储单元中，指令执行结果如图 9-23 所示。

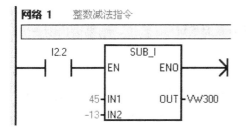

图 9-22 整数减法指令应用示例程序

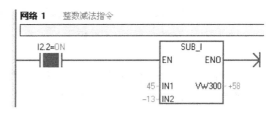

图 9-23 整数减法指令执行时的程序状态监控结果

实数减法（32 位）指令与双整数减法（32 位）指令的应用与此类似。减法运算结果对特殊继电器的影响是：结果为 0 时 SM1.0 置位，结果溢出时 SM1.1 置位，结果为负数时，SM1.2 置位。

3. 乘法指令

乘法指令是对两个有符号数（IN1 和 IN2）进行乘法操作，它包括整数乘法指令、完全整数乘法指令、双整数乘法指令和实数乘法指令，LAD 格式如图 9-24 所示。

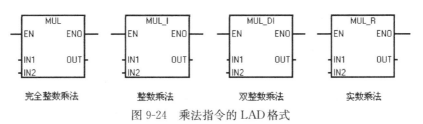

图 9-24 乘法指令的 LAD 格式

【例 9-9】实数乘法指令的应用示例程序如图 9-25 所示。

实数乘法指令用于两个双字长（32 位）的实数相乘，并把运算结果（32 位）存储到 OUT 指定的存储单元中。图 9-25 中，当实数乘法运算指令的使能输入端 EN 有效时，两个实数 3.36 和 5.62 进行乘法运算，运算结果存储在 VD100 存储单元中，指令执行结果如图 9-26 所示。

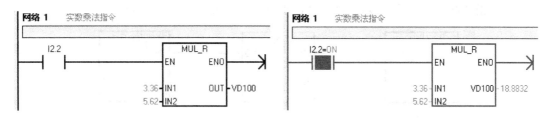

图 9-25　实数乘法指令应用示例程序　　　图 9-26　实数乘法指令执行时的程序状态监控结果

整数乘法指令用于两个单字长（16 位）的有符号整数 IN1 和 IN2 相乘，并把运算结果（16 位）存储到 OUT 指定的存储单元中。如果运算结果超出 16 位二进制数可表示的有符号数的范围，则产生溢出。

完全整数乘法指令用于两个单字长（16 位）的有符号整数 IN1 和 IN2 相乘，并把运算结果（32 位）存储到 OUT 指定的存储单元中。

双整数乘法指令用于两个双字长（32 位）的有符号整数 IN1 和 IN2 相乘，并把运算结果（32 位）存储到 OUT 指定的存储单元中。

乘法运算结果对特殊继电器的影响是：结果为 0 时 SM1.0 置位，结果溢出时 SM1.1 置位，结果为负数时 SM1.2 置位。

4. 除法指令

除法指令是对两个有符号数（IN1 和 IN2）进行除法操作，它包括整数除法指令，完全整数除法指令，双整数除法指令和实数除法指令，LAD 格式如图 9-27 所示。

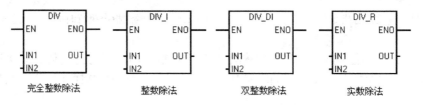

图 9-27　除法指令的 LAD 格式

【例 9-10】完全整数除法指令的应用示例程序如图 9-28 所示。

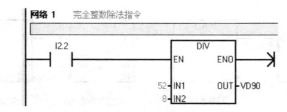

图 9-28　完全整数除法指令应用示例程序

完全整数除法指令用于两个单字长（16位）的有符号整数 IN1 和 IN2 相除，并把运算结果（32位）存储到 OUT 指定的存储单元中，其中低 16 位存储的是商，高 16 位存储的是余数。图 9-28 中，当完全整数除法运算指令的使能输入端 EN 有效时，两个有符号整数 52 和 8 进行除法运算，运算结果存储在 VD90 存储单元中，VD90 存储单元中的低 16 位存储的是商（6），高 16 位存储的是余数（4），指令执行结果如图 9-29 所示。

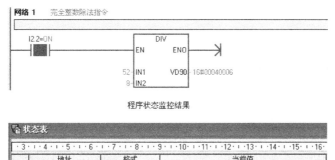

图 9-29 完全整数除法指令执行时的状态监控结果

整数除法指令用于两个单字长（16位）的有符号整数 IN1 和 IN2 相除，并把运算结果（16位）存储到 OUT 指定的存储单元中。结果只保留 16 位商，不保留余数。

双整数除法指令用于两个双字长（32位）的有符号整数 IN1 和 IN2 相除，并把运算结果（32位）存储到 OUT 指定的存储单元中。结果只保留 32 位商，不保留余数。

实数除法指令用于两个双字长（32位）的有符号整数 IN1 和 IN2 相除，并把运算结果（32位）存储到 OUT 指定的存储单元中。

除法运算结果对特殊继电器的影响是：结果为 0 时 SM1.0 置位，结果溢出时 SM1.1 置位，结果为负数时，SM1.2 置位。

5. 增/减指令

增/减指令又称自动加 1 和自动减 1 指令，包括字节增/减指令，字增/减指令和双字增/减指令，它们的 LAD 格式如图 9-30 所示。

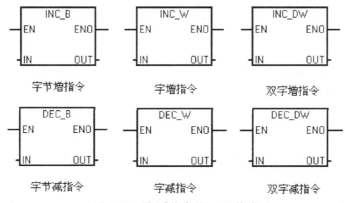

图 9-30 增/减指令的 LAD 格式

【例 9-11】字节增指令的应用示例程序如图 9-31 所示。

字节增指令的功能是，当使能输入端 EN 有效时，将 1 个字节长 (8 位) 的无符号数 IN 自动加 1，得到的结果 (8 位) 存储到 OUT 指定的存储单元中。图 9-31 中，当使能输入端 EN 有效时，将 1 个字节长的二进制数 10101010 自动加 1，得到的结果 (2 号 10101011) 存储到 OUT 指定的存储单元 VB100 中，指令执行时的程序状态监控结果如图 9-32 所示。

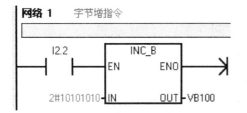

图 9-31　字节增指令应用示例程序

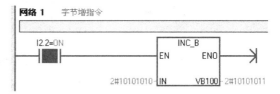

图 9-32　字节增指令执行时的程序状态监控结果

其他增减指令的应用与此类似，请读者自己分析。

6. 数学函数指令

S7-200 PLC 中常用的数学函数指令包括平方根函数指令、自然对数函数指令、指数函数指令，以及正弦、余弦、正切三角函数指令，其操作数均为双字长 (32 位) 的实数。它们的 LAD 格式如图 9-33 所示。

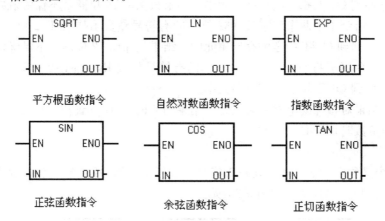

图 9-33　常用三角函数的 LAD 格式

(1) 平方根函数指令

平方根函数指令的功能是，当使能输入端 EN 有效时，将从输入端 IN 输入的一个双字长 (32 位) 的实数开平方，并将运算结果 (32 位) 存储到 OUT 指定的存储单元中。

【例 9-12】平方根函数指令的应用示例程序如图 9-34 所示。

图 9-34 中，当使能输入端 EN 有效时，对实数 100.0 进行开平方，结果存储在 VD100 存储单元中，指令执行时的程序状态监控结果如图 9-35 所示。

(2) 自然对数函数指令

自然对数函数指令是，当使能输入端 EN 有效时，将从输入端 IN 输入的一个双字长

（32位）的实数取自然对数，并将运算结果（32位）存储到OUT指定的存储单元中。

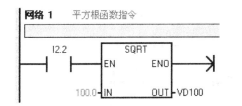

图9-34 平方根函数指令
应用示例程序

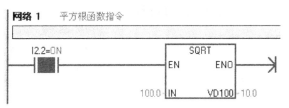

图9-35 平方根函数指令执行时的
程序状态监控结果

当求解以10为底的$x$的常用对数时，由数学中对数运算公式 $\log_{10} x = \dfrac{\ln x}{\ln 10}$，可先分别求出 $\ln x$ 和 $\ln 10$（$\ln 10 = 2.302585$）的值，然后用实数除法指令相除即可。

【例9-13】求常用对数 $\log^{10} 80$ 的值，使用自然对数函数指令来求解的应用示例程序如图9-36所示。

图9-36中，当输入端I2.2有效时，自然对数指令及实数除法指令均被执行，指令执行时的程序状态监控结果如图9-37所示。

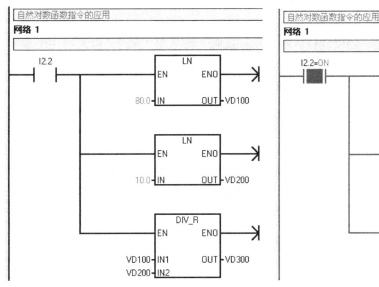

图9-36 自然对数函数应用示例程序

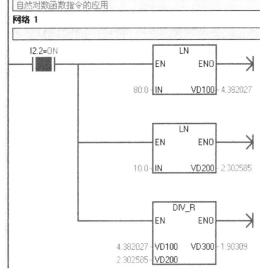

图9-37 自然对数指令执行时的程序状态监控结果

（3）指数函数指令

指数函数指令的功能是，当使能输入端EN有效时，将从输入端IN输入的一个双字长（32位）的实数取以 $e$ 为底的指数运算，并将运算结果（32位）存储到OUT指定的存储单元中。另外，由数学恒等式 $y^x = e^{x \ln y}$ 可知，指数函数指令和自然对数指令相结合，可以实现以任意数 $y$ 为底，以任意数 $x$ 为指数的数学运算。

【例9-14】指数函数指令的应用示例程序如图9-38所示。

图9-38中，当指数函数指令的使能输入端EN有效时，将实数3.0取以 $e$ 为底的指数

运算,并将运算结果(32 位)存储到 OUT 指定的存储单元 VD40 中,指令执行时的程序状态监控结果如图 9-39 所示。

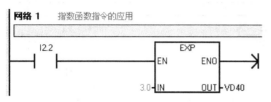

图 9-38 指数函数指令应用示例程序

图 9-39 指数函数指令执行时的程序状态监控结果

(4) 正弦函数指令

正弦函数指令的功能是,当使能输入端 EN 有效时,将从输入端 IN 输入的一个双字长(32 位)的实数弧度值求正弦运算,并将运算结果(32 位的实数)存储到 OUT 指定的存储单元中。输入端 IN 输入的字节表示的必须是弧度值。

(5) 余弦函数指令

余弦函数指令的功能是,当使能输入端 EN 有效时,将从输入端 IN 输入的一个双字长(32 位)的实数弧度值求余弦运算,并将运算结果(32 位的实数)存储到 OUT 指定的存储单元中。输入端 IN 输入的字节表示的必须是弧度值。

(6) 正切函数指令

正切函数指令的功能是,当使能输入端 EN 有效时,将从输入端 IN 输入的一个双字长(32 位)的实数弧度值求正切运算,并将运算结果(32 位的实数)存储到 OUT 指定的存储单元中。输入端 IN 输入的字节表示的必须是弧度值。

数学函数指令运算结果对特殊继电器的影响是:结果为 0 时 SM1.0 置位,结果溢出时 SM1.1 置位,当 SM1.1 置位时,ENO=0,结果为负数时,SM1.2 置位。

【例 9-15】求 60°的正弦值,正弦函数指令的应用示例程序如图 9-40 所示。

图 9-40 中,当输入端 I2.2 有效时,实数除法指令、实数乘法指令及正弦函数指令均被执行,指令执行时的程序状态监控结果如图 9-41 所示。

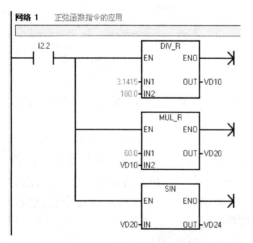

图 9-40 正弦函数指令应用示例程序

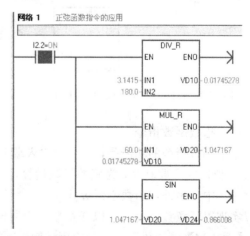

图 9-41 正弦函数指令执行时的程序状态监控结果

### 9.2.5 移位指令及应用

移位指令的作用是对输入操作数 IN 按照二进制进行移位（移动 N 位）操作，移位指令包括左移位、右移位、循环左移位和循环右移位。

1. 左移位与右移位指令

左移位和右移位指令的功能是将输入数据 IN 按照二进制进行左移或右移 N 位，并把结果送到 OUT 指定的存储单元中，左移位和右移位指令的数据类型有字节、字和双字。该指令的 LAD 格式如图 9-42 所示，左移位和右移位指令的特点如下：

（1）左移位和右移位指令中，字节操作是无符号的，对于字和双字操作，当使用有符号数据类型时，符号位也将被移动。

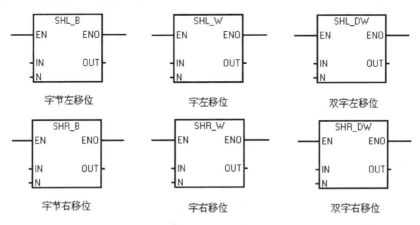

图 9-42　左移位与右移位指令的 LAD 格式

（2）在移位时，移出位自动补零，如果移位的次数大于零，则溢出位（SM1.1）上就是最近移出的位置。

（3）移位次数 N 为字节型数据，它与移位数据的长度有关，如果 N 小于实际的数据长度，则执行 N 次移位，如果 N 大于实际数据长度，则实际执行的移位的次数等于实际数据长度的位数。

（4）左移位和右移位指令对特殊继电器的影响：结果为 0 时，SM1.0 置位，结果溢出时 SM1.1 置位。

（5）指令在执行时如果出现错误，则 SM4.3 置位，使能输出端 ENO＝0。

【例 9-16】字节左移位指令的应用示例程序如图 9-43 所示。

图 9-43 中，当字节左移位指令 SHL_B 的使能输入端 EN 有效时，二进制数据 10101101 被左移 5 位，移出位自动补 0，左移 5 位的最后一次移位数据为 1，被送入 SM1.1，该指令被执行时的状态监控结果如图 9-44 所示。

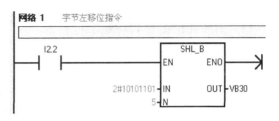

图 9-43　字节左移位指令应用示例程序

2. 循环左移位与循环右移位指令

循环左移位和循环右移位指令的功能是将输入数据 IN 按照二进制进行循环左移或循

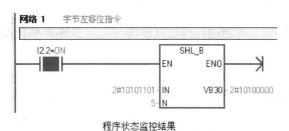

图 9-44 字节左移位指令执行时的状态监控结果

环右移 N 位,并把结果送到 OUT 指定的存储单元中,循环左移位和循环右移位指令的数据类型有字节、字和双字。该指令的 LAD 格式如图 9-45 所示,循环左移位和循环右移位指令的特点如下:

(1) 循环左移位和循环右移位指令中,字节操作是无符号的,对于字和双字操作,当使用有符号数据类型时,符号位也将被移动。

(2) 循环移位的数据存储单元的移出端与另一端相连,同时又与溢出位 SM1.1 相连,所以最后被移出的位被移到另一端的同时,也被放到 SM1.1 位存储单元。

(3) 移位次数 N 为字节型数据,它与移位数据的长度有关,如果 N 小于实际的数据长度,则执行 N 次移位,如果 N 大于实际数据长度,则实际执行的移位的次数等于 N 除以实际数据长度的余数。

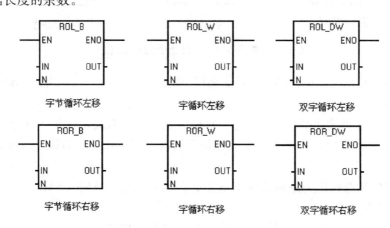

图 9-45 循环左移位与循环右移位指令的 LAD 格式

(4) 循环移位指令对特殊继电器的影响:结果为 0 时,SM1.0 置位,结果溢出时 SM1.1 置位。

(5) 指令在执行时如果出现错误,则 SM4.3 置位,使能输出端 ENO=0。

【例 9-17】字节循环左移位指令的应用示例程序如图 9-46 所示。

图 9-46 中,当字节循环左移位指令 ROL_B 的使能输入端 EN 有效时,二进制数据 10101110 被循环左移 5 位,循环左移 5 位的最后一次移位

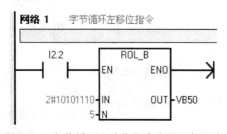

图 9-46 字节循环左移位指令应用示例程序

数据为 1，被送入 SM1.1，该指令被执行时的状态监控结果如图 9-47 所示。在本例中，如果循环移位次数 N 大于实际数据长度 8 时，指令执行结果如【例 9-18】所示。

【例 9-18】字节循环左移位指令的应用示例程序如图 9-48 所示。

图 9-48 中，二进制字节数据 10101110 的实际长度为 8 位，而需要循环左移位的次数 N 为 10，大于实际数据长度，因此按照循环移位的规则，N 除以实际数据长度 8 的余数为 2，所以实际执行的结果是只循环左移位 2 位，循环左移 2 位的最后一

程序状态监控结果

状态表监控结果

图 9-47 字节循环左移位指令执行时的状态监控结果

次移位数据为 0，被送入 SM1.1，该指令被执行时的状态监控结果如图 9-49 所示。

其他循环移位指令的应用与此类似，请读者自己分析。

程序状态监控结果

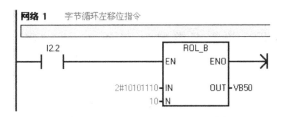

图 9-48 字节循环左移位指令
应用示例程序

图 9-49 字节循环左移位指令
执行时的状态监控结果

### 9.2.6 程序控制指令及应用

在 S7-200 指令系统中，有一类指令可以优化程序结构、增强程序功能，称为程序控制指令，它包括跳转指令，循环指令，停止、结束及看门狗复位指令及子程序指令等。

#### 1. 跳转指令

跳转指令又称转移指令，系统根据不同条件选择执行不同的程序，极大地提高程序的灵活性，跳转指令由跳转指令 JMP 和标号指令 LBL 组成，跳转指令的 LAD 格式如图 9-50 所示。

图 9-50 跳转指令的 LAD 格式

跳转指令的功能是，当跳转条件满足时，执行跳转指令

JMP n，使程序跳转到标号为 n 的程序段执行，该位置由标号指令 LBL n 来确定，n 的范围为 0~255。

跳转指令应用注意事项如下：

（1）JMP 指令和 LBL 指令必须配合使用在同一个主程序或同一个子程序。

（2）执行跳转指令后，被跳过的程序段中各元器件的状态保持原来的工作状态及功能；定时器、计数器的当前值保持在跳转时的值不变；定时器及计数器的位保持在跳转时的状态；输出 Q、位存储器 M 及顺序控制继电器 S 的状态保持跳转时的状态不变。

**【例 9-19】** 跳转指令的应用示例程序如图 9-51 所示。

图 9-51 中，当 PLC 的输入端 I2.2 接通时，执行跳转指令 JMP，程序跳过网络 3 和网络 4，转移到标号为 6 的网络 5 执行程序，被跳过的网络 3 中的 100ms 定时器停止工作，其值和位保持跳转时的状态，网络 4 中的 Q0.0 保持跳转时的状态不变。

2. 循环指令

当需要反复执行若干次相同功能的程序时，为了优化程序结构，提高效率，可以使用循环指令。循环指令由循环开始指令 FOR、循环体和循环结束指令 NEXT 组成，其 LAD 格式如图 9-52 所示。

图 9-52 中，FOR 指令表示循环的开始，NEXT 指令表示循环的结束，中间为循环体，EN 为使能控制输入端，INDX 为当前循环次数的计数器，INIT 为计数初始值，FINAL 为循环计数终值。

当循环使能控制输入端 EN 有效，且逻辑条件 INDX＜FINAL 满足时，系统反复执行 FOR 和 NEXT 之间的循环体程序，每执行一次循环体，INDX 自动增加 1，并且将其结果同终值作比较，如果大于终值，则终止循环。

操作数 INDX 的数据类型为：VW，IW，QW，MW，SW，SMW，LW，T，C，AC，*VD，*AC，*CD。这些操作数属于 INT 型。

操作数 INIT 和 FINAL 的数据类型为：VW，IW，QW，MW，SW，SMW，LW，T，C，AC，*VD，*AC，*CD 以及常数。这些操作数属于 INT 型。

循环指令使用注意事项：

（1）FOR 和 NEXT 指令必须成对使用；

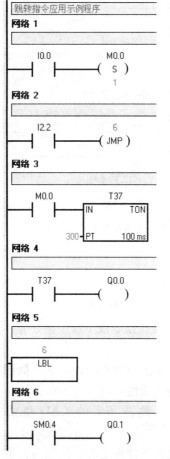

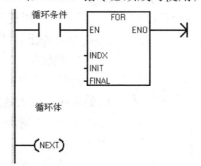

图 9-51　跳转指令应用示例程序　　　　图 9-52　循环指令的 LAD 格式

(2) FOR 和 NEXT 指令可以循环嵌套，最多嵌套 8 层，但各个嵌套之间一定不能有交叉；

(3) 当循环使能控制输入端 EN 重新有效时，指令将自动复位各参数；

(4) 初值大于终值时，循环体不被执行。

3. 结束与停止指令

(1) 结束指令

结束指令包括有条件结束指令（END）和无条件结束指令（MEND），这两条指令在梯形图中以线圈形式编程，不含操作数，LAD 格式如图 9-53 所示。

结束指令只能用在主程序中，不能在子程序和中断程序中使用，有条件结束指令可在无条件结束指令前结束主程序。

(2) 停止指令

停止指令 STOP 在梯形图中以线圈形式编程，不含操作数，LAD 格式如图 9-54 所示，当满足某种条件该指令被执行时，可以使主机 CPU 的工作方式由 RUN 状态切换到 STOP 状态，从而立即终止用户程序的执行，该指令可以用在主程序、子程序和中断程序中。如果在中断程序中执行 STOP 指令，则中断程序立即终止，并忽略全部等待执行的中断，继续执行主程序的剩余部分，并在主程序结束时使主机 CPU 的工作方式由 RUN 状态切换到 STOP 状态。

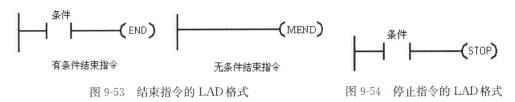

图 9-53　结束指令的 LAD 格式　　　　　图 9-54　停止指令的 LAD 格式

结束指令和停止指令通常在程序中用来对突发紧急事件进行处理，以避免实际生产中的重大损失。

4. 看门狗复位指令

看门狗复位指令 WDR，实际上是一个 300ms 的监控定时器，在梯形图中以线圈形式编程，LAD 格式如图 9-55 所示，CPU 每次扫描到该指令，则延时 300ms 后使 PLC 自动复位一次。

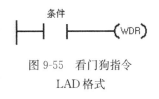

图 9-55　看门狗指令 LAD 格式

使用看门狗复位指令 WDR 的注意事项：

(1) 如果 PLC 正常工作时的扫描周期小于 300ms，WDR 定时器未到定时时间，将不起作用，系统将进入下一个扫描周期。

(2) 如果 PLC 因受到干扰出现死机或者扫描周期超过 300ms，则 WDR 定时器不再被复位，定时时间到后，PLC 将停止运行，重新启动，从头开始执行程序。

所以，如果希望扫描周期超过 300ms，或者希望中断时间超过 300ms，则最好用 WDR 指令来重新触发看门狗定时器。

5. 子程序指令

在结构化程序设计中，子程序就是能够实现某种控制功能的又被设计在同一个模块中的一组指令，子程序可以被多次调用执行，每次调用执行结束后，系统又返回到调用处继续执行原来的程序。与子程序相关的操作有：建立子程序、调用子程序和子程序返回。

（1）建立子程序

在 S7-200 编程软件中建立子程序最快捷的方法如图 9-56 所示，在编程页面，鼠标单击"SBR_0"，即可立即进入子程序编辑页面，鼠标再单击"主程序"又可立即进入主程序的编辑页面，子程序默认的名称为 SBR_N，编号 N 从 0 开始按递增顺序生成。如果要继续增加子程序，鼠标右键单击"SBR_0"然后选择插入子程序，如图 9-57 所示。

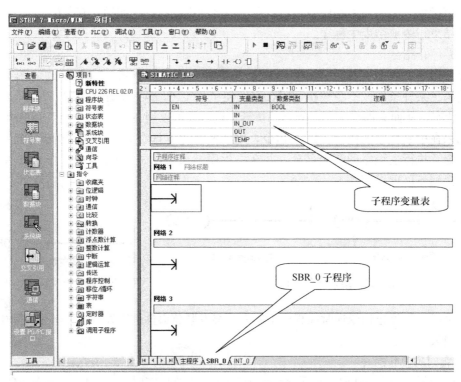

图 9-56 子程序 SBR_0 的编辑页面

S7-200 CPU 中，CPU226XM 最多可以有 128 个子程序，对于其他型号的 CPU 最多可以有 64 个子程序。如果子程序需要接收调用程序传递的参数，或者需要输出参数给调用程序，则在子程序中可以设置参变量。子程序参变量应在子程序编辑窗口的子程序局部变量表中定义。

（2）调用子程序

建立子程序以后，可以通过子程序调用指令反复调用子程序，子程序调用可以带参数，也可以不带参数，它的 LAD 格式如图 9-58 所示。

图 9-58 中，当使能输入端 EN 有效时，调用子程序 SBR_0，即开始执行子程序 SBR_0。子程序名称可以修改，子程序可以嵌套调用，即在一个子程序内部又对另一个子程序执行调用指令，最多可嵌套 8 级，累加器可以在调用程序和被调用程序之间传递参数，所以累加器的值在子程序调用时不需要保护。

## 任务 9.2 功能指令及应用

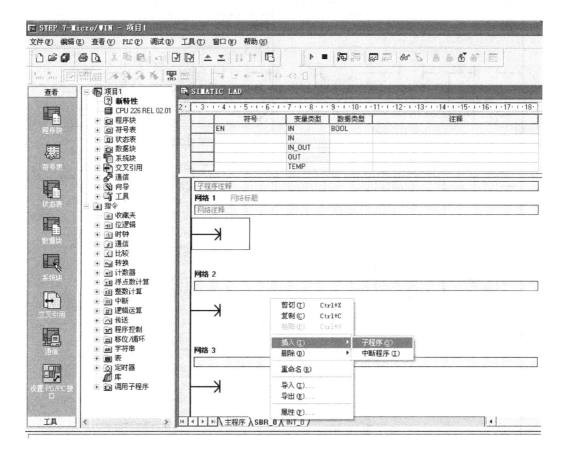

图 9-57 增加子程序

图 9-58 子程序调用与返回指令 LAD 格式

子程序条件返回指令的 LAD 格式如图 9-58 所示,该指令的功能是,当条件满足时执行该指令,结束子程序的执行,返回主程序或调用程序继续执行原来的程序。

子程序条件返回指令应在子程序内部,且不能直接接在左侧"母线"上,必须在输入端设置返回条件。

【例 9-20】子程序调用指令的应用示例程序如图 9-59 所示。

图 9-59 中,当主程序中的 T40 计时时间到时执行子程序调用指令,开始执行子程序 SBR_0,在执行子程序时,当满足条件时(VD200 中的数据等于 501),执行子程序返回指令,即结束子程序,继续返回到主程序执行程序。

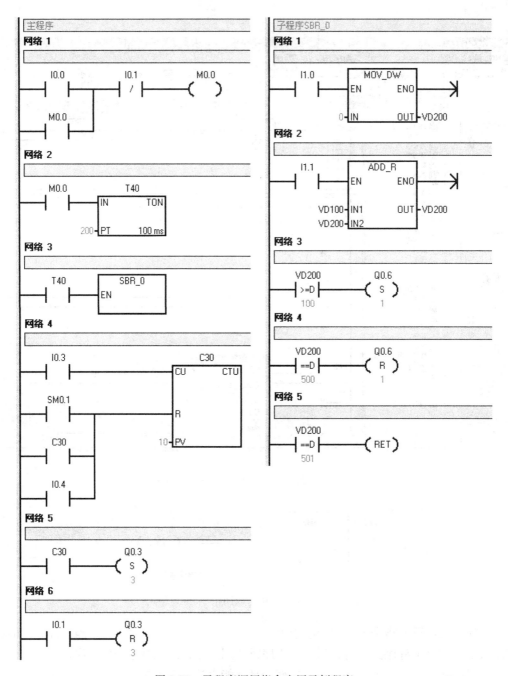

图 9-59　子程序调用指令应用示例程序

## 单 元 小 结

功能指令在 PLC 的指令系统中具有重要地位，因为它们种类丰富且具有丰富的控制功能，可以使程序结构灵活、简单。本单元共有两个任务，分别介绍了功能指令的分类、表示形式、操作说明及注意事项，还通过讲解示例程序的形式介绍了常用功能指令的基本形式及应用。

通过对功能指令的表示形式及操作说明的介绍，使读者熟悉功能指令的表示形式及使用注意事项，是使用功能指令的前提。

通过对示例程序的讲解，使读者熟悉常用功能指令的表示形式及应用方法，也体现了功能指令的丰富的控制功能。

通过本单元的学习，可以了解常用功能指令的基本形式及应用方法。

## 能 力 训 练

### 实训项目1：数据传送指令及加减指令应用编程练习

1. 实训目的
(1) 熟悉数据传送指令及加减指令。
(2) 熟悉 PLC 梯形图的程序设计方法与设计步骤。
(3) 熟悉 PLC 与计算机的通信与程序状态监控方法。
(4) 熟悉 PLC 梯形图程序调试方法。

2. 功能要求
(1) 当 I0.0 接通时，把 VB22 中的数据传送到 VB32 中。
(2) 当 I1.0 接通时，把 VB40 中的数据传送到 VB44 中。
(3) 当 I1.2 接通时，把 VB32 中的数据与 VB44 中的数据进行相加，并把运算结果存储到 VB100 中。

3. 实训步骤
(1) 根据功能要求编写梯形图程序。
(2) 完成 PLC 与计算机的通信并下载程序至 PLC。
(3) 使 PLC 执行程序并进行程序状态监控。
(4) 如果没有达到控制目标，调试程序。
(5) 程序调试成功后，写实训报告。

4. 能力及标准要求
(1) 能够独自完成程序设计。
(2) 能够独自完成程序下载及调试。
(3) 能够实现控制目标，且安全可靠。

### 实训项目2：数据传送指令及循环移位指令应用编程练习

1. 实训目的
(1) 熟悉数据传送指令及循环移位指令。
(2) 熟悉 PLC 梯形图的程序设计方法与设计步骤。
(3) 熟悉 PLC 与计算机的通信与程序状态监控方法。
(4) 熟悉 PLC 梯形图程序调试方法。

2. 功能要求

(1) 当 I0.0 接通时,开始跑马灯(8 盏灯),间隔 2s。
(2) 当 I1.0 接通时,跑马灯停止。
(3) 当跑马灯自动循环 3 圈时,自动停止。

3. 实训步骤
(1) 根据功能要求编写梯形图程序。
(2) 完成 PLC 与计算机的通信并下载程序至 PLC。
(3) 使 PLC 执行程序并进行程序状态监控。
(4) 如果没有达到控制目标,调试程序。
(5) 程序调试成功后,写实训报告。

4. 能力及标准要求
(1) 能够独自完成程序设计。
(2) 能够独自完成程序下载及调试。
(3) 能够实现控制目标,且安全可靠。

**实训项目 3:数据传送指令、加减指令、比较指令及程序控制指令应用编程练习**

1. 实训目的
(1) 熟悉数据传送指令、加减指令、比较指令及程序控制指令。
(2) 熟悉 PLC 梯形图的程序设计方法与设计步骤。
(3) 熟悉 PLC 与计算机的通信与程序状态监控方法。
(4) 熟悉 PLC 梯形图程序调试方法。

2. 功能要求
(1) 当 I0.0 接通时,把 VB100 中的数据传送到 VB200 中。
(2) 当 I0.1 接通时,把 VB200 中的数据与二进制字节数据 10100110 相加,并把运算结果仍存储到 VB200 中。
(3) 当 VB200 中的数据大于二进制字节数据 11100111 时,程序跳转到标号为 LBL3 的程序段执行,把 VB200 中的数据与 VB300 中的数据进行相减,并把结果存储到 VB320 中。

3. 实训步骤
(1) 根据功能要求编写梯形图程序。
(2) 完成 PLC 与计算机的通信并下载程序至 PLC。
(3) 使 PLC 执行程序并进行程序状态监控。
(4) 如果没有达到控制目标,调试程序。
(5) 程序调试成功后,写实训报告。

4. 能力及标准要求
(1) 能够独自完成程序设计。
(2) 能够独自完成程序下载及调试。
(3) 能够实现控制目标,且安全可靠。

## 习题与思考题

1. PLC 的功能指令可以分哪几类?
2. PLC 常用的功能指令有哪些?
3. PLC 功能指令的输入操作数与输出操作数的数据类型有哪些?
4. PLC 功能指令在操作使用前要先明确什么?
5. 数据传送指令主要包括哪几类?
6. 二进制数据和十进制数据之间如何进行转换?请举例说明。
7. 比较指令的运算符有哪几种?

# 学习情境 10  S7-200 PLC 以太网通信

**学习导航**

| 学习任务 | 任务 10.1  建立 S7-200 PLC 之间通信网络<br>任务 10.2  S7-200 PLC 间网络通信以太网络配置<br>任务 10.3  编制 S7-200 PLC 以太网络数据通信程序 |
| --- | --- |
| 能力目标 | 1. 掌握 S7-200 以太网的组网和配置方法。<br>2. 根据具体控制任务，能够编写控制程序。<br>3. 掌握数据通信的调试方法。 |

## 任务 10.1  建立 S7-200 PLC 之间通信网络

本章以工程实例讲述 S7-200PLC 以太网组网及数据传输方法，实现远程数据采集和数据发送。

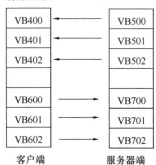

图 10-1  数据传输发送和存储地址

1. 数据传输建立网络连接

本例由两台 CPU226 PLC 和两台以太网通信模块 CP243IT 及小交换机组建小型以太网，建立一台 PLC 作为服务器，IP 地址 192.168.0.4，另一台 PLC 为客户机，设定 IP 地址 192.168.0.8，实现数据双向传输，客户机端内存单元 VB600 开始 3 个字节的数据，发送到服务器端 VB700 开始的三个字节，服务器端内存单元 VB500 开始 3 个字节的数据，发送到用户端 VB400 开始的 3 个字节，如图 10-1 所示。

2. 建立网络

网络硬件包括：

CPU226 2 个；

以太网通信模块 243IT 以太网模块 2 个；

8 口交换机 1 个，PC/PPI 编程电缆 1 根；

8 芯双绞线 2 根。

将上述设备连接如图 10-2 所示的以太网络。

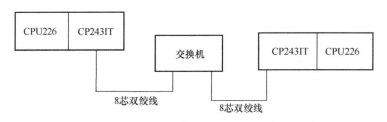

图 10-2　S7-200 以太网络

## 任务 10.2　S7-200 PLC 间网络通信以太网络配置

STEP7-MICRO/WIN V4.0 软件提供了 S7-200 以太网配置向导,利用网络配置向导可以方便地配置服务器和客户机,以下讲述以太网配置方法。

1. 服务器端配置

服务器端配置步骤:
(1) 指定需要编辑的以太网配置;
(2) 指定模块位置;
(3) 指定模块地址;
(4) 指定命令字节和连接数目;
(5) 配置连接;
(6) CRC 保护和保持现用间隔;
(7) 分配配置内存;
(8) 生成项目部件。

步骤 1　指定需要编辑的以太网配置(图 10-3)

打开 STEP7-MICRO/WIN V4.0 软件,在向导菜单下,点击"以太网"进入以太网

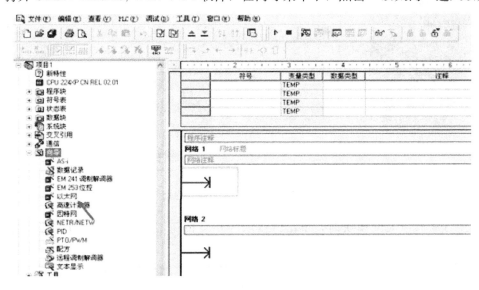

图 10-3　以太网络配置向导

配置向导界面。

出现图 10-4 以太网向导界面，点击"下一步"，进入下一配置界面。

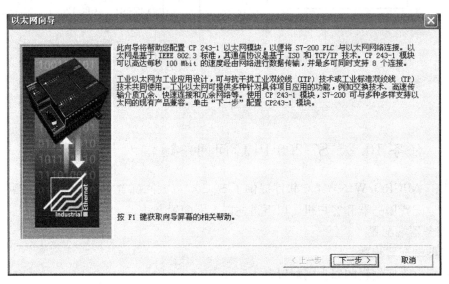

图 10-4　以太网配置向导界面

步骤 2　指定模块位置（图 10-5）

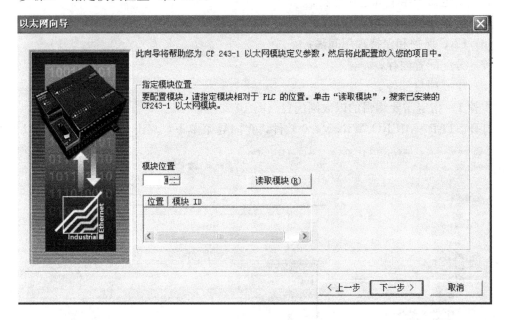

图 10-5　指定模块位置向导界面

在系统连接以太网模块时，单击"读取模块"按钮，自动读取连接的以太网模块位置。

如果通信成功，向导会列出与 PLC 连接的所有以太网模块，如系统没有连接以太网模块，选择一个模块位置，然后点击"下一步"。

步骤 3　指定模块地址（图 10-6）

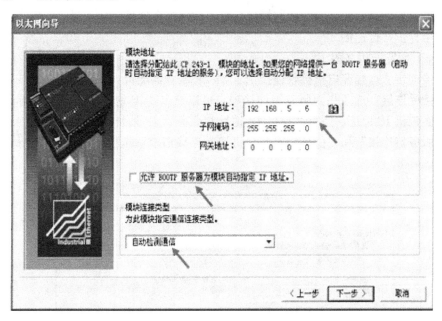

图 10-6　指定模块地址向导界面

手动方式在"IP 地址"域中输入模块 IP 地址，在此设定 IP 地址为 192.168.0.4，或单击"IP 地址浏览器"图标从列表中选择一个模块 IP 地址。以手动方式输入子网掩码和网关地址；如果选择"允许 BOOTP 服务器自动为模块指定 IP 地址"复选框，允许以太网模块在启动时从 BOOTP 服务器（根据 MAC 地址）获取 IP 地址、网关地址和子网掩码。在模块连接类型中选择"自动检测通信"通信方式。

步骤 4　指定命令字节和连接数目（图 10-7）

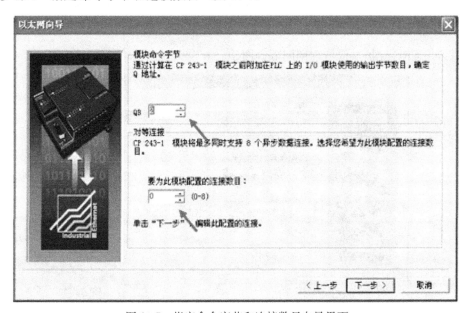

图 10-7　指定命令字节和连接数目向导界面

以太网模块的输出内存地址（Q 地址）。智能模块的命令字节是指定给模块的 Q 字节（输出字节）。如果向导在步骤 2 读取模块位置，输出内存地址会自动显示，以太网模块最多支持 8 个异步并行连接。

步骤 5　配置连接（图 10-8）

服务器连接从远程客户机接收连接请求，可将服务器配置为从任何客户机或仅限指定的客户机接受连接，选择此为服务器连接项，可以点击"IP 地址浏览器"图标，选择与之通信的客户机 IP 地址，注意客户机 IP 地址和服务器 IP 地址应在同一网段内。在此选择"此为服务器连接"和"仅从以下客户机接受连接请求"选项下，输入客户机 IP 地址为 192.168.0.8。

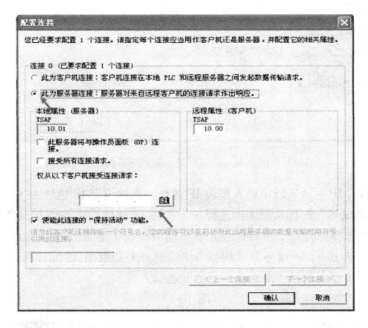

图 10-8　配置连接

步骤 6　CRC 保护与保持现用间隔（图 10-9）

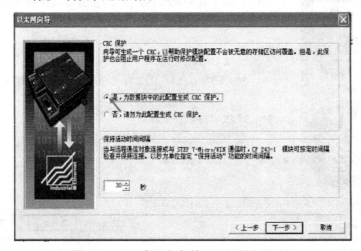

图 10-9　CRC 保护与保持现用间隔向导界面

CRC（循环冗余检查）保护选项允许您指定以太网模块检查偶然发生的配置损坏。向导为 V 内存中配置的两个数据块部分生成 CRC 值。当模块读取配置时，则重新计算该值。如果数字不匹配，配置损坏，模块不会使用该配置，一般选择 CRC 保护。

步骤 7　分配配置内存（图 10-10）

为配置选择一个存储地址，可以选择建议地址，也可以手动配置地址，通过此步骤给以上配置建立一个存储区域。

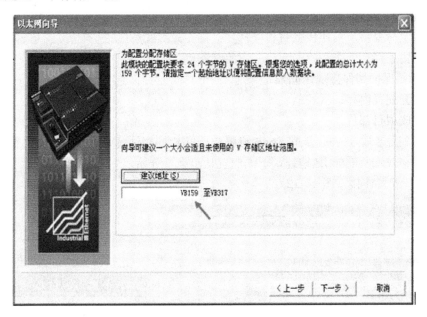

图 10-10　分配配置内存向导界面

步骤 8　生成项目部件（图 10-11）

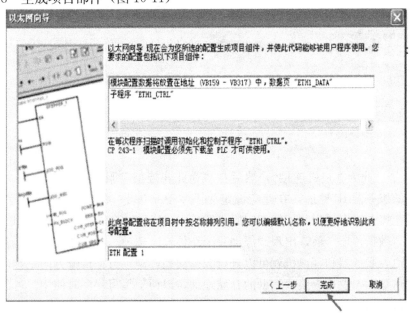

图 10-11　生成项目部件向导界面

以太网模块向导为您选择的配置（程序块和数据块）生成项目部件，并允许程序使用该代码。向导显示您请求的配置项目部件。您必须在使用前将以太网模块配置块（数据块）、系统块和程序块下载至 S7-200 CPU。

2．客户端配置

(1) 指定需要编辑的以太网配置；

(2) 指定模块位置；

(3) 指定模块地址；

(4) 指定命令字节和连接数目；

(5) 配置连接；

(6) CRC 保护和保持现用间隔；

(7) 分配配置内存；

(8) 生成项目部件。

客户端配置步骤 1～5、步骤 7～8 与服务器端相同，注意填写客户端 IP 地址有所不同，应填写客户端所需的 IP 地址，下面配置从步骤 9 开始。

步骤 9　配置连接（图 10-12）

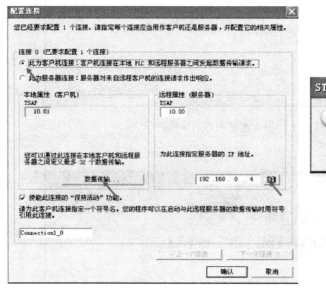
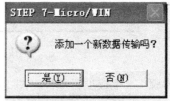

图 10-12　配置连接

首先选择"此为客户机连接"，然后在"为此连接指定服务器的 IP 地址"项设定与之数据传输的服务器 IP 地址，在此应设定为 192.168.0.8；通过此项设定客户端和服务器就建立了连接。注意"为此连接指定服务器的 IP 地址"必须是前面设置的服务器的 IP 地址。点击"数据传输"项，出现"添加一个新传输"选项，可以建立服务器和客户机的数据传输通道，服务器和客户机就可以进行数据交换，规定数据传输方向是客户机是接收数据还是发送数据，发送或接收数据的存储地址，以便于编写程序时使用。可以建立多个数据传输通道（图 10-13）。

建立本地客户机和服务器数据交换传输，在"数据传输应当"有"从远程服务器连接

## 任务 10.2  S7-200 PLC 间网络通信以太网络配置

图 10-13  建立数据传输通道

读取数据"和"将数据写入远程服务器连接"两种选择。如选择"将数据写入远程服务器连接"出现图 10-14 界面,数据从客户机端发送到服务器端;如选择"从远程服务器连接读取数据"出现如图 10-15 界面,箭头表示 PLC 间的数据传输方向。

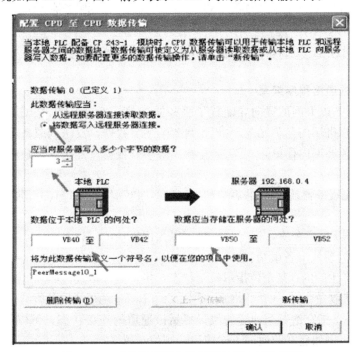

图 10-14  "将数据写入远程服务器连接"界面

图 10-15 "远程服务器连接读取数据"界面

在规定数据传输方向后,确定传输数据的字节数和发送和接收内存地址,供编程时使用,地址根据编程需求可以自由选择,但不要与程序中使用过地址发生冲突。点击"确认"完成数据传输配置。根据本章项目要求要建立两个传输通道,一个是"从远程服务器连接读取数据",将服务器内存地址 VB500~VB502 中的数据传输到客户机 VB400~VB402,另一个是"将数据写入远程服务器连接"将客户机 VB600~VB602 内的数据传输到服务器 VB700~VB702。

## 任务 10.3 编制 S7-200 PLC 以太网络数据通信程序

### 10.3.1 数据通信程序编写

通过任务 10.2 以太网配置向导配置了服务器端 PLC 和客户机 PLC 之间建立了两个传输,分别将客户机端内存单元 VB600 开始 3 个字节数据,发送到服务器端 VB700 开始的三个字节;服务器端内存单元 VB500 开始 3 个字节数据,发送到客户端 VB400 开始的三个字节。

(1) 在配置完服务器端 PLC 和客户机 PLC 后,自动生成 $ETH_X$-CTRL 和 $ETH_X$-XRF 指令模块。

1) $ETH_X$-CTRL 指令块,运行时它执行以太网模块的错误检查。

CP_Ready 为模块准备就绪。

通过配置时产生的内存某个位指示就绪状态,格式为位格式,如 V110.0 位,当以太网模块从其他指令接收命令时,CP_Ready 置 1;Ch_Ready 为通道准备就绪,数据格式为字。

2) Ch_Ready 指定给每个通道的位,显示该通道的连接状态,可以指示一个或多个通道的连接状态,例如建立的通道 1 连接后,则位 0 置 1。

Error 数据格式为字,显示通信错误代码(图 10-16)。

## 任务 10.3　编制 S7-200 PLC 以太网络数据通信程序

（2）ETH$_X$-XFR 指令模块，通过指定客户端和信息代码，命令在 S7-200 和远程 PLC 之间进行数据传输。数据传输的时间取决于使用的传输线路类型。如果要提高传输速度，程序扫描时间应减少。启动模块命令，使用 EN 位，EN 位应当保持打开，才能启用模块命令，直到表示传输完成位（Done）置位。START（开始）可通过仅允许发送一条边缘检测指令打开传输。Chan_ID 是在以太网配置的一个客户端的通道号码，指令向导中会生成的相应符号名和相应的配置地址。可以在符号表中查找到。Data（数据）是在向导配置中指定一个数据传输，在符号表中也会查找到相应的符号名和地址。Done（完成）表示数据传输完成。

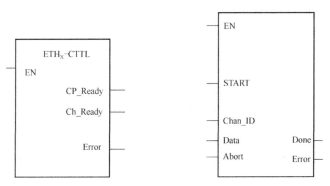

图 10-16　ETH$_X$-CTRL 指令块　　图 10-17　ETH$_X$-XFR 指令模块

### 10.3.2　数据传输编程

根据要传输的数据要求，本例在配置客户端时建立了两个传输，设置了发送数据和接收数据的地址。因为客户端和服务器端都要接收和发送数据，客户端和服务器端都需要编写程序控制数据传输。服务器端的程序如图 10-18 所示。

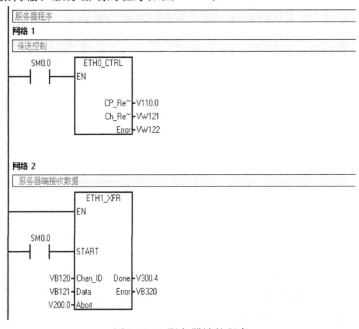

图 10-18　服务器端的程序

## 单 元 小 结

以太网通信具有易于组网，运行可靠的特点，在工业网络控制中广为应用，本章以两台 S7-200 PLC 以太网通信为例，利用以太网配置向导配置服务器端和客户端 S7-200 PLC，建立简单的 S7-200 PLC 以太网，实现数据的双向传输。并且通过程序编程来控制和使用这些数据。以太网配置向导是本章学习的重点内容，通过本章学习应正确理解和使用配置向导中产生的以太网控制和数据指令块，以便根据工程具体要求配置和使用这些数据传输。

## 能 力 训 练

**实训项目：S7-200 PLC 以太网络控制电机运行**

（1）实训任务

建立 S7-200PLC 以太网络，通过服务器端的 PLC 输入 I0.1 发送控制信号，启动、停止远程服务器端 PLC Q1.0，从而控制远程电机的启停。

（2）任务分析

本实训任务解决的问题是通过一个 PLC（服务器端）PLC 的输入端 I0.1 控制另一个 PLC（客户端）的 Q1.0 的输出。因此在配置 PLC 时要建立一个数据连接，数据从服务器端发送到客户端。在配置数据传输中，数据传输是在内存 V 区传输的，因此要把输入端的状态首先传输到 V 区，然后通过以太网传输到客户端 V 区，客户端程序要把接收到 V 区的数据，传输到 PLC 的输出端 Q1.0。这些要通过程序编写实现。两端 PLC 控制连接如图 10-19 所示。

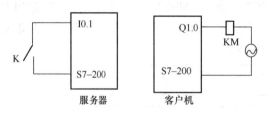

图 10-19 两端 PLC 控制连接

（3）网络硬件连接：CPU 224 2 个，以太网通信模块 243-1 2 个，8 口交换机 1 个，PC/PPI 编程电缆 1 根，8 芯双绞线 2 根。将上述设备组态为以太网络图（图 10-20）。

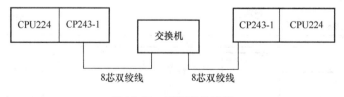

图 10-20 网络硬件连接

（4）配置服务器端和客户端 S7-200 PLC

根据以太网配置向导，配置服务器端和客户端 PLC，设置各 PLC IP 地址，建立数据传输通道，使数据从服务器传输到客户机端。

（5）编写程序服务器端和客户端 PLC 程序

根据实训任务要求编写服务器端程序和客户端程序。

服务器端子程序：
  LD  SM0.0 \\ 使能发送控制
  CALL ETH0_CTRL：SBR1：V110.0，VW121，VW122 \\ 调用传输制程序。
  LD  I0.1 \\ 启动信号
  O  V100.0 \\ 启动信号传输到 V100.0
  =   V100.0

客户端子程序：
  LD  SM0.0 \\ 使能接收控制
  CALL ETH0_CTRL：SBR1，V210.0，VW221，VW222 \\ 调用传输控制程序
  LD  SM0.0
  =   L60.0
  LD  SM0.0
  EU
  =   L63.7
  LD  L60.0
  CALL ETH1_XFR：SBR2，L63.7，Connection1_0：VB305，PeerMessage10_1：VB306，V206.0，V400.4，VB420 \\ 调用发送控制程序
  LD  V200.1 \\ 接收数据存储在 V200.1
  =   Q1.0  \\ 将接收数据传输到 Q1.0

（6）程序调试：将程序分别下载到服务器端和客户端 PLC，运行开关置 RUN 状态，观察电机运行状态。

## 习 题 与 思 考 题

1. 配置以太网络，通过客户机端 S7-200 PLC，控制服务器 S7-200 端电机的正反转，画出 PLC 硬件连线图，编写制以太网控制控制程序。

2. 编制以太网控制程序，服务器端 S7-200 PLC 存储客户机端 PLC 连接的模拟量输入模块 EM231 的模拟量输入通道 AIW0 的数据，并将接收数据存储到服务器端 S7-200 PLC 内存地址 VW500。

3. 利用以太网配置向导配置客户端 PLC 和服务器端 S7-200 PLC，建立两个数据传输，服务器端 IP 地址：192.168.0.12，客户机端 IP 地址：192.168.0.6. 实现用服务器端控制客户端的电机运行。

# 学习情境 11　STEP7-Micro/WIN4.0 编程软件

**学习导航**

| 学习任务 | 任务 11.1　认识 STEP7-Micro/WIN4.0 软件<br>任务 11.2　创建一个项目程序 |
|---|---|
| 能力目标 | 1. 学会 STEP7-Micro/WIN4.0 安装及通信设置。<br>2. 掌握 STEP7-Micro/WIN4.0 功能，能够编写、编译、下载程序。<br>3. 掌握程序调试的方法。 |

## 任务 11.1　认识 STEP7-Micro/WIN4.0 软件

STEP7-Micro/WIN4.0 的窗口组件包括菜单栏、工具栏、浏览栏、指令树窗口、程序编辑窗口、状态栏等部分，下面介绍主要窗口组件的功能（图 11-1）。

操作栏：显示编程特性的按钮控制群组：

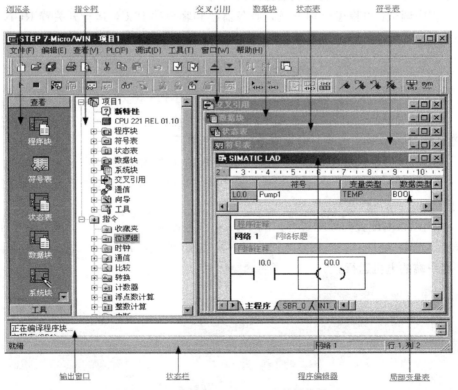

图 11-1　STER7-Micro/WIN4.0 的操作界面

## 任务 11.1  认识 STEP7-Micro/WIN4.0 软件

点击"查看"－可以选择程序块、符号表，状态表，数据块，系统块，交叉引用及通信显示按钮控制。

点击"工具"－可以选择指令向导、文本显示向导、位置控制向导、EM 253 控制面板和调制解调器扩展向导的按钮控制。

指令树：提供所有项目对象和为当前程序编辑器提供的所有指令的树型视图。

用鼠标右键点击树中"指令"部分的一个文件夹或单个指令，以便隐藏整个树。一旦打开指令文件夹，就可以拖放或双击单个指令，按照需要自动将所选指令插入程序编辑器窗口中的光标位置。

1. 交叉引用

检视程序的交叉引用和组件使用信息。

2. 数据块

建立和编辑数据块内容。

3. 状态表窗口

允许将程序输入、输出或变量置入图表中，以便追踪其状态。建立多个状态表，以便从程序的不同部分检视组件。每个状态表在状态表窗口中有自己的标签。

4. 符号表/全局变量表窗口

允许分配和编辑全局符号。建立多个符号表。可在项目中增加一个 S7-200 系统符号预定义表。

5. 输出窗口

提供编译程序信息。当输出窗口列出程序错误时，可双击错误信息，会在程序编辑器窗口中显示适当的网络。

状态条：提供您在 STEP 7-Micro/WIN4.0 中操作时的操作状态信息。

6. 程序编辑器窗口

包含用于该项目的编辑器（LAD、FBD 或 STL）的局部变量表和程序视图。如果需要，可以拖动分割条，扩展程序视图，并覆盖局部变量表。当在主程序一节（OB1）之外，建立子程序或中断程序时，标记出现在程序编辑器窗口的底部。可点击该标记，在子程序、中断和 OB1 之间移动。

7. 局部变量表

包含对局部变量所作的赋值。在局部变量表中建立的变量使用暂时内存；地址赋值由系统处理；变量的使用仅限于建立此变量的 POU。

8. 菜单条

允许使用鼠标或键盘执行操作。您可以定制"工具"菜单，在该菜单中增加自己的工具。

9. 工具条

为最常用的 STEP 7-Micro/WIN4.0 操作提供便利的鼠标访问。

## 任务11.2 创建一个项目程序

### 11.2.1 建立项目

1. 启动编程应用程序 STEP 7-Micro/WIN

双击"STEP 7-Micro/WIN"图标,或者在"开始"菜单中选择"SIMATIC"→"STEP7-Micro/WIN"命令,启动应用程序。

2. 选择菜单"文件"→"新建"命令,可以建立一个新的项目,然后在编辑窗口进行编写程序。

3. 打开已建立项目

选择菜单"文件"→"打开"命令,同样可以浏览一个现有的项目,并打开这个项目。

### 11.2.2 建立程序网络

输入LAD指令的方法:

(1) 从指令树拖放

指令树中提供编程所需要的所有指令。单击指令树中"指令"选项前面的"+"符号,展开指令树选项,可显示该项下所有指令,点击所需要使用的指令,拖放所选指令到程序编辑器区域,如图11-2、图11-3所示。

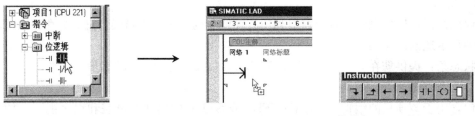

图11-2 选择指令　　图11-3 拖放放置指令　　图11-4 指令工具条

另外也可以用工具条上的指令符号将指令拖放到程序编辑器中如图11-4所示,在此不再说明。

(2) 输入地址

拖放指令到程序编辑器区域,松开鼠标后,显示如图11-5所示,所拖放的指令符号相应位置出现(??.?)或(????),问号表示参数未赋值,双击问号输入该符号地址,问号状态消失如图11-6,用同样的方法可以将指令放置到编辑器编辑区域。

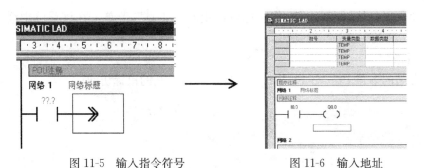

图11-5 输入指令符号　　　　图11-6 输入地址

(3) 创建程序注释

为了使编写的程序便于阅读和程序维护，在程序段中插入程序注释。可以分为：

网络标题、网络注释、项目组件属性（图 11-7）。

1) 项目组件注释

选择和取消选择"查看"→"POU 注释"选项，在 POU 注释"√"（可视）或"（隐藏）"之间切换。每条 POU 注释所允许使用的最大字符数为 4098。POU 注释是供选用项目，可视时，始终位于 POU 顶端，并在第一个网络之前显示。

2) 网络标题

将光标放在网络标题行的任何位置，输入一个识别该逻辑网络的标题。网络标题中允许使用的最大字符数为 127。

3) 网络注释

将光标放在网络标题行的任何位置下的方框内，可以编辑网络注释。网络注释中允许使用的最大字符数为 4096。

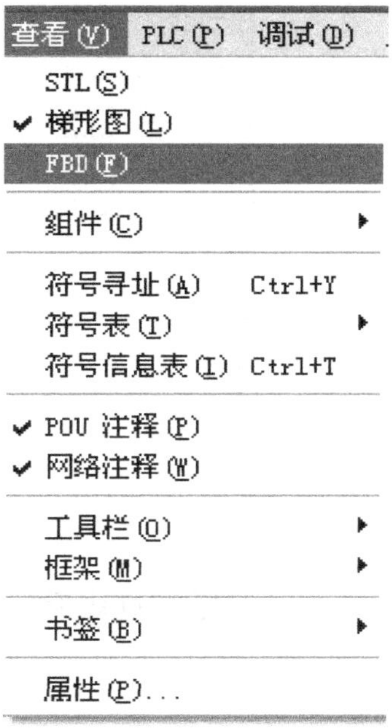

图 11-7 POU 注释 网络注释

通过以上几个过程的操作可以在程序编辑区建立一个简单项目程序网络图。

(4) 创建符号表

在程序开发中，为了编写程序方便，便于记忆，可以使用一些符号来代替某些存储器地址，这样定义使用的符号与内存之间建立了一一对应关系。这些符号显示在程序中，给编程和维护程序带来极大的方便。

1) 建立符号表的方法有以下方法

① 点击浏览条中的"符号表"按钮。

② 选择"查看"→"符号表"（Symbol Table）菜单命令。

在指令树中建立符号表：在项目管理栏找到"符号表"，双击展开后，出现符号表图标，点击图标，出现符号表编辑器。在"符号栏"输入符号如"Local_c"，表示本地控制；在"地址"栏输入相应的地址如"I0.0"；在"注释"输入该地址所完成的功能如"本地控制"，一旦符号在程序中被应用，符号表中该符号下面的绿色波浪线消失，建立符号表如图 11-8 所示。

2) 符号表的使用

选择"查看"→"符号表"选项→选择"将符号应用于项目（s）"。

在程序编辑器中就可以看到符号名称。符号被引用后的状态如图 11-9 所示。

(5) 创建数据块

建立数据块可以将内存单元赋初值，一般用于设定程序中某些设定值如温度、压力数据。

使用下列一种方法访问数据块：

① 点击浏览条上的"数据块"按钮。

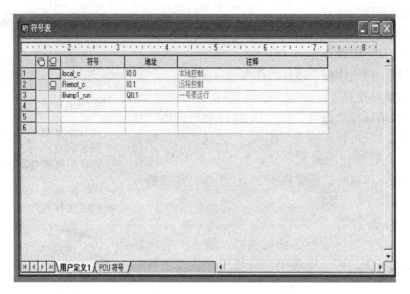

图 11-8　符号表的建立

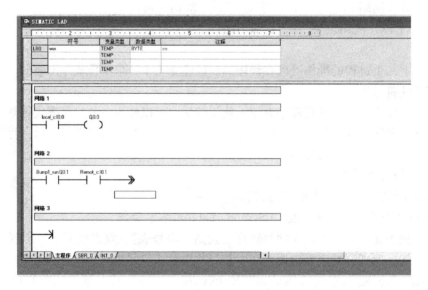

图 11-9　符号应用

② 选择菜单命令"查看"→"组件"→数据块（D）。
③ 打开指令树中的"数据块"文件夹，然后双击图标。

数据块的建立方法：在指令树找到"符号表"，双击展开后，出现数据块，选择数据块下用户，点击用户出现数据块编辑器如图 11-10 所示，在编辑器可以编辑使用的内存单元和内存单元内存储数据。

### 11.2.3　编译程序

编写梯形图后，单击"PLC"下拉菜单，选择"编译"或"全部编译"，在屏幕下方的输出窗口中出现编译信息；可以显示程序的预防错误的个数及错误原因和位置。用鼠标左键双击某条错误，将会在程序编辑器中标定错误所在的网络。

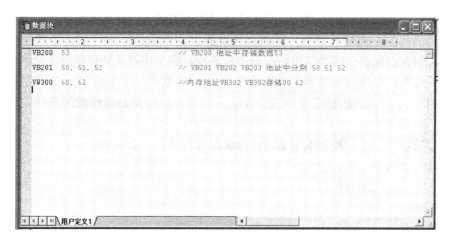

图 11-10 数据块的建立

### 11.2.4 程序下载

程序下载至 PLC 之前，应核实 PLC 位于"停止"模式。检查 PLC 上的模式指示灯，如果 PLC 未设为"停止"模式，点击工具条中的"停止"按钮。

点击工具条中的"下载"按钮，或选择文件＞"下载"。出现"下载"对话框，用来选择"程序代码块""数据块"和"CPU 配置"（系统块）复选框。如果您不需要下载某一特定的块，清除该复选框。点击"确定"，开始下载程序，如果下载成功，一个确认框会显示以下信息："下载成功"。

### 11.2.5 程序调试

下载程序成功后，还要进一步对程序进行调试，观察程序是否按照项目设计的流程和逻辑执行，从而对程序进行调整和优化，因此就要通过程序运行观察 PLC 数据的当前值和能流状态的信息，使用状态表监控和程序状态监控窗口读取、写入和强制 PLC 数据值，观察程序和数据的变化。成功地运行 STEP 7-Micro/WIN 的编程设备和 PLC 之间建立通信并将程序下载至 PLC 后，您可以用"程序状态监控"功能执行和测试程序网络。

选择"调试"菜单、"程序状态监控"按钮进入程序状态监控，也可以选择"开始状态表监控"监控程序的执行情况（图 11-11）。

（1）写入与强制数据，在程序调试可以写入和强制某个操作数使之取得某个特定值，从而观察在特定值输入下，程序的运行结果，以便调整程序。"写入"功能允许您向程序写入一个或多个数值，模拟一种条件或一系列条件。然后您可以运行程序或使用状态表［以及程序状态（如果需要）］监控运行状况。

图 11-11 程序界面

写入操作数：在程序状态监控窗口中，用鼠标右键单击操作数如 I0.1（注意不要单击指令），从弹出的菜单中选择"写入"，然后在弹出的菜单中选择或输入数据，通过写入新的操作数的变化，可以观察程序的执行结果变化。

(2) 要将地址强制为某一数值，必须首先规定所需的数值，可通过读取数值（如果希望强制为当前数值）或键入数值（如果将地址强制为新数值）来完成。一旦您点击"强制"按钮，每次扫描都会将数值重新应用于该地址，直至您对该地址执行取消强制。

强制操作数：用鼠标右键单击操作数如 Q0.1（注意不要单击指令），从弹出的菜单中选择"强制"，然后在弹出的菜单中选择或输入数据，通过强制操作数的变化，可以观察程序的执行结果变化。

在程序监控状态下，程序编辑器窗口中显示运行状态。含义如下：

电源母线显示为蓝色；

梯形图中的能流用蓝色表示；

触点接通时，指令会显示为蓝色；

线圈输出接通时，指令会显示为蓝色；

绿色定时器和计数器表示定时器和计数器包含有效数据；

红色表示指令执行有误；

灰色表示无能流、指令未扫描。

根据程序编辑器窗口中数据和地址的变化，可以判断程序执行情况，调试程序也可以通过切换到监控表窗口进行监控程序运行情况，对操作数进行写入或强制操作。

调试状态下的操作有些是在停止状态下可以执行，有些是在运行状态下可以执行，需要在使用软件过程中体会。

## 单 元 小 结

本章主要介绍了西门子 S7-200 系列 PLC 的编程软件 STEP7-Micro/WIN 的基本组成和各部分的功能。重点讲述了该软件的使用方法，通过本章的学习，可以对软件的多种功能学习打下基础，应当掌握利用 STEP7-Micro/WIN 软件，建立、编写、下载、调试项目。STEP7-Micro/WIN 功能丰富，只有配合 PLC 基础知识，多次使用才能掌握和理解。

## 能 力 训 练

**实训项目　STEP 7-Micro/WIN 编程软件编程与调试**

1. 实训任务

(1) 建立编程 PC 与 S7-200 CPU224 通过编程电缆 PC/PPI Cable 之间的通信，以下载和调试程序。

(2) 电机正反转程序编写。

(3) 利用 STEP 7-Micro/WIN 编程软件调试电机正反转程序。

2. 连接编程 PC 与 S7-200 CPU224CN

(1) 为建立和调试程序，在编程前要通过编程电缆 PC/PPI Cable 将编程计算机与 PLC 连接，并设定编程电缆 DIP 开关。DIP 开关设置的波特率应与编程软件中设置的波特率和系统块设置 PLC 的波特率一致。编程电缆一端和编程计算机通过 COM 口相连接，一端和 PLC 端 PORT 口连接（图 11-12）。

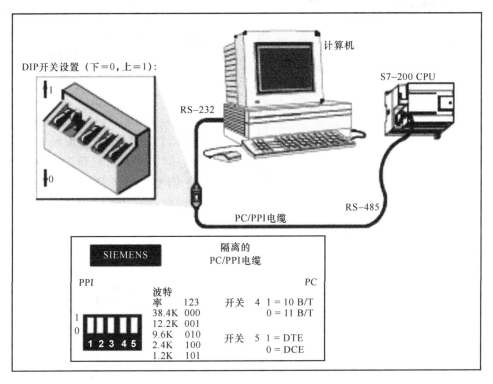

图 11-12　编程电缆、计算机与 S7-200 CPU224

（2）打开编程软件，如图 11-13，点击"项目"展开项目后，点击"通信"下的"设置 PG/PC 接口"。

1）在"站参数"区域的 PPI 标记上，选择"地址"方框中的一个数字。该数字表示 STEP7-Micro/WIN 放置在可编程控制器网络中的位置。运行 STEP 7-Micro/WIN 的个人计算机的默认站址是 0。网络上的第一台 PLC 的默认站址是 2。

2）在"超时"方框中选择一个数值。该数值代表通信驱动程序尝试建立连接花费的时间。默认值应当有足够的时间。

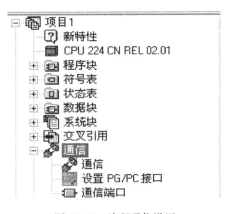

图 11-13　编程通信设置

3）确定您是否希望将 STEP 7-Micro/WIN 用在配备多台主站的网络上。您可以保留"多台主站网络"方框中的选中符号。

4）设置 STEP 7-Micro/WIN 网络通信的速率，要和 PPI 电缆 DIP 开关设置保持一致。

5）选择最高站址。此设置可以使 STEP 7-Micro/WIN 停止查找网络上的其他主站的地址。

图 11-14 编程通信设置

6) 在"本地连接"标签中,选择 PC/PPI 电缆与之连接的 COM 端口。如果您使用的是调制解调器,选择调制解调器连接的 COM 端口,并选择"使用调制解调器"复选框。

7) 点击"确定",退出"设置 PG/PC 接口"对话框(图 11-14)。

点击图 11-13"通信",出现如图 11-15 所示画面,双击"双击刷新",编程软件将自动链接 CPU224CN PLC,如通信失败,则出现错误提示对话框,更改相应的设置,重新刷新建立连接。

3. 编写电机正反转控制程序

(1) 打开 STEP 7-Micro/WIN 编程软件

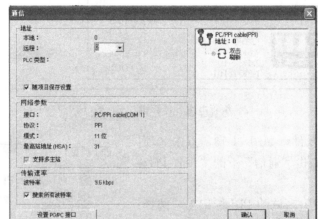

图 11-15 编程软件与 PLC 建立通信连接

(2) 编写程序,利用拖放的方法建立如图 11-16 所示的梯形图。

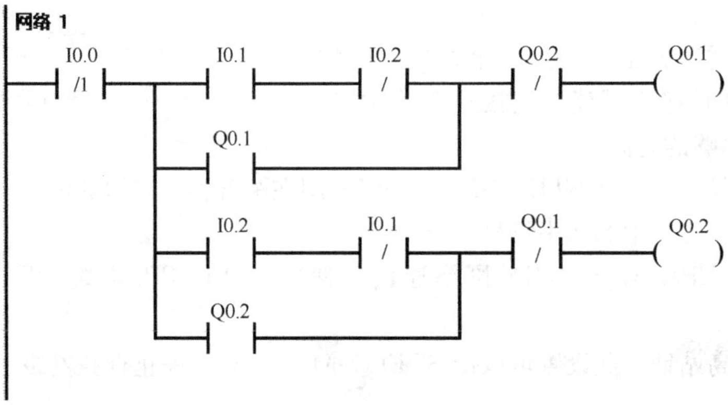

图 11-16 电机正反转梯形图

1) 在程序编辑器相应的区域，建立网络 POU 注释、网络标题和网络注释，分别为"主程序组织块"。

2) 建立符号表，分别给正转启动、停止 I0.1、I0.0 及 Q0.1 信号，建立符号表，分别写出符号、地址和注释（表 11-1）。

符号表　　　　　　　　　表 11-1

|   |   |   | 符号 | 地址 | 注释 |
|---|---|---|------|------|------|
| 1 |   |   |      |      |      |
| 2 |   |   |      |      |      |
| 3 |   |   |      |      |      |
| 4 |   |   |      |      |      |
| 5 |   |   |      |      |      |

3) 建立状态表，分别给正反转地址建立状态表（表 11-2）。

状态表　　　　　　　　　表 11-2

|   | 地址 | 格式 | 当前值 | 新值 |
|---|------|------|--------|------|
| 1 |      | 有符号 |        |      |
| 2 |      | 有符号 |        |      |
| 3 |      | 有符号 |        |      |
| 4 |      | 有符号 |        |      |
| 5 |      | 有符号 |        |      |

(3) 编译程序

点击"PLC"菜单下的"编译"，编译程序，检查程序编写是否有错误。

(4) 保存程序　　在菜单条中选择菜单命令文件＞"保存"。

4. 下载程序、调试程序

1) 下载至 PLC 之前，必须核实 PLC 位于"停止"模式。检查 PLC 上的模式指示灯。如果 PLC 未设为"停止"模式，选择 PLC＞"停止"。

2) 选择文件＞下载。出现"下载"对话框，点击"确定"，开始下载程序。

3) 选择"调试"菜单，点击"开始程序状态监控（P）"，即可进入程序监控状态。

① 写入操作数：用鼠标右键单击操作数如 I0.1（注意不要单击指令），从弹出的菜单中选择"写入"，然后在弹出的菜单中选择或输入数据，观察 PLC 输出的变化。

② 强制操作数：用鼠标右键单击操作数如 Q0.1（注意不要单击指令），从弹出的菜单中选择"强制"，然后在弹出的菜单中选择或输入数据，观察 PLC 输出的变化。相应的操作可以取消强制输入。

③ 打开状态表，在状态表中可以，观察输入的现值和对操作数赋新值，程序监控状态和监控表监控状态可以切换。

# 习 题 与 思 考 题

1. 用编程电缆将计算机和 PLC 连接后，不能下载程序到 PLC，分析可能产生这情况的原因，并检查波特率设置，站地址和检查 PC/PPI 电缆上的 DIP 开关。

2. 利用编程软件编写 3 台电机顺序启动程序，按下启动按钮 $SB_1$ 后 3 台电机依次启动，时间间隔为 10s，并且能控制电机通过 SB₂、SB₃、SB₄ 控制 3 台电机的停止运行。并定义各台电机的运行符号表、状态表，监控电机的运行。

3. 编写下图中的 STL 程序，转换为梯形图，强制 I0.0 值为 ON，监控程序的运行。

| | | 操作数 1 | 操作数 2 | 操作数 3 | 0123 | 中 |
|---|---|---|---|---|---|---|
| LD | I0.0 | OFF | | | 0000 | 0 |
| O | M1.0 | OFF | | | 0000 | 0 |
| AN | T37 | OFF | | | 0000 | 1 |
| A | I0.1 | OFF | | | 0000 | 0 |
| = | M1.0 | OFF | | | 0000 | 0 |

网络 2

| | | 操作数 1 | 操作数 2 | 操作数 3 | 0123 | 中 |
|---|---|---|---|---|---|---|
| LD | M1.0 | OFF | | | 0000 | 0 |
| TON | T37, +5 | +0 | +5 | | 0000 | 0 |
| | | | | | — | — |

网络 3

| | | 操作数 1 | 操作数 2 | 操作数 3 | 0123 | 中 |
|---|---|---|---|---|---|---|
| LD | T37 | OFF | | | 0000 | 0 |
| O | M11.0 | OFF | | | 0000 | 0 |
| = | M10.0 | OFF | | | 0000 | 0 |

# 学习情境 12  高层建筑恒压供水系统

**学习导航**

| 学习任务 | 任务 12.1 高层建筑供水控制系统组成及控制方案<br>任务 12.2 高层建筑供水控制系统电气控制电路设计<br>任务 12.3 高层建筑供水控制系统控制程序设计 |
|---|---|
| 能力目标 | 1. 掌握高层建筑供水系统的组成及基本控制原理。<br>2. 学会高层建筑供水系统电气控制电路设计方法。<br>3. 学会高层建筑供水程序分析。 |

## 任务 12.1  高层建筑供水控制系统组成及控制方案

### 12.1.1  高层建筑控制供水系统组成

在高层建筑中采用变频器加多台泵的供水方式，下面以 3 台泵为例介绍高层建筑供水控制系统的组成。一般供水控制系统由供水管网压力传感器、PLC 控制系统以及泵和管道系统组成，如图 12-1 所示。供水管网压力传感器采集供水管网的出口压力，以 PLC 为核心，发出控制指令，切换接触器组，控制变频器和水泵工作在不同的运行状态。

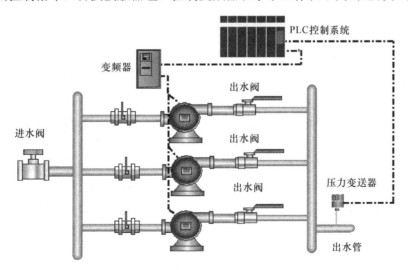

图 12-1  高层建筑供水系统组成

### 12.1.2  高层建筑控制供水控制方案

1. 建筑生活用水量变化分析

在实际的供水过程中，用户用水量是实时变化的，用水量的变化反映在供水管网的压力呈现随时间的变化而波动，如图 12-2 所示，这种波动带来用户端供水压力的变化，这就要求要设计出能改变供水量抵消用水量变化带来的用户末端压力波动。管网压力实时反映系统用水量的变化，管网压力小，则用户用水量大，反之，用户用水量小，管网压力大。用户用水量如图 12-3 所示，和图 12-2 比较可以发现，供水管网压力和流量的变化方向相反，因此系统设计核心是供水量抵消用户用水量的变化，即多用多供，少用少供，反映在管网压力上就是保持管网水压恒定。泵的供水量工频运行状态下一般是恒定的，单台水泵工频运行，出水量也基本恒定，靠投入和退出工频泵满足不了用户用水量变化的需求。

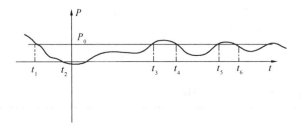

图 12-2　供水管网压力曲线

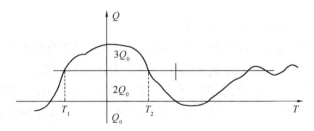

图 12-3　用水量压力曲线

2. 变频调速实现供水管网的压力恒定

（1）现在变频器调速已应用到生产中的各个行业，为使供水压力恒定，控制系统应用变频器调速可以解决水泵供水量可变的问题。将供水压力信号反馈到 PLC 控制系统，经 PLC 运算输出模拟控制信号，通过模拟信号，作用于变频器，使之输出频率按照用水量方向变化，电机转速则跟随用水量变化，实现多用多供，少用少供。显然，为了满足不同用水量的变化投入运行的泵的数量会有所不同。下面根据用水量变化分析投入泵的台数的变化。在供水系统中单台泵一般是不能满足用户的用水量要求的，图 12-1 所示系统采用 3 台泵供水，任何时间 3 台泵中设定 1 台工作在变频状态，其他两台泵工作在工频运行状态或停止状态，这样一台泵变频工作作为供水量调节泵，另外两台泵作为提供基础用水量。

（2）工程变量压力和用水量变化分析：

1）用水量 $0 \leqslant Q \leqslant Q_0$，$Q_0$ 为单台泵工频运行时出水量，这种状态下用单台变频方式供水满足用户要求，可以根据 $0 \leqslant Q \leqslant Q_0$ 条件下，单台泵变频运行调节出水量，采集压力系统设定 $P_0$ 上下小幅度波动，此状态设为 S1。

2）用水量 $Q_0 \leqslant Q \leqslant 2Q_0$，用水量在此区间内变化，设置为一台变频一台工频运行，采集压力也设定压力 $P_0$ 上下小幅度波动，此状态设为 S2。

## 任务 12.1　高层建筑供水控制系统组成及控制方案

3) 用水量 $2Q_0 \leqslant Q \leqslant 3Q_0$，用水量在此区间内变化，设置为一台变频两台工频运行，采集压力同样设定为 $P_0$ 上下小幅度波动，此状态设为 S3。

由于用户用水量的不确定性，S1、S2、S3 三种状态必然随着用水量的变化发生转换。三种状态转换时刻是压力设定值与压力曲线的交点如图 12-2 中的 $t_1$、$t_5$ 时刻，压力由高变低，流量由小到大，此时应该减少运行泵的数量来满足用户用水量大的需要。相反，图 12-2 中的 $t_2$、$t_6$ 时刻，压力由低变高，流量由大到小，此时应该减少运行泵的数量来满足用户用水量小的需要，通过分析可以得到增泵和减泵的条件是采集供水压力高于设定供水压力还是低于设定供水压力。将采集压力的反作用信号作用到变频器的模拟输入端，则可以调节输出频率，从而按照用水量变化趋势同方向调节供水量。

(3) 水泵运行工况分析：

根据用水量变化分析投入运行水泵的数量，可以有单台水泵运行 S1，两台水泵运行 S2 和 3 台水泵运行 S3 三种状态。

1) 单台泵变频运行 S1，用水量 $0 \leqslant Q \leqslant Q_0$，按照循环运行方式，首先设定单台泵变频运行时间，按照 1 号泵变频运行，2 号泵变频运行，3 号泵变频运行顺序运行，每个泵的运行时间相同，运行时记录正在运行的泵的泵号，存入指定内存单元，在此设定为 VB400 地址单元，设定工频泵运行数量单元为 VB401，则 VB401＝0。单台变频运行如图 12-4 所示，变频泵号保存在内存 VB400 单元，供编程使用。

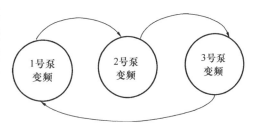

图 12-4　单台泵变频循环转换

2) 当用水量增大到区间 $Q_0 \leqslant Q \leqslant 2Q_0$，单台水泵不能满足供水需要，产生增加水泵运行数量信号，水泵运行状态发生转换，增加水泵方式会有多种方案选择，在此选择停止正在工作的变频泵，使之切换到工频工作状态，工频泵数量加 1，变频泵实现工作状态由变频切换到工频，变频工作的水泵的泵号加 1。如果原来变频工作是 2 号泵，有加泵信号到来时，变频工作水泵将切换到 3 号水泵。退出变频工作的泵转入工频状态。如 VB401＝2，停止工作的泵投入工频运行，这样设计程序可以使泵的工作时间相等。

3) 当用水量继续增大到区间 $2Q_0 \leqslant Q \leqslant 3Q_0$，加泵信号再次到来，将变频泵号加 1，工频泵数量加 1，变频泵再次切换，停止运行泵投入使用，此时三台泵都投入到运行状态。注意，当前变频运行的泵的泵号为 3 号泵时，出现加泵信号，变频泵号要循环到 1 号泵上去。

4) 减泵过程：以上分析随着用水量的变化，水泵运行数量增加的过程，用水量的变化还会出现相反的过程，用水量减少产生减少运行水泵的数量，产生减泵信号，水泵运行状态发生转换，出现减泵信号时，使工频泵数量减 1，将变频泵号不变。

5) 恒压供水控制方案。

在控制程序设计中应满足先投先停的原则，按此原则设计水泵运行状态转换流程如图 12-5 所示。综合以上分析随着用水量变化和随之出现的增泵和减泵信号程序控制按照以上控制流程进行。假设某时刻单台变频泵循环运行到 1 号泵时，1 号泵作为单台运

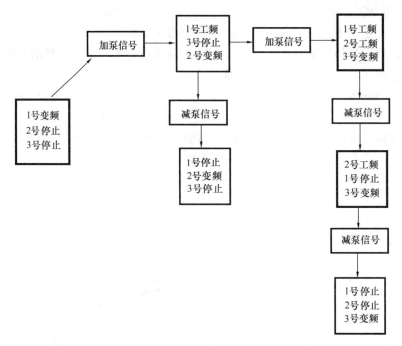

图 12-5 控制流程图

行泵正在工作,变频泵号内存单元 VB400=1,然后经历了增泵或减泵信号的变化,经过一个工作循环,变频运行泵号,VB400=3;如果按照同样的运行规律推理,可以得出再经过一个工作循环,变频泵号单元 VB400=2,以此类推,第三个工作循环将在 VB400 单元中回归到 VB400=1 状态。1 号泵重新回到初始状态。可以看出状态转换规律:① 变频泵始终随增泵信号增加而加 1,并且 3 台泵要产生循环,变频泵号 VB400 内存数据按照 1—2—3—1—2—3 循环;②减泵信号到来,变频泵号不变,工频泵数量内存单元减 1;③先投入工频运行泵,在减泵信号到来时,先停止工作,即先投先停的工作原则。

### 12.1.3 高层建筑控制供水控制方案的实现

通过以上分析,3 台泵的运行切换控制程序可以通过 S7200 编程实现。下面分析程序编写方法:下面控制网络中 VB400 单元存储变频泵泵号,VB401 单元存储工频泵的数量,Q0.1 为 1 号变频泵驱动输出、Q0.3 为 2 号变频泵驱动输出、Q0.5 为 3 号变频泵驱动输出、Q0.2 为 1 号工频泵驱动输出、Q0.4 为 2 号工频泵驱动输出、Q0.6 为 3 号工频泵驱动输出、M0.6 为变频泵切换信号,M0.5 为工频泵切换信号。

1. 在满足 M0.6=1,此时出现增加水泵信号,可以将 M0.6=1 当作增泵信号,根据以上泵的切换流程 VB400 的取值可以为 1、2、3 中的一个值;如 VB400=1,则 Q0.1=1,1 号泵被驱动,因此网络 26、27、28 可以根据 M0.6,VB400 的取值确定启动哪台泵工作。M0.6 的每次变化,将使 VB400 取值在 1、2、3 循环变化一次,这样可以使 3 台泵循环变频工作。

(1) 在 VB400=1 条件下,1 号泵变频工作,M0.6 为变频启动信号,Q0.1、Q0.2 互锁保证 1 号泵不能同时工作在变频和工频状态下(图 12-6)。

## 任务 12.1　高层建筑供水控制系统组成及控制方案

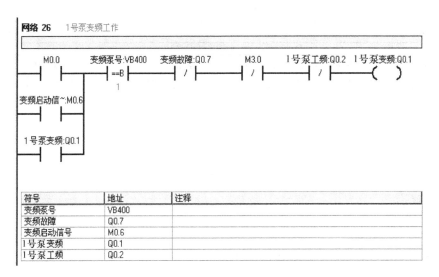

图 12-6　1 号泵变频运行梯形图

（2）在 VB400＝2 条件下，2 号泵变频工作，M0.6 为变频启动信号，Q0.3、Q0.4 互锁，保证 2 号泵不能同时工作在变频和工频状态下（图 12-7）。

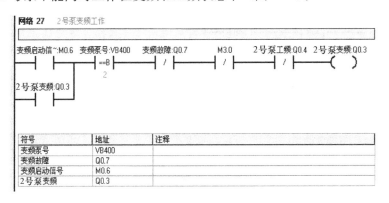

图 12-7　2 号泵变频运行梯形图

（3）在 VB400＝3 条件下，3 号泵变频工作，M0.6 为变频启动信号，Q0.4、Q0.5 互锁，保证 3 号泵不能同时工作在变频和工频状态下（图 12-8）。

2. 如果 VB400＝1，VB400＝0，此时出现加泵信号，则 M0.5＝1，VB400 加 1，VB400＝2，按照以上流程图分析，在 VB401＝0 的情况下，VB401 也要加 1，则 VB401＝1，要求 1 号泵由变频运行转换到工频运行，2 号泵作为变频泵工作。工作状态由单泵工作，转换为两台泵工作，1 号泵为工频运行，2 号泵变频工作。如图 12-9 所示 1 号泵工频的运行梯形图满足了工频运行要求，当再次出现加泵信号，要求 2 号泵切换到工频运行，3 号泵切换到变频，3 台泵全部运行，VB401＝2，VB400＝3，从梯形图中可以分析出，1 号、2 号工频运行梯形图满足工频运行要求。

在 VB400＝3 或 VB401＝2，出现减泵信号，VB401 值由 VB401＝2 变成 VB401＝1 状态，VB400＝3，原值不变，要求退出 1 台工频运行水泵，按照以上水泵工作流程，要求退出的是先投入工频的 1 号水泵，2 号水泵仍然工作在工频状态，此时为 2 号泵工频运

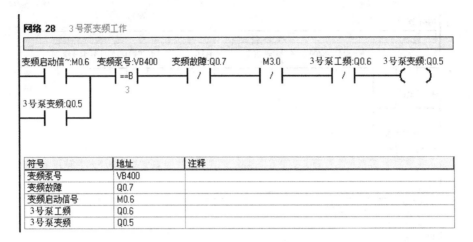

图 12-8　3 号泵变频运行梯形图

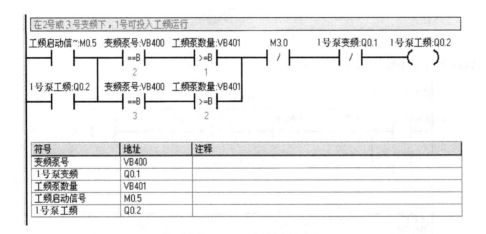

图 12-9　1 号泵工频的运行梯形图

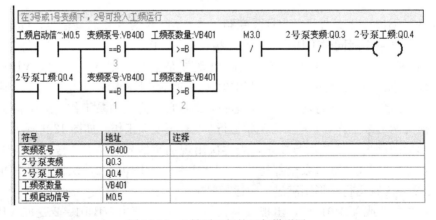

图 12-10　2 号泵工频的运行梯形图

行,3号泵变频运行,如图12-11所示。2号泵工频运行梯形图满足工频运行要求,1号泵退出工频运行,停止工作。如再次出现加泵信号,则VB400值应循环到值为1,1号泵投入变频运行,2号、3号泵工频运行,从梯形图分析可以得到此结果。

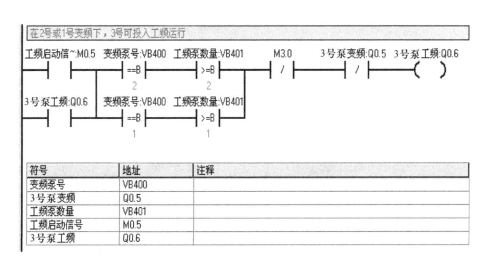

图 12-11　3 号泵工频的运行梯形图

3. 单台泵变频运行,在单台泵运行条件下,VB401＝0,1、2、3号工频运行梯形图都不满足 VB401＝0 的条件,因此不会出现水泵工频运行状况。以上控制程序按照加减泵的条件,根据变频泵号存储单元 VB400 和工频泵运行数量 VB401 单元存储数据的控制程序,能实现供水泵在停止、工频、变频之间的切换。这里作为恒压供水控制方案来分析,是为了后续程序编写打下基础。

## 任务 12.2　高层建筑供水控制系统电气控制电路设计

### 12.2.1　电气控制主电路图设计

恒压供水主电路设计使用接触器组控制3台泵工作状态切换,应用变频器调节水泵的转速,根据不同用水量,投入运行不同数量的水泵,要求始终有1台水泵工作在变频状态,调节出水量。

3台水泵可以根据不同的接触器主触点吸合与断开的组合,实现工作在工频和变频运行状态之间切换。$KM_1$、$KM_3$、$KM_5$ 主触点,一端接变频器主回路输出端子,另一端接1号、2号、3号泵热继电器,可以提供可变频率;3台水泵是否变频运行,由 $KM_1$、$KM_3$、$KM_5$ 主触点开合状态所确定,它们受PLC输出控制;$KM_2$、$KM_4$、$KM_6$ 主触点,一端接工频电源,另一端接1号、2号、3号泵热继电器,提供工频频率,同样PLC输出控制 $KM_2$、$KM_4$、$KM_6$ 主触点的开合。依据以上论述的控制规律,通过PLC程序控制这六个接触器的触点开合,3台水泵就可以根据用户用水量需求运行。

(1) 单台水泵变频循环工作,$KM_1$、$KM_3$、$KM_5$ 为变频接触器组,接触器按照设定循环时间,周期吸合与断开,或按加泵信号出现时,吸合、断开,3台水泵则周期性循环工作或满足变频调节时变频工作。

(2) $KM_2$、$KM_4$、$KM_6$为工频接触器组,根据加泵与减泵规律吸合、断开,控制3台水泵工频运行。

(3) $FR_1$、$FR_2$、$FR_3$热继电器作为3台水泵电机过负荷保护元件。

根据用水量分析设计控制主电路如图12-12所示。

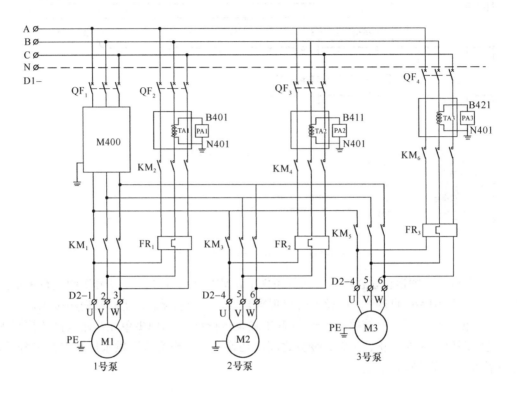

图12-12 恒压供水主电路图

### 12.2.2 电气控制原理图设计

**1. 手动、自动转换**

$SA_1 \sim SA_6$手动、自动转换开关:在手动挡位,不通过PLC控制,手动方式启停各泵。在自动控制挡位,转换开关送出自动控制信号,控制PLC控制程序执行控制功能。$KM_1$、$KM_2$、$KM_3$、$KM_4$、$KM_5$、$KM_6$接触器组的吸合与断开,通过连接在PLC输出端子的中间继电器$KA_1$、$KA_3$、$KA_5$、$KA_2$、$KA_4$、$KA_6$通断实现。

**2. 报警和过载保护电路**

电气控制图中设置了报警和过载保护电路,接法较为简单,电气控制原理图如图12-13所示,在此不再分析。

### 12.2.3 PLC接线图

**1. 压力信号采集**

如图12-14所示,接触器组控制的水泵运行状态切换及变频器的输出频率的依据都是管网出口压力所决定的,使用模拟量输入输出模块EM235采集管网压力,EM235模块有4个模拟量输入通道,一个模拟量输出通道,可以通过DIP配置开关设置输入通道的量程,

## 任务 12.2　高层建筑供水控制系统电气控制电路设计

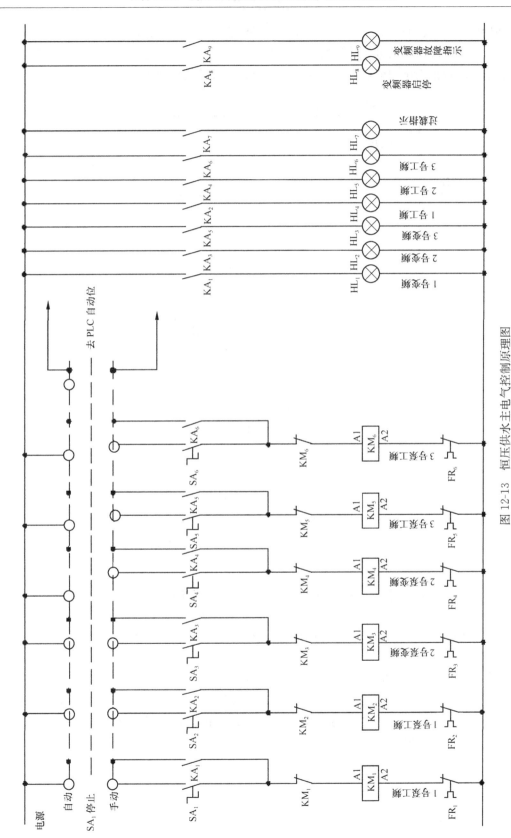

图 12-13　恒压供水主电气控制原理图

可以配置 0～10V、0～5V、−5～5V、0～20mA 等电压和电流模拟信号，输出可以有−5～5V、0～20mA 模拟信号。采集的压力作为 PID 的现场采集信号，经过 PID 运算后，输出到 EM235 模拟输出通道驱动变频器，产生控制水泵转速可调频率。

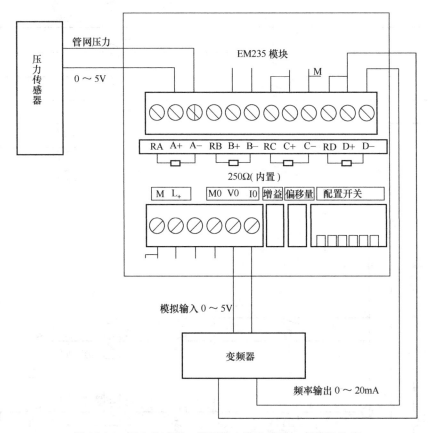

图 12-14　压力传感器、模拟输入输出模块、变频器连接

2. PLC 接线图设计

变频器是控制电动机转速的电气设备，供水之所以能实现管网压力恒定主要由变频器输出频率来调节。变频器接收 PLC 发送的变频器启动停止信号，根据控制要求启动或停止变频器的运行又送出反映管网压力的频率信号，根据此信号 PLC 程序控制变频泵运行的频率和工频泵运行数量。

图 12-15 PLC 输出端子 Q1.1 作为变频器启动驱动端子，配合 $KA_8$ 启动、停止变频器，变频器模拟输入输出模块连接压力变送器压力信号，经过 PLC 程序 PID 调节产生模拟输出信号驱动变频器。变频器频率输出端连接模拟输入输出模块 $AIW_2$ 通道，程序将此模拟信号转换为数字信号。

## 任务 12.2 高层建筑供水控制系统电气控制电路设计

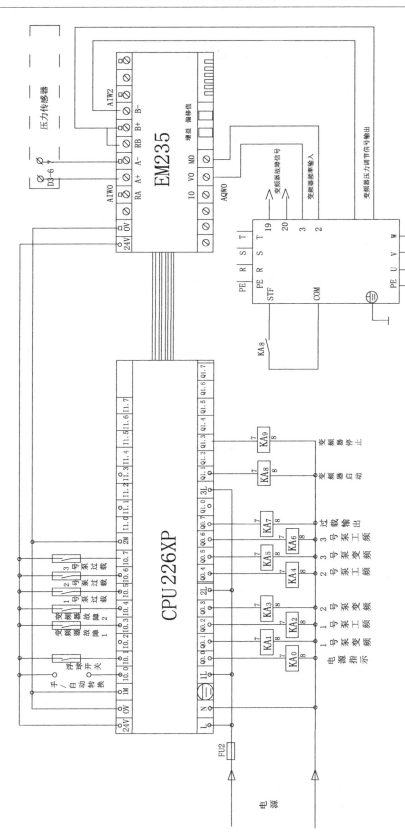

图 12-15 PLC 连线图

## 任务12.3　高层建筑供水控制系统控制程序设计

根据运行规律和设计的硬件电路,完成恒压供水系统的程序设计。

1. PID调节

在闭环控制系统中,PID调节是最为常用的模拟量控制方法。PLC有专门的PID调节指令对模拟量加以调节。PID调节是指比例、积分、微分调节,在许多控制系统中只需要一种或两种回路控制类型,例如只需要比例回路或者比例积分回路。通过设置常量参数可先选中想要的回路控制类型,如果不想要积分回路,可以把积分时间设为无穷大;如果不想要微分回路,可以把微分时间置为零。编写PID控制程序时要对程序中使用的参数和中间值加以存储。通过回路表设置,可以为PID参数配置内存地址,回路表规定过程变量、设定值、输出值、比例增益、积分时间、微分时间常数的存储地址,共8个双字节位内存单元。在编程加以引用,同时输入输出数据要进行处理。

(1) 制定PID回路表

在PID指令编程中,需要设置PID调节的参数,其中设定值($P_n$)和输出值($M_n$)在编程中作为供水的压力采集值和变频器模拟量输入值。首先给回路表设定起始地址,每个存储单元占两个字空间,共需要8个双字节位内存单元,偏移地址、数据格式和类型如表12-1所示。

PID回路表　　　　　　　　　表12-1

| 偏移地址 | 过程值 | 数据格式 | 类型 | 描述 |
| --- | --- | --- | --- | --- |
| 0 | 过程变量($V_n$) | 双字-实数 | 输入 | 在0.0～1.0之间 |
| 4 | 设定值($P_n$) | 双字-实数 | 输入 | 在0.0～1.0之间 |
| 8 | 输出值($M_n$) | 双字-实数 | 输入、输出 | 在0.0～1.0之间 |
| 12 | 增益(TC) | 双字-实数 | 输入 | 增益是比例常数 |
| 16 | 采样时间(TS) | 双字-实数 | 输入 | 单位为秒 必须是正数 |
| 20 | 积分时间(TI) | 双字-实数 | 输入 | 单位为分钟 必须是正数 |
| 24 | 微分时间(TD) | 双字-实数 | 输入 | 单位为分钟 必须是正数 |
| 28 | 积分项前项(MX) | 双字-实数 | 输入、输出 | 积分项前项在0.0～1.0之间 |
| 32 | 过程变量前值($PV_{n-1}$) | 双字-实数 | 输入、输出 | 最近一次PID运算的过程变量值 |

(2) 回路输入的转换和标准化

每个PID回路输入量给定值(SP)和过程变量(PV)通常是一个固定的值,给定值和过程变量通常为工程量值,它们的大小范围和工程单位一般不同,PID指令在对这些量进行运算以前必须把他们转换成标准的浮点型实数。

1) 输入设定16位整数值转成浮点型实数值

下面的指令序列提供了实现这种转换的方法:

MOVW AIW0 AC0 //把待变换的模拟量存入累加器

LDW>= AC0 0 //如果模拟量为正

JMP 0 //则直接转成实数
NOT //否则
ORD 16#FFFF0000 AC0 //先对AC0中值进行符号扩展
LBL 0
DTR AC0 AC0 //把32位整数转成实数
2) 实数值进一步标准化为0~1.0之间的实数
下面的算式可以用来标准化给定值或过程变量。
RNorm = (RRaw / Span) + Offset，其中：
RNorm 标准化的实数值。
Rraw 没有标准化的实数值或原值。
Offset 单极性为0.0，双极性为0.5。
Span 值域大小，可能最大值减去可能最小值，单极性为32000，双极性为64000。
双极性实数标准化为0~1.0之间的实数。
/R 64000.0 AC0 //累加器中的标准化值
+R 0.5 AC0 //加上偏置使其落在0~1.0之间
MOVR AC0 VD100 //标准化的值存入回路表
3) 回路输出值转换成刻度整数值
回路输出值一般是控制变量，比如阀开度，输出值是0~1.0之间的标准化了的实数值，在回路输出之前，必须把回路输出转换成相应的16位整数，这一过程是给定值或过程变量的标准化转换的反过程。
(3) 回路输出转换成相应的实数值公式如下
RScal = (Mn-Offset) * 8Span，其中：
Rscal 回路输出的刻度实数值。
Mn 回路输出的标准化实数值。
Offset 单极性为0.0 双极性为0.5。
Span 值域大小，可能最大值减去可能最小值。
单极性为32000，双极性为64000。
这一过程可以用下面的指令序列完成。
MOVR VD108，AC0 //把回路输出值移入累加器
-R 0.5，AC0 //仅双极性
*R64000.0，AC0 //在累加器中得到刻度值
(4) 回路输出转换成16位整数可通过下面的指令序列来完成
ROUND AC0 AC0 //把实数转换为32位整数
MOVW AC0，AQW0 //把16位整数写入模拟输出寄存器
2. 制定地址分配表
地址单元是程序编写的要素，在明确控制系统个部分功能后，要对PLC输入、输出地址以及在编程中所使用的内存单元地址进行分配，地址分配表如表12-2所示，有些地址以及在系统连线中规定下来不能变动，有些地址是可以编程前任意指定，在编程时也可分配地址，但要明确地址单元所代表的具体意义。程序地址分配表如表12-3所示。

地址分配表  表 12-2

| 信号名称 | 信号类型 | 符号 | 地址 |
| --- | --- | --- | --- |
| 手动/自动转换 | 数字输入 | — | I0.0 |
| 浮球开关 | 数字输入 | — | I0.1 |
| 变频器故障 1 | 数字输入 | — | I0.3 |
| 变频器故障 2 | 数字输入 | — | I0.4 |
| 水泵 1 号过热保护 | 数字输入 | — | I0.5 |
| 水泵 2 号过热保护 | 数字输入 | — | I0.6 |
| 水泵 1 号过热保护 | 数字输入 | — | I0.7 |
| 电源指示 | 数字输出 | $KA_0$ | Q0.0 |
| 水泵 1 号变频运行 | 数字输出 | $KA_1$ | Q0.1 |
| 水泵 1 号工频运行 | 数字输出 | $KA_2$ | Q0.2 |
| 水泵 2 号变频运行 | 数字输出 | $KA_3$ | Q0.3 |
| 水泵 2 号工频运行 | 数字输出 | $KA_4$ | Q0.4 |
| 水泵 3 号变频运行 | 数字输出 | $KA_5$ | Q0.5 |
| 水泵 3 号工频运行 | 数字输出 | $KA_6$ | Q0.6 |
| 变频器故障输出 | 数字输出 | $KA_7$ | Q0.7 |
| 变频器启停 | 数字输出 | $KA_8$ | Q1.1 |
| 变频器停止 | 数字输出 | $KA_9$ | Q1.3 |
| 压力信号输入 | 模拟输入 | — | AIW0 |
| 变频器频率输入 | 模拟输入 | — | AIW2 |
| 压力调节信号输出 | 模拟输出 | — | AQW0 |

程序地址分配表  表 12-3

| 信号名称 | 信号类型 | 符号 | 地址 |
| --- | --- | --- | --- |
| 正在运行的水泵泵号 | 内存单元 | — | VB400 |
| 工频运行泵数量 | 内存单元 | — | VB401 |
| 变频泵运行时间 | 内存单元 | — | VB300 |
| 变频器输出频率 | 内存单元 | — | VB200 |

3. 程序设计

程序设计由主程序和中断程序构成。

(1) 主程序完成数据采集，模拟量和数字量数值转换、设备运行控制，故障报警灯功能。

(2) 中断程序完成恒压控制 PID 调节，使管网压力和压力设定值基本保持一致。在程序中做了详细的注释，根据以上地址分配的内存单元和 I/O 地址分配，梯形图如图 12-16 所示，读者根据运行工况进行自己分析。

## 任务 12.3　高层建筑供水控制系统控制程序设计

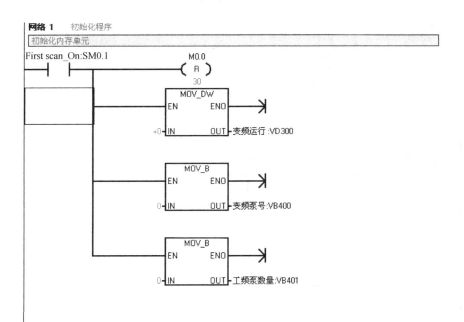

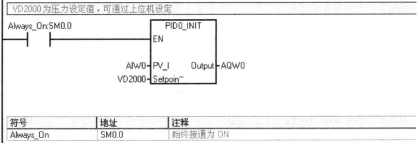

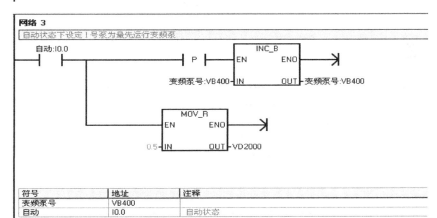

图 12-16　梯形图（一）

## 学习情境 12　高层建筑恒压供水系统

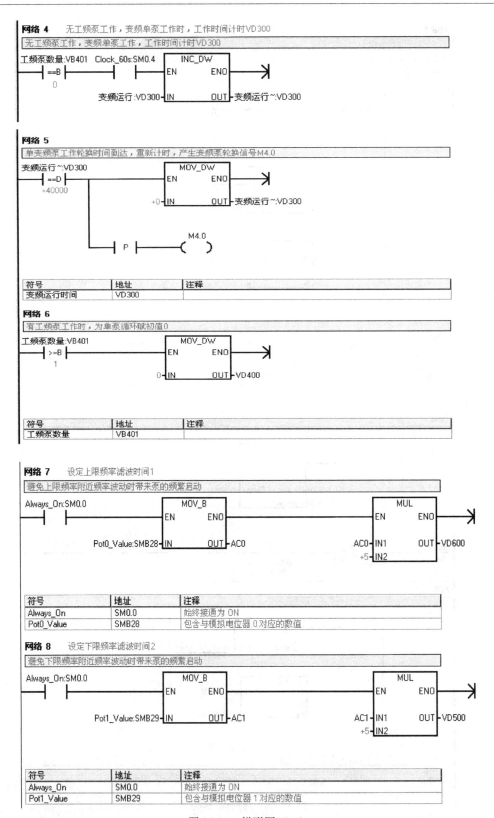

图 12-16　梯形图（二）

## 任务 12.3 高层建筑供水控制系统控制程序设计

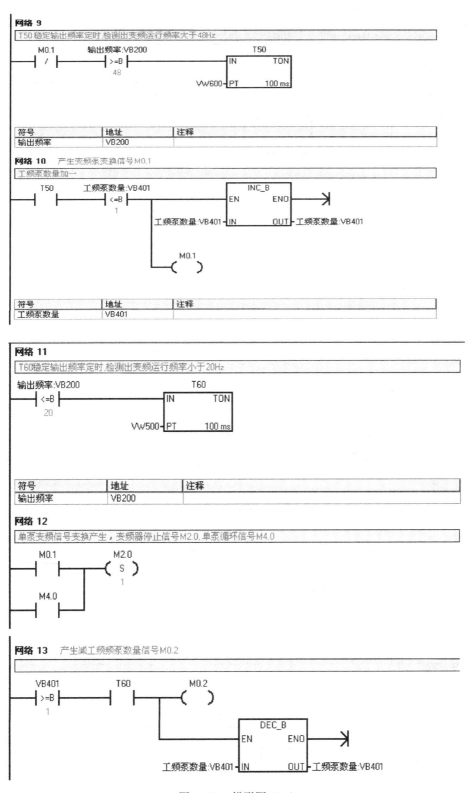

图 12-16 梯形图（三）

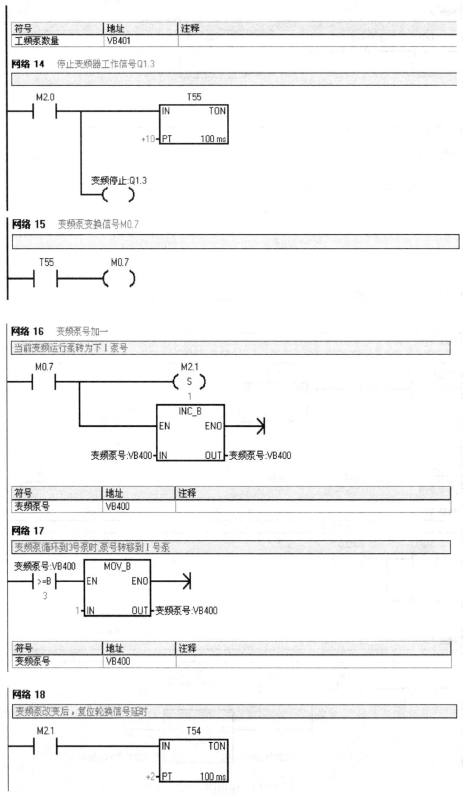

图 12-16 梯形图（四）

## 任务 12.3 高层建筑供水控制系统控制程序设计

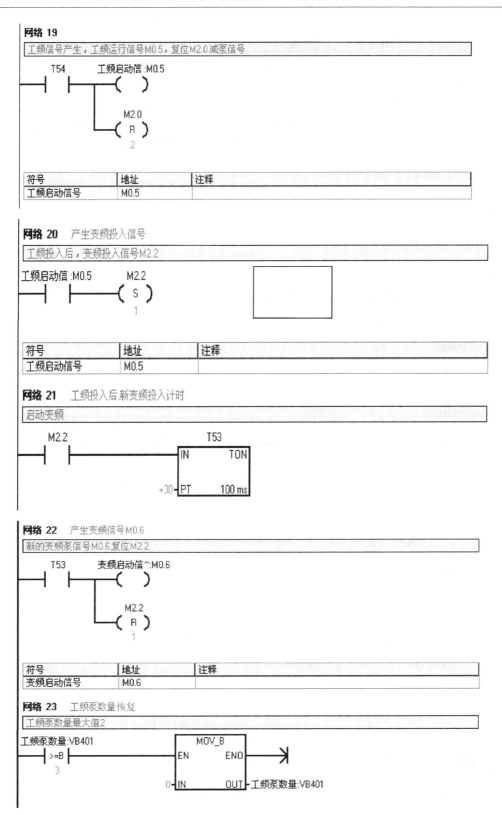

图 12-16 梯形图（五）

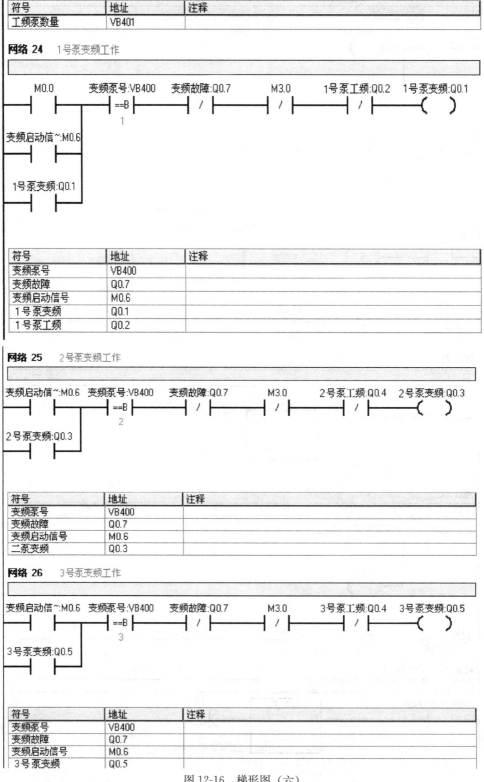

图 12-16 梯形图(六)

任务 12.3 高层建筑供水控制系统控制程序设计

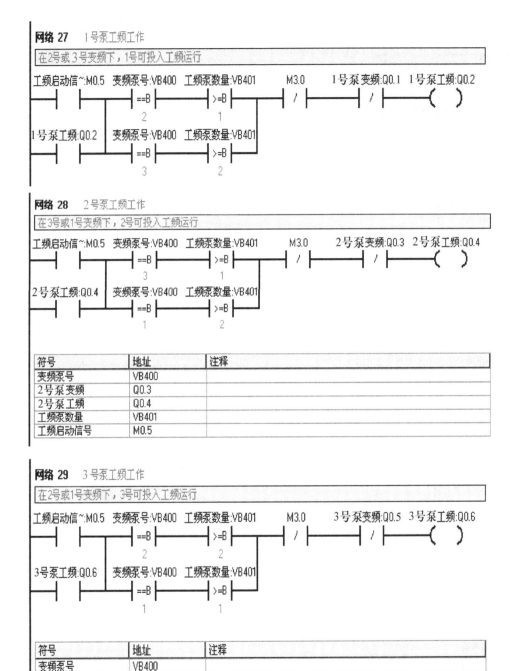

图 12-16 梯形图（七）

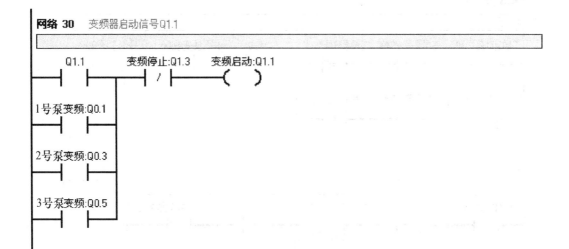

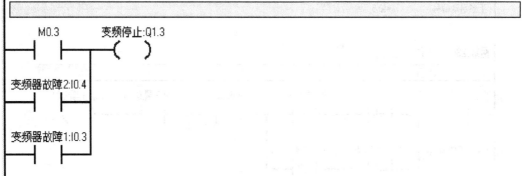

图 12-16 梯形图（八）

## 任务 12.3　高层建筑供水控制系统控制程序设计

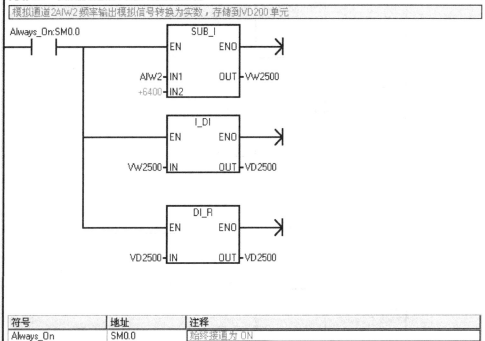

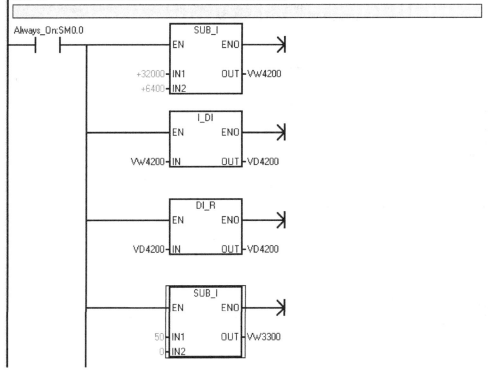

图 12-16　梯形图（九）

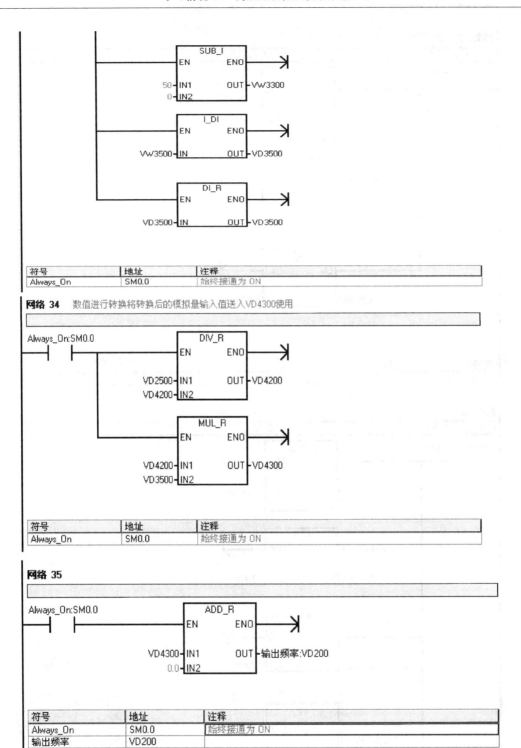

图 12-16 梯形图（十）

## 单 元 小 结

本章以 3 台水泵供水为例，分析了恒压供水的基本原理。在分析供水管网的压力和流量的变化的基础上，制定恒压供水的控制流程。综合运用变频调速技术，接触器控制技术，设计恒压供水的主电路、电气控制电路及 PLC 控制电路。根据供水需求讲述了恒压供水的编程方法，通过本章软件和硬件设计的学习，可以提高 S7-200 PLC 系统的综合运用能力，掌握一般电气控制设计方法。

## 能 力 训 练

**实训项目：液位控制**

（1）实训任务

有一水箱需要维持一定的水位，该水箱安装有进水阀和出水阀，出水管道水以变化的速度流出，如图 12-17 所示。用 S7-200PLC 设计此控制系统，通过控制进水阀的开度，实现水箱水位控制在 0.6m 恒定，液位由液位传感器测量，通过功能 PID 指令实现恒液位控制，当出现高限水位和低限水位时具有报警功能。

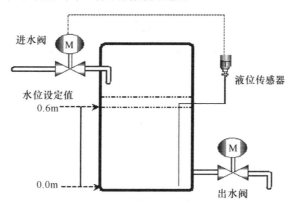

图 12-17 水箱水位

1）硬件设备：CPU224 PLC 1 台，模拟输入输出模块 EM235，FR-A540 变频器 1 台，压力传感器 1 个，输出信号 4~20mA，量程 0~1MPa。

2）按照接线图 12-18 接好线路，确保接线无误，以免损坏变频器和 PLC 的各个模块。

3）接好总电源，打开漏电保护器，此时电压表显示电压监控电压。按下启动按钮，电压指示灯亮起。

4）把模式选择开关打到手动位置，检查各水泵的运行情况是否良好。

5）把模式选择开关打到自动位置。

6）打开 V4.0 STEP 7 MicroWIN SP6 软件把程序写入 PLC 中，关闭 V4.0 STEP 7 MicroWIN。

7) 把 PLC 的开关打到 RUN 位置。

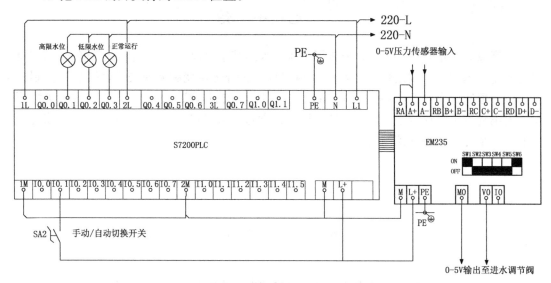

图 12-18 PLC-S7200 与 EM235 模拟输入输出模块接线图

(2) 实训软件编程

PID 初始化值按表 12-4 设置，参数开始地址设定 VW400。

**PID 初始化值**　　　　　　　　　　　　　　　表 12-4

| 偏移地址 | 参数 | 设定值 |
|---|---|---|
| 0 | 过程变量（$PV_n$） | |
| 4 | 设定值（$P_n$） | 0.6 |
| 8 | 输出值（$M_n$） | |
| 12 | 增益（TC） | 1 |
| 16 | 采样时间（TS） | 2s |
| 20 | 积分时间（TI） | 1s |
| 24 | 微分时间（TD） | 20min |

(3) 观察水位变化情况，改变 PID 参数表中的参数，重新下载程序，分析各参数对水位恒定调节的影响。

# 习 题 与 思 考 题

1. 某温度传感器的输出信号为 4~20mA，对应的测量温度范围为 0~105℃，设计模拟量程转换程序，将温度传感器电流信号数据电流信号，转换为相应的温度信号。

2. 假设 PID 调节回路表的首地址位 VW200，设定值为 0.8，比例、积分、微分分别是 0.25s、0.1s、30min，根据这些值写出 PID 初始化程序段。

3. 分析本章恒压供水程序：当某时刻 VB400=2，VB401=2，出现 VB300≥48Hz，分析程序运行过程，指出各水泵的运行状态。

4. 分析本章恒压供水程序：当某时刻 VB400=3，VB401=1，出现 VB300≤20Hz，分析程序运行过程，指出各水泵的运行状态。

5. 某供水系统使用变频调速的方式供水，根据计算选择两台 7.5kW 水泵供水满足用水量要求，设计电气控制电路满足以下要求，使用两台水泵可以工作在工频和变频状态，但不能同时在工频和变频工作，两台水泵应循环工作在变频状态；根据用水量的变化投入和退出水泵；供水压力要求基本恒定。设计硬件电路和 PLC 控制程序。

# 参 考 文 献

[1] 孙景芝. 建筑电气控制系统安装[M]. 北京：机械工业出版社，2007.
[2] 侯进旺. 建筑电气控制技术[M]. 北京：机械工业出版社，2011.
[3] 劳动和社会保障部教材办公室[M]. 电力拖动控制电路与技能训练. 北京：中国劳动社会保障出版社，2014.
[4] 王青山. 建筑设备控制系统施工[M]. 北京：电子工业出版社，2006.
[5] 孙景芝. 建筑电气控制系统安装[M]. 北京：中国建筑工业出版社，2006.
[6] 马铁椿. 建筑设备[M]. 北京：高等教育出版社，2013.
[7] 陈立定. 电气控制与可编程控制器[M]. 广州：华南理工大学出版社，2001.
[8] 何献忠. 可编程控制器应用技术[M]. 北京：清华大学出版社，2013.
[9] 杜从商. PLC 编程应用基础（西门子）[M]. 北京：机械工业出版社，2010.
[10] 吴志敏. 西门子 PLC 与变频器、触摸屏综合应用教程[M]. 北京：中国电力出版社，2013.
[11] 张文涛. 西门子 S7-200PLC 应用技术[M]. 北京：北京航空航天大学出版社，2010.
[12] 吴作明. PLC 开发与应用实例详解[M]. 北京：北京航空航天大学出版社，2007.
[13] 赵全利. S7-200PLC 基础及应用[M]. 北京：机械工业出版社，2010.
[14] 王永华. 现代电气控制及 PLC 应用技术[M]. 北京：北京航空航天大学出版社，2013.
[15] 廖常初. S7-200PLC 基础教程[M]. 北京：机械工业出版社，2018.
[16] 张扬. S7-200PLC 原理及应用系统设计[M]. 北京：机械工业出版社，2007.
[17] 田淑珍. S7-200PLC 原理及应用[M]. 北京：机械工业出版社，2014.
[18] 廖常初. PLC 编程及应用[M]. 北京：机械工业出版社，2008.